装修施工

从新手到高手

理想·宅 编

U0322304

北京希望电子出版社
Beijing Hope Electronic Press
www.bhp.com.cn

内容简介

本书包括结构工程、水路工程、电路工程、瓦工工程、木作工程、涂料饰面工程以及安装工程共七章知识内容。每个工程从基础的图纸识读到样式、材料的选择，再到进入现场施工以及完工后的工程修缮，根据时间线的顺序讲解其中的要点。按照不同的施工项目，首先由浅入深地讲解流程化施工步骤，再结合现场施工图片、三维示意图以及节点图等对施工步骤进行细致的讲解，使读者能够更清晰明了地学习施工中的重要步骤。

本书可作为室内设计与初级施工人员的参考书，也可作为相关专业人员的培训教材及参考指导用书。

图书在版编目（CIP）数据

装修施工从新手到高手 / 理想·宅编 .-- 北京：北京希望电子出版社，2021.1
ISBN 978-7-83002-801-5

Ⅰ.①装… Ⅱ.①理… Ⅲ.①建筑装饰—工程施工 Ⅳ.① TU767

中国版本图书馆 CIP 数据核字 (2021) 第 010860 号

出版：北京希望电子出版社
地址：北京市海淀区中关村大街 22 号
中科大厦 A 座 10 层
邮编：100190
网址：www.bhp.com.cn
电话：010-82626261
传真：010-62543892
经销：各地新华书店

封面：骁毅文化
编辑：龙景楠
校对：安　源
开本：710mm × 1000mm 1/16
印张：22
字数：520 千字
印刷：北京军迪印刷有限责任公司
版次：2021 年 1 月 1 版 1 次印刷

定价：118.00 元

Preface

前 言

人们对高品质生活的追求，对良好环境的需要，对装修行业提出了更高的要求，而施工则是装修行业中重要的一项。室内装修施工门槛较低，但是想要真正做到完整表达设计师的设计理念，仍需要有条理的知识体系和一定的实践经验。本书帮助读者梳理施工流程，理顺知识框架，从理论和实践两方面出发为读者提供切实的帮助。

本书分为七章，以实际施工流程为序，先从基础的结构施工入手，紧接着完善隐蔽的水、电路工程项目，再完成墙、顶、地面上的瓦工、木作以及涂料饰面工程，最后进行家具、家电等安装。本书通过图片、流程、表格等形式，使阅读变得更加简单、轻松，让读者更好地去理解专业性较强的内容。

本书内容涵盖广且实用性强，每个工程从基础的图纸识读，到样式、材料的选择，可以更好地帮助读者理解设计师的设计意图；而进入现场施工的内容，则由浅入深地讲解其中的要点。不同工程中先流程化讲解不同项目的施工步骤，再结合现场施工图片、三维示意图以及节点图等对施工步骤进行细致的讲解，使读者清晰明了学习施工中的重要步骤。除了常见的施工内容外，还穿插着收口、阴阳角等特殊位置的处理方式，将施工现场的每个环节分析到位，内容专业可操作性强。最后讲解完工后的工程修缮，将不同工程中常见的问题进行汇总，并给出相应的解决方案或预案，实用性强，更易于掌握。

限于编者经验和水平，书中错误和不妥之处在所难免，恳请读者和同行批评指正。

编者

目录

CONTENTS

第一章 结构工程

第二章 水路工程

第三章 电路工程

第四章 瓦工工程

第五章 木作工程

第六章 涂料饰面工程

第七章 安装工程

第一章

结构工程

结构是建筑的基础，良好的结构才能够更好地支撑整体建筑，而这种结构也构成了不同的室内空间，在施工时会根据设计图纸对某些不需要的部分结构，比如非承重墙进行拆除，对有需要的部分进行新墙体的砌筑。

一、建筑结构形式

楼房建筑结构有两种划分形式，一种是按照建筑结构划分，另一种是按照结构材料划分；前者如框架结构、剪力墙结构等，后者如砌体结构、混凝土结构等。但这两种划分形式是相互融合的，建筑结构需要结构材料筑建出来，而结构材料的不同也影响了建筑结构的形式。

1.框架结构

框架结构是由梁、柱以钢筋混凝土连接而形成的承重结构。梁和柱组成框架共同抵抗使用过程中出现的水平荷载和竖向荷载。框架结构的房屋墙体不承重，仅起到围护和分隔作用，因此可以拆除与重建，一般用预制的加气混凝土、膨胀珍珠岩、空心砖或多孔砖、浮石、蛭石、陶粒等轻质板材砌筑或装配而成。

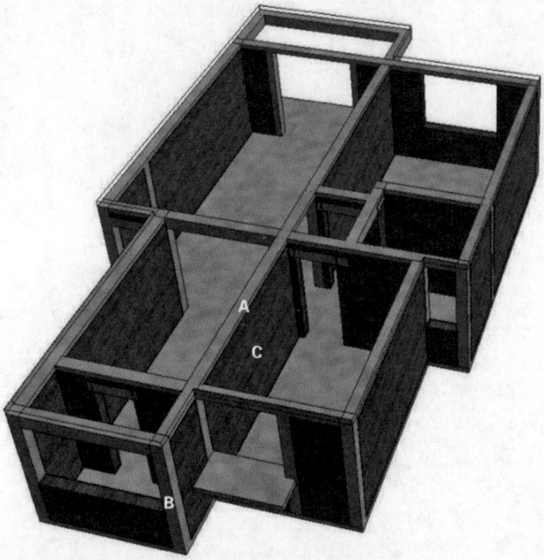

A—钢筋混凝土梁；B—钢筋混凝土柱；C—红砖墙体（可拆除）。

△ 框架结构

在现实生活中，判断一栋楼房是否为框架结构的方法有两种，一种是通过观察楼房建筑过程中的结构材料得知，下图中梁、柱明显采用了混凝土，而其余的墙体部分则是红砖。

△ 框架楼结构材料

另一种是通过观察毛坯房内的墙面结构得知。从下图中圆圈标记的位置可以看出，梁、柱宽大厚重，与墙面不平，有明显的棱角凸出来，这种情况便是框架楼的明显特征。毛坯房内除了宽大的梁和厚重的柱之外，其余的墙体均是可以拆除并可重新砌筑的。

△ 框架楼毛坯房

2.剪力墙结构

由剪力墙承受全部竖向和水平荷载的结构称为剪力墙结构。采用剪力墙结构的楼房主要是为了抵抗较大的水平力和提高刚度，减少水平位移。剪力墙结构是用钢筋混凝土墙板来代替框架结构中的梁柱，能承担各类荷载引起的内力，并能有效控制结构的水平力。其主要用于住宅、公寓、办公楼以及宿舍等建筑。

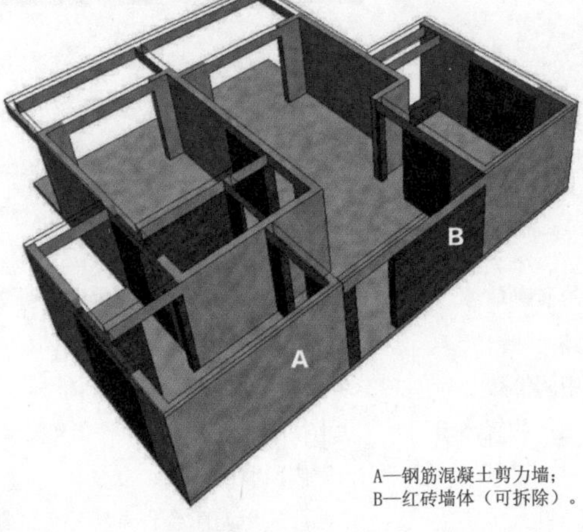

A—钢筋混凝土剪力墙；
B—红砖墙体（可拆除）。

△ 框架楼结构材料

判断一栋楼房是否为剪力墙结构，比判断框架楼房要复杂，单从外观中很难辨别出来，需要借助建筑图纸。在建筑图纸中，纯黑色的墙体代表剪力墙，不可拆除；填充斜线的墙体代表红砖墙体，可以拆除；填充圆圈的墙体代表混凝土墙体，拆除需要经过物业同意；虚线代表横梁，不可拆除。

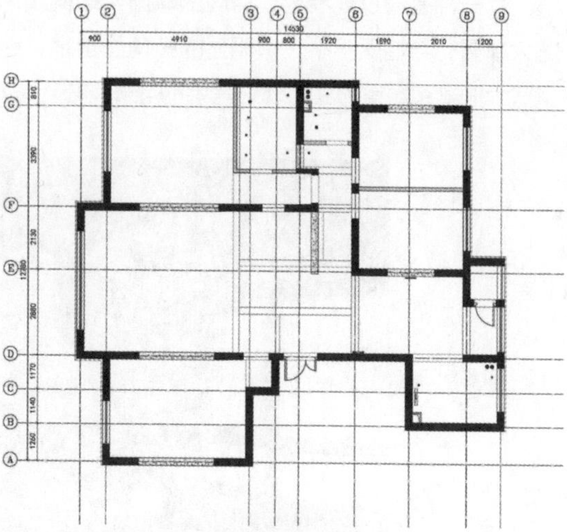

△ 楼房建筑图纸

从毛坯房中判断一栋楼是否为剪力墙结构，主要观察毛坯房内是否有横纵交叉的横梁凸出出来，且横梁起始于墙体的一端，终止于另一端的墙体或交叉横梁上。

△ 框架结构

\小\贴\士\ 剪力墙结构墙体拆除经验

可拆除墙体	不可拆除墙体
厚度在 120mm 以下的砖砌墙体	厚度在 360mm 左右的建筑外墙
主卧室邻近主卫的墙体	内部含有钢筋的混凝土墙体
长度超过 4m 墙体的中间位置	敲击声低沉、沉闷的墙体
敲击声清脆且有大的回声的轻体墙	十字交叉、“T”字形交叉位置的墙体
	室内所有的横梁、立柱
	客厅邻近南阳台、厨房邻近北阳台的墙体

3.框架–剪力墙结构

由剪力墙和框架共同承受竖向和水平荷载的结构称为框架－剪力墙结构。在框架–剪力墙结构中，剪力墙主要抵抗水平力。横向剪力墙布置，通常应均匀对称设置在建筑物端部附近，以及楼梯、电梯间和建筑平面形状变化及荷载较大的地方；纵向剪力墙布置，通常设置在结构单元的中间区段内。框架–剪力墙结构一般为钢筋混凝土结构，也有钢框架和钢筋混凝土剪力墙混合结构。

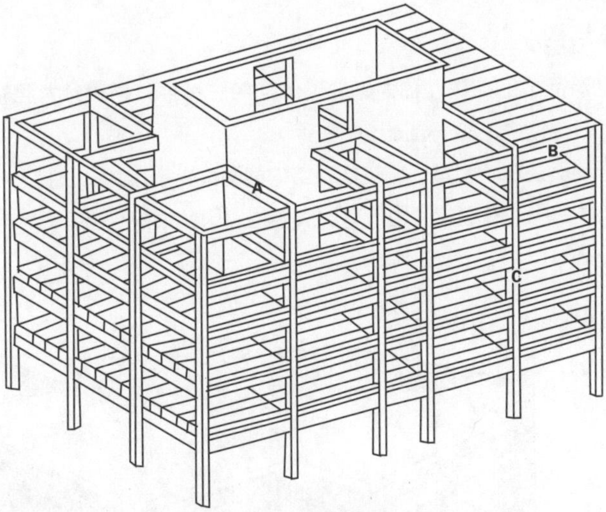

A—剪力墙；B—框架；C—楼板。

△ 框架－剪力墙结构示意

判断一栋楼房的框架–剪力墙结构，可在楼房砌筑过程中，观察楼房外立面得知。建筑物采用了钢框架和钢筋混凝土剪力墙混合结构，下图中立面宽大的即为混凝土剪力墙，四四方方的立柱即为框架结构。

△ 框架–剪力墙结构楼房

4.砌体结构

由块材作为砌筑材料而建造的结构称为砌体结构。常见的砌体结构如下：

（1）砖混结构

用砖和砂浆砌筑而成的结构，称为砖砌体结构或砖混结构。其中，砖分为实心砖和空心砖两种。空心砖又分为承重多孔砖和非承重多孔砖。

（2）砌块砌体结构

用砌块和砂浆砌筑而成的结构，称为砌块砌体结构。其中，砌块分为混凝土砌块、硅酸盐砌块、工业废料砌块、石膏砌块、加气混凝土砌块等。

砌体结构不适合高层建筑，因其强度较低，结构截面大、自重大，抗拉、抗折强度低，抗震性能差。砌体结构的毛坯房内没有横梁，也没有混凝土柱，因此很好判断。

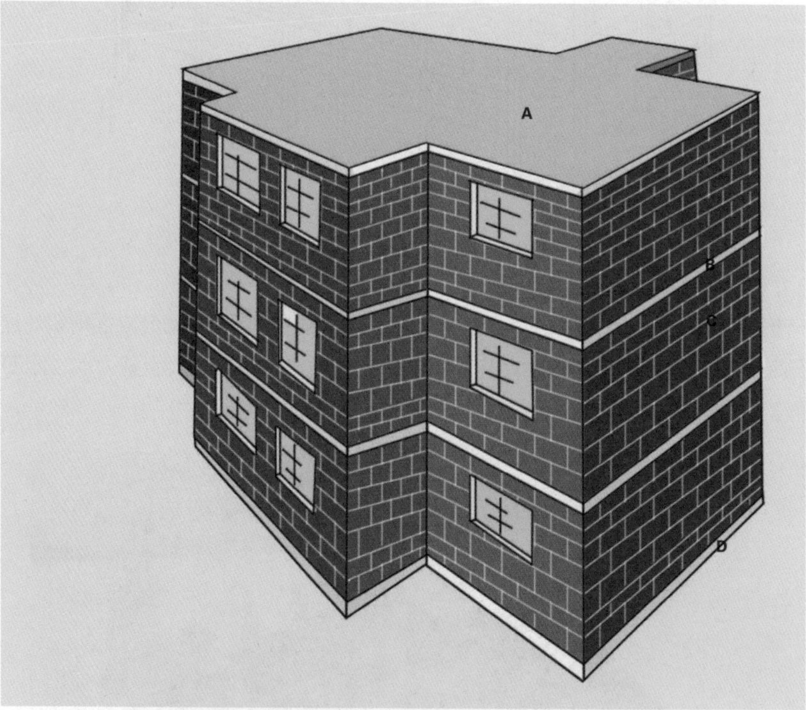

A—混凝土屋面；B—混凝土楼板；C—砖混结构；D—混凝土基础。

△砖混结构楼房

客厅的顶面非常平整，没有凸出的横梁，同时其他空间同样没有横梁，因此可以判断毛坯房为砌体结构。

△ 砌体结构毛坯房

5.混凝土结构

由混凝土和钢筋两种材料为建筑主体结构的形式称为混凝土结构。混凝土楼房的整体性好，可浇筑成一个整体，可以做成各种形状和尺寸的结构。同时，混凝土结构耐火性和耐久性也较好，抗震性能高。钢筋混凝土结构是目前应用量最大、应用面最广的一种结构，包括框架结构、剪力墙结构、框架-剪力墙结构均是以钢筋混凝土为主要结构材料。

△ 混凝土结构楼房

二、基础改造要求

基础改造是指将不能满足业主具体需求的房型进行处理，从而使得空间组织更为合理，更适合当前的居住者使用。

1.基础改造原则

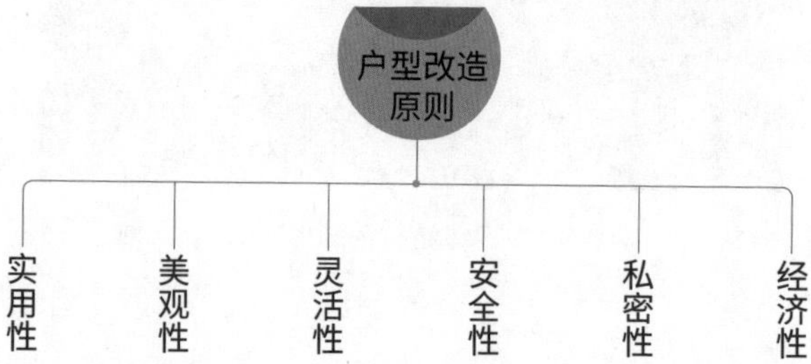

①实用性。在通常情况下，户型布置应当实用，大小要适宜，功能划分要合理。例如，原有房屋的客厅小，卧室大，可以将卧室隔墙内缩，从而放大客厅面积；原有房屋的过道长而窄，可以通过改变原有功能空间的方法，取消过道。改造后的户型应当使人感觉舒适温馨，每个房间最好都选择方正布局，不要出现太多难以利用的空间。

②美观性。在满足家居生活各种功能的基础上，户型改造也要具有一定的美观性，即家居环境要有自己的个性、特色和独有的品位。

③灵活性。户型布置还要有一定的灵活性，以便根据生活要求灵活地改变使用空间，满足不同对象的生活需要。灵活性的另一个体现就是可改性，由于家庭规模和结构并不是一成不变的，生活水平和科技水平也在不断提高，因此，户型改造应符合可持续发展的原则，用合理的结构体系提供一个大的空间，留出调整的余地。

④安全性。安全性主要是指住宅的防盗、防火等方面。楼层低的建议安装防盗窗，室内若有条件可以安装烟雾报警器。同时要注重结构的安全性，不得乱拆乱改，要研究房屋原有结构，包括承重墙、剪力墙、横梁等。

⑤私密性。私密性是每个家居环境都必须具备的。如卧室的位置应尽量距离入户门远一些，以保证其私密性。

⑥经济性。户型改造还要具有经济性，即布局要紧凑实用，使用率要高。同时，要充分优化功能结构，尽量做到动静分区、公私分区、主次分区、干湿分区，提高空间的利用率。

2.不同户型改造要点

户型是指住房的结构和形状，约有七种不同的类型，分别为小户型、公寓房、两居室、三居室、复式、跃层、别墅等。

（1）小户型

小户型是指建筑面积在60m²左右或以下的户型，这类户型通常只有一间客厅、一间卧室、一个卫生间、一个厨房、一个阳台，餐厅通常和过道或客厅结合在一起。户型结构上存在问题的区域集中在卫生间以及厨房。

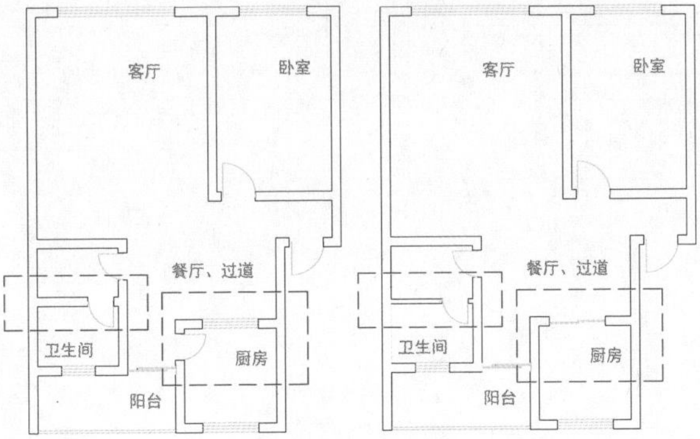

△小户型结构改造要点

在小户型的结构设计中，首先要控制户型内墙体的厚度，将240mm厚度的墙体改建为120mm厚度的墙体（剪力墙、承重墙的厚度不可改建）。这类墙体包括卫生间的干湿分离墙、厨房与餐厅相连的墙体、卧室与客厅相连的墙体等。其次，调整小户型内的动线，减少不必要的绕弯或转角。如厨房与餐厅相连时，将门直接设计在厨房与餐厅的中间，并采用通透的玻璃移门；客厅与过道相连时，将之间的墙体拆除，使过道融入客厅中。即将面积较小的空间融入面积较大的空间中，并将功能合并在一处空间中。

小户型的结构设计，受限于有限的户型面积，应减少独立的空间。在隔断墙的设计中，选择带有通透效果的玻璃幕墙、玻璃砖墙以及半高的木质隔断柜等。

（2）公寓房

公寓房的户型面积比较小，售价较住宅房便宜，具有较高的性价比。但公寓房的产权年限通常为40年，而住宅房的产权年限通常为70年。在户型格局上，公寓房为长方形的格局，卧室和客厅没有明显的划分，厨房为敞开式的，与卫生间共同设计在入户门的两侧。由于公寓房户型格局比较固定，在设计上有两种经典的设计形式，可将空间合理地利用起来。

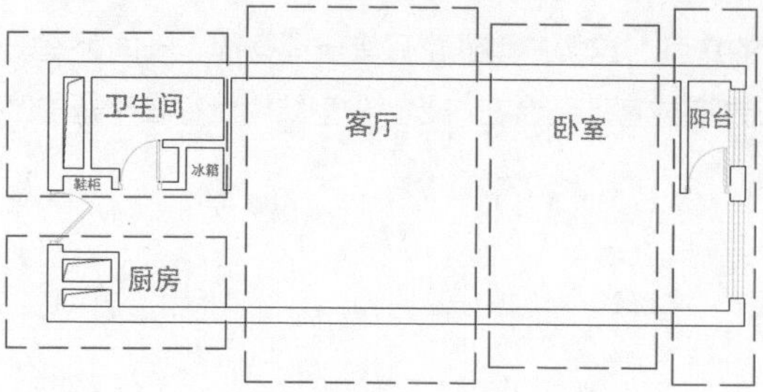

△公寓房经典设计方案一

在方案一中，户型内划分出五个空间，分别是厨房、卫生间、客厅、卧室以及阳台。设计亮点体现在卫生间墙体的嵌入式设计，可容纳一个冰箱、一个鞋柜，在冰箱的上面还可以设计吊柜，增加储物空间。这种嵌入式设计是公寓房设计储物，且不侵占过多面积的解决方案。

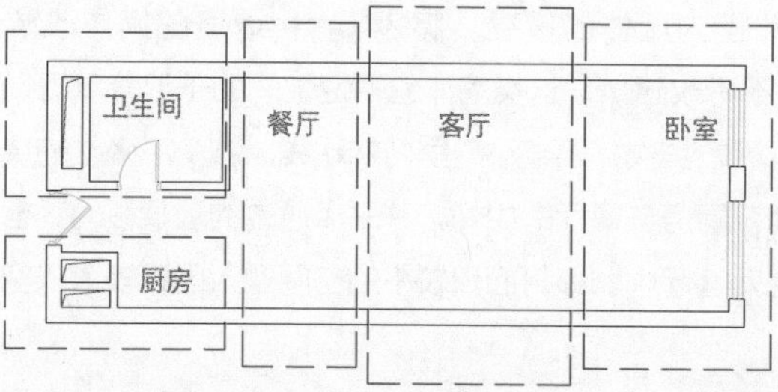

△公寓房经典设计方案二

在方案二中，户型同样划分出五个空间，不同的是空间内没有阳台，而是多了一个餐厅。卧室设计在最内侧的窗边，客厅设计在中间，餐厅设计在厨房的旁边。这种空间分布使得公寓房拥有良好的空间动线，并提升了厨房以及餐厅的重要性。需要注意的是，在长方形的公寓房内，卧室和客厅、客厅和餐厅之间不适合设计阻碍光线的隔断墙，否则会导致空间采光不足、拥挤狭小。

由此可以总结出，公寓房的设计首要重点是保持通透性，即良好的采光、通风，以及舒适的动线。公寓房的设计次要重点是最大化地增加储物空间。

△ 公寓房的隔断墙设计，半通透式的木质隔断将两个空间分隔开来，既起到保护隐私的作用，又不显得拥堵

△ 公寓房设计了整面墙的储物柜，可摆放装饰品，又能储存一些杂物，为空间提供装饰效果的同时，也解决了公寓房的储物难题

（3）两居室、三居室

两居室和三居室属于单元式住宅，是在多层、高层楼房中常见的一种住宅建筑形式。两居室的户型拥有两间卧室、一间客厅、一个餐厅、一个阳台、一个卫生间和一个厨房；而三居室的户型拥有三间卧室、一间客厅、一个餐厅、一个阳台、两个卫生间和一个厨房。其中，一个卫生间设计在主卧室内，称为主卫。三间卧室中，有一间卧室设计为书房或客房。

两居室和三居室的结构设计与改造的原则一致，即空间划分明确，注重各个空间的独立性与隐私性。下面以三居室的结构设计为例，说明结构改造的设计方法。

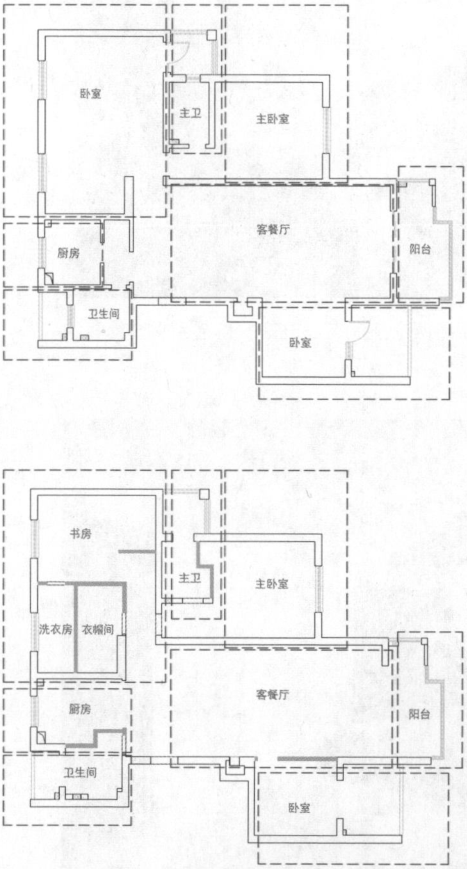

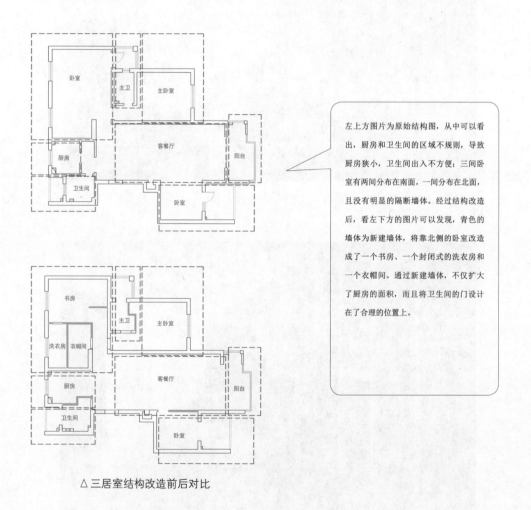

左上方图片为原始结构图，从中可以看出，厨房和卫生间的区域不规则，导致厨房狭小，卫生间出入不方便；三间卧室有两间分布在南面，一间分布在北面，且没有明显的隔断墙体。经过结构改造后，看左下方的图片可以发现，青色的墙体为新建墙体，将靠北侧的卧室改造成了一个书房、一个封闭式的洗衣房和一个衣帽间。通过新建墙体，不仅扩大了厨房的面积，而且将卫生间的门设计在了合理的位置上。

△三居室结构改造前后对比

由此可以总结出两居室和三居室设计中的规律。

当空间内有三间卧室，而其中一个设计为厨房或客房时，要将其设计在北面，朝南面的两个空间设计为卧室。

当卧室需要新建墙体时，选择厚度超过 120mm 的墙体，或在隔断墙内增加隔音棉，或在墙体表面设计软包增加隔音效果；当厨房和卫生间毗邻时，厨房可设计通透的玻璃推拉门，而卫生间需要设计不透光的木质套装门；当客餐厅设计在一起时，不要在中间增加隔断墙或阻碍动线以及光线的屏风。

△朝南向的卧室

△保留客餐厅之间的动线

（4）复式、跃层

复式住宅和跃层式住宅均为上下两层的住宅房。跃层住宅是一套住宅占两个楼层，由内部楼梯连接上下层。一般在首层安排起居、厨房、餐厅、卫生间，最好有一间卧室。二层安排卧室、书房、卫生间等。

复式住宅是受跃层式住宅的设计构思启发，而设计的一种经济型住宅。复式住宅在概念上是一层，并不具备完整的两层空间，单层层高较普通住宅（通常层高2.8m）高，可在局部增建出一个夹层，安排卧室或书房等，用楼梯连接上下，其目的是在有限的空间里增加使用面积，提高住宅的空间利用率。因此，在结构设计上，复式住宅比跃层式住宅拥有更多的选择可能性。

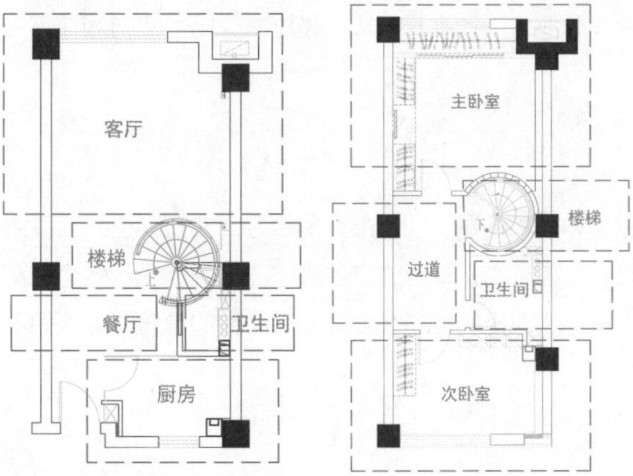

复式户型在中间增加夹层后，分为上下两层，下层设计了客厅、餐厅、厨房、卫生间和楼梯间，上层设计了两间卧室，以及一个卫生间和楼梯间。

◁复式户型上下层设计方案

3.不同空间改造要点

（1）客厅

客厅改造有两个要点：一是独立性，二是空间效率。许多户型的客厅只是起到了“过厅”的作用，无法完全满足现代人的生活需求。对于这类情况，最好都要加以改造。如果是成员较多的家庭，客厅面积就要稍微大一些，大约为25m^2；如果是成员较少的年轻家庭，因为客厅的使用率不高，则可以相对小一些。无论哪种改变，客厅的独立性都必须具备，而且最好与卧室、卫浴间的分隔明显一些。

（2）卧室

一般来说，主卧室的宽度不应小于3.6m，面积应在14～17m^{2}左右；次卧室的宽度不应小于3m，面积应在10～13m^{2}左右。卧室应具有私密性，与客厅之间最好有空间过渡，避免直接朝向客厅开门形成对视。

（3）厨房

住房和城乡建设部的住宅性能指标体系对厨房空间的大小有一定的规定。

住宅等级 / 级	厨房面积 /m^2	厨房净宽 /m	橱柜可操作面净长 /m
3A	≥ 8	≥ 2.1	≥ 3
2A	≥ 6	≥ 1.8	≥ 2.7
1A	≥ 5	≥ 1.8	≥ 2.4

低层、多层住宅的厨房应有直接采光；中高层、高层住宅的厨房也应该有窗户。厨房应设排烟道，单排布置设备的厨房净宽度，不应小于1.5m；双排布置设备的厨房净宽度，不应小于2.1m。对于目前国内一些政策性住房而言，其厨房都属于1A级，面积较小，但厨房四周的墙体很多都属于承重墙，不能拆改。对此，可以将厨房改造成开放式或者半开放式，通过减少厨房的封闭性来达到增大空间感的效果。

（4）卫浴间

卫浴间应满足三个基本功能，即盥洗化妆、沐浴和便溺，而且最好能做分离布置，这样可以避免冲突，其使用面积不宜小于4m^2。从卫浴间的位置来说，单卫的户型应该注意卫浴间与各个卧室尤其是主卧的联系；双卫或多卫的户型，至少有一个卫浴间应设在公共使用方便的位置，但入口不宜对着入户门和起居室。

三、墙与门窗拆除

墙与门窗的拆除在施工中经常出现，是对部分不合理或者业主不满意的部位进行拆除，方便在拆除后的室内空间里再根据业主的需求对其进行增添，其拆除是空间改造的第一步。

1.墙的拆除施工

定位拆除线

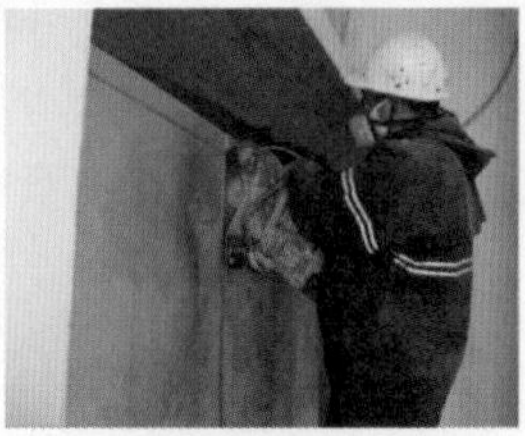

切割墙体

拆墙

打眼

步骤1 定位拆除线

对照墙体拆改图纸，用粉笔在墙面上画出轮廓，避开插座、开关、强电箱等电路端口，对隐藏在墙体内部的电线做出标记，以防切割机作业时损伤电路，造成危险。

步骤2 切割墙体

①使用手持式切割机切割墙体时，先从上向下切割竖线，再从左向右切割横线。切割深度保持在20~25mm。墙体的正反两面都需要切割。

②使用大型的墙壁切割机作业时，切割深度以超过墙体厚度10mm为宜。

步骤3 打眼

①风镐不可在墙体中连续打眼，要遵循多次数、短时间的原则。

②拆除大面积墙体时，使用风镐在墙面中分散、均匀地打眼，减少后期使用大锤拆墙的困难度。

③在接近拆除线的位置施工时，可使用风镐拆墙，避免大锤用力过猛，破坏其他部分墙体。

步骤4 拆墙

大锤拆墙作业时，先从侧边的墙体开始，逐步向内侧拆墙。拆墙作业时切记，不能将下面的墙体全部拆完后，再拆上面的墙体。应当从下面的墙体逐步、呈弧形向上面扩展，防止发生墙体坍塌危险。

\小\贴\士\ 拆除过程小技巧

原有煤气管道以及电视、电脑、电话等因墙体拆除而改位时，在施工中要对其管线进行保护，不可随意切断或埋入墙内。

在拆除卫生间以及其他具有排水设施的房间墙体时，需要提前将地漏、排水等进行封堵，以免拆除施工时碎石等杂物掉入管道。

△ 拆墙保留穿线管

2.门的拆除

（1）防盗门的拆除

拆门合页

→

拆门槛

→

拆门套

步骤1 拆门合页

①将门扇开启到90°，在门扇的下方垫上木方，使门扇固定。也可采用其他工具固定门扇，防止门扇左右晃动。

②用花纹螺丝刀拧下合页。先拧上面的合页，再拧下面的合页，最后拧中间的合页，这样可以保证门扇不会歪斜。将合页和螺丝集中摆放。

③双手把住门扇中间偏下的位置，匀速将其挪开，呈一定角度斜靠在墙边。

步骤2 拆门槛

用大锤将防盗门内侧的门槛石敲碎，将水泥砂浆敲松。靠近防盗门外侧改用撬棍。将防盗门门槛拆除后，将其堆放在一边。

步骤3 拆门套

用撬棍将门套周围的水泥砂浆敲松，轻轻撬起门套，然后将门套拆除，和门槛堆放在一起。

（2）室内门的拆除

步骤1 拆门合页

将室内门开启到90°，使室内门靠紧门吸。用花纹螺丝刀将合页拧下，将门扇倾斜摆放在墙边。

步骤2 拆门套

①不破坏墙面的拆除方法。从门套线的内侧开始拆除，使用锤子将门套砸出缺口，用撬棍扳下门套。这样虽然会将门套破坏，但可以保护墙面不受损坏。

②不破坏门套线的拆除方法。从门套线的外侧开始拆除，使用撬棍将门套线的密封胶撬开，要从上到下全部撬开，然后两个人分别扳起门套线的上下两侧，拆下门套线。这种方式会对墙面漆产生破坏，但可以完好地保留门套线。

（3）推拉门的拆除

拆连接件、滑轮

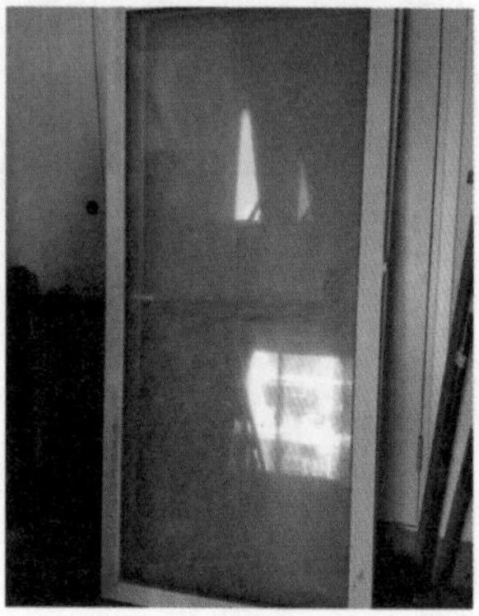

拆门扇

拆框架、门轨

步骤1 拆连接件、滑轮

①首先找到推拉门与滑轮的连接件，一般在推拉门的侧边角位置，呈L形。使用螺丝刀或六角扳手将连接件内部的螺丝拧下来，使连接件与推拉门脱离。

②将带有连接件的滑轮移向侧边，准备拆卸推拉门门扇。

步骤2 拆门扇

①将推拉门门扇移动到轨道的中间位置，使门扇和连接件完全脱离。

②两侧分别站人用手把住门扇的中间位置，轻轻向上提起，使门扇的下侧与轨道脱离。然后向外侧移动门扇，使门扇完全脱离推拉门轨道。将拆下的门扇斜靠在墙边。

步骤3 拆框架、门轨

①用花纹螺丝刀将侧边框架内的膨胀螺栓拧下，用撬棍将框架撬起，拆卸下来。

②用撬棍将地面中的轨道撬起，拆卸下来，和侧边框架堆放在一起。

2.窗的拆除

（1）户外窗的拆除

拆纱窗

拆窗扇

拆封边条

拆玻璃

拆窗框

清理

步骤1 拆纱窗

将活动窗扇打开，将纱窗向上收入纱窗盒内，用螺丝刀拧开或撬开纱窗盒两侧的固定件，将其拆卸下来，堆放在一边。

步骤2 拆窗扇

①拆除开合式窗扇。用螺丝刀将窗扇的三角支架拧松，将支架拆卸下来。然后将窗扇开启到90°，安排一人把住窗扇，一人用花纹螺丝刀将合页拆卸下来，再将窗扇拆卸下来，倾斜靠在墙边。

②拆除推拉式窗扇。首先用双手把住窗扇的中间位置，轻轻向上拔起，拔起到完全顶住窗框架的上檐。然后均匀用力，将窗扇的左下角或右下角向外拉，待一个角完全出来后，将窗扇快速用力向外拉拽，直到窗扇的下面完全脱离轨道，最后再将窗扇倾斜靠在墙边。

步骤3 拆封边条

使用刀具将涂抹在窗户四边的胶条划开，用扁头螺丝刀将封边条撬开，将四边的封边条依次拆卸下来，统一堆放。

步骤4 拆玻璃

从窗的外侧轻轻敲击、推动玻璃，使玻璃与窗框架脱离，将玻璃拆卸下来，倾斜靠在墙边。挪动玻璃时，注意防止被玻璃毛边划伤，最好的方法是用废纸或废布垫在玻璃上，以保证施工安全。

步骤5 拆窗框

①用膨胀螺栓固定的窗框。户外窗框架若采用膨胀螺栓与墙体连接，可直接使用花纹螺丝刀将膨胀螺栓拧下来，然后使用撬棍将窗框架敲松，将其拆卸下来并堆放在一边。若窗框架老化，膨胀螺栓生锈，则需要使用冲击钻将膨胀螺栓打碎，然后使用撬棍拆卸窗框架。

②用连接片固定的窗框。户外窗框架若采用连接片与墙体连接，则需要使用冲击钻将连接片拆除，然后使用撬棍拆卸窗框架。若窗框架老化严重，难以取下，则需要使用钢锯将窗框架的中间部分锯开，或将窗框架锯成多个片段，然后使用撬棍将其拆卸下来。

\小\贴\士\ 拆卸注意事项

在拆卸过程中，需一人拆卸，另一人负责窗的稳定，同时要将窗框四周的抹灰层剔凿干净。拆窗时需特别注意，不能对墙和结构造成破坏。

步骤6 清理

户外窗直接连通着室外，窗户拆下来以后，窗边、窗框的水泥块、胶条等建筑垃圾应及时清理，以防落到室外砸伤行人。对于高层的住宅楼，尤其应注意户外窗拆除后的清理工作。

（2）窗护栏拆除

切割护栏

取出膨胀螺栓

步骤1 切割护栏

①使用锤子将窗护栏和墙面衔接处的金属盖敲松，并拆卸下来。

②使用切割机挨近墙边纵向切割，将窗护栏切断。由于切割机的切割片深度有限，因此要绕着护栏切割，避免直上直下地切割影响切割机的使用寿命。

③切割机选择便携式的手持切割机，以操作方便为主。

步骤2 取出膨胀螺栓

①将切断后的窗护栏统一堆放在一起，准备取出墙内的膨胀螺栓。

②在膨胀螺栓可以转动的情况下，将其拧出来，用水泥砂浆将豁口填满。

③在膨胀螺栓生锈老化的情况下，使用切割机将其锯断到可隐藏在墙内的位置，然后用水泥砂浆将豁口填满。

四、旧房拆除

旧房拆除主要是对二手房中原有的装修以及部分家具进行拆除，将不符合设计师构想的可拆结构、表面装饰等完全去除可以减少后续施工的难度。

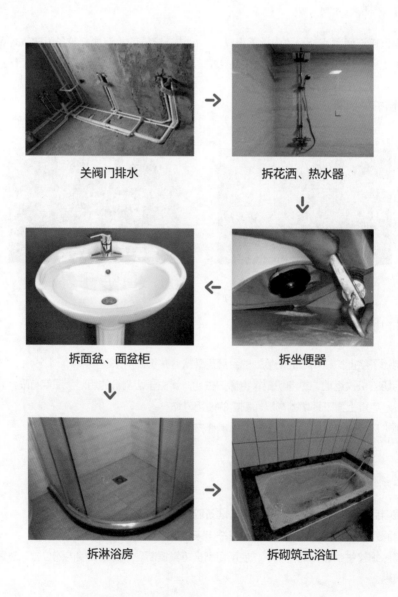

1.洁具拆除

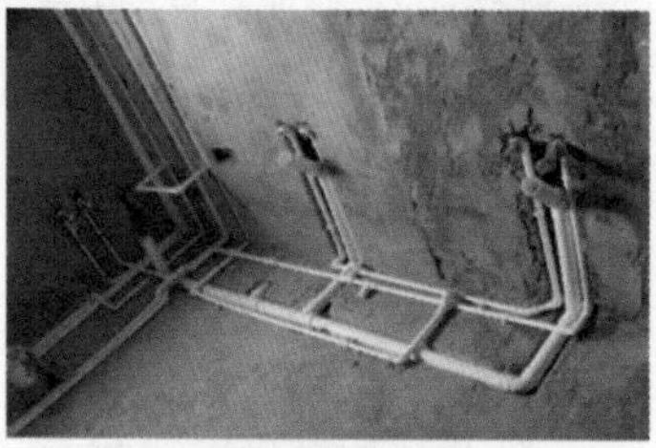

关阀门排水

拆花洒、热水器

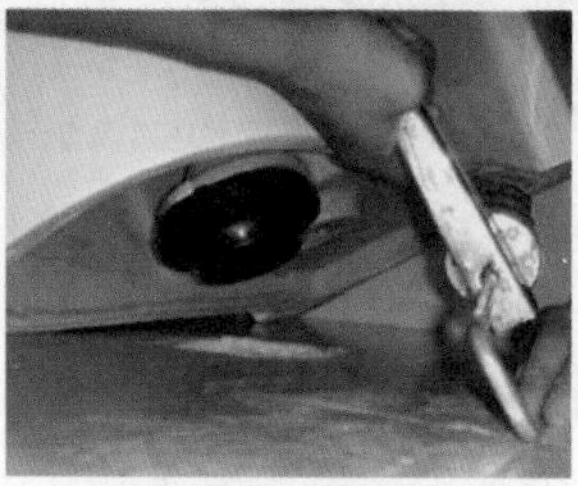

拆坐便器

拆面盆、面盆柜

拆淋浴房

拆砌筑式浴缸

步骤1 关阀门排水

进水总阀门关闭之后，打开淋浴，将热水器内的水排放干净；打开坐便器储水箱，将里面的水排放干净。

步骤2 拆花洒、热水器

①将手持式花洒的软管和喷头拧下放在一边；将淋浴器连通冷、热水的阀门拧开，与给水管分离；将淋浴器上侧墙面中的固定件用螺丝刀拧开，将整个淋浴器拿下来。使用堵头封堵冷、热给水管。

②将连接热水器的进水软管拧下来，使用堵头将冷、热给水管封堵。使用螺丝刀或扳手将热水器固定件的螺丝拧松，同时托着热水器，匀速将热水器拆卸下来。热水器可二次利用，需堆放在安全的位置。

步骤3 拆坐便器

①将坐便器进水软管拧下来，使用堵头将冷水管封堵。

②摘除坐便器储水箱的盖子。若水箱和坐便器是分体式的，则将整个水箱拆卸下来，堆放在一边。

③用铲刀围绕坐便器底座铲除密封胶，一边铲除，一边晃动坐便器，直到坐便器与地面完全分离，然后将坐便器倾斜着搬离卫生间。

④用废弃的塑料袋或盖子将坐便器的排污口封堵，防止排污管堵塞，阻止异味向室内扩散。

步骤4 拆面盆、面盆柜

①将水龙头连同进水软管拧下来，堆放在一边。使用堵头将冷、热给水管封堵。

②打开柜门，将连接面盆的进水软管和排水管拆除，和水龙头、软管统一堆放在一起。

③用铲刀围绕面盆四边铲除密封胶，将面盆抬起与柜体分离，堆放在一边。

④拆除大理石台面、合页、柜门。用工具将柜体背板和墙面的连接拆除，将背板统一拆卸下来，与台面、柜门统一堆放在一起。

步骤5 拆淋浴房

①用螺丝刀将淋浴房上檐轨道内的膨胀螺栓拧下来，将上檐轨道拆卸下来。拆卸期间需要有人保护玻璃拉门，防止拉门斜倒。

②将玻璃拉门向上抬起，与下侧轨道分离，倾斜着抬走，靠在墙边。

③使用撬棍或锤子将淋浴房边框敲松，并拆卸下来。

步骤6 拆砌筑式浴缸

①拆除砌筑式浴缸表面的瓷砖、红砖墙，使浴缸外露出来。

②将浴缸连接排水管的管道拆除，分配2～4个人分别握住浴缸的四角，将浴缸搬离出卫生间。因为浴缸的底部不平，堆放时下面垫几块砖，使其平稳。

2.墙、地砖拆除

拆地砖

→

拆墙砖

步骤1 拆地砖

①保留地砖拆除方法。若要保留地砖，拆除时需要仔细。方法是从门口位置开始拆除（门口的地砖有一边露在外面，使用撬棍容易撬开），将紧挨门口的地面砖使用撬棍或凿子撬起，然后用扁头的凿子一片片地往里撬，直到将所有的地砖拆除。

\小\贴\士\ 保护地砖的拆除方式

如果水泥砂浆的牢固度较低，可以用锤子将扁凿敲进地砖和水泥地面中间的缝隙，这样可以将整块地砖撬起来，而不会损伤到地砖。

②粉碎地砖拆除方法。使用冲击钻将地砖打碎，将水泥砂浆层搅碎，到楼板位置停止。待所有地砖全部粉碎后，统一装袋，堆放在一起，准备清运到楼下。

步骤2 拆墙砖

①从窗口的位置开始拆除，窗口的墙砖容易撬开。具体的拆除方法和地砖一样。

②墙砖拆除从窗口开始后，先拆除到顶面，再向地面拆除，这样拆除安全系数高，可避免墙砖发生脱落现象。

3.木地板拆除

拆踢脚线

拆木地板

拆木龙骨

清理

步骤1 拆踢脚线

①使用撬棍或羊角锤将门口侧边的踢脚线撬起。室内门拆除后，门口的踢脚线侧边会露出来，从这里开始拆除可节省力气，不会破坏踢脚线。

②将遗留在墙面中的踢脚线固定件依次拆除，和踢脚线统一堆放在一起。

步骤2 拆木地板

使用撬棍或羊角锤将墙角木地板撬起，观察木龙骨的铺设方向，然后决定木地板的拆除方向。拆除木地板时，顺着木龙骨铺设方向拆除，可减少对木地板的损坏。

步骤3 拆木龙骨

找到龙骨钉的安装位置，使用锤子从侧边用力敲击，使木龙骨脱离地面和龙骨钉。将较长的木龙骨分为两段或三段敲断，统一堆放在一起。

步骤4 清理

清理地面，将地面上遗留的杂物统一清扫到一起。

4.吊顶拆除

（1）拆石膏板吊顶

拆吊顶表面的装饰面板

→

拆龙骨

步骤1 拆吊顶表面的装饰面板

拆除吊顶前，先检查周围是否存在安全隐患，并且要将电路切断。拆除吊顶时，先从造型简单的吊顶开始拆除。人站在移动脚手架上使用撬棍将吊顶的装饰面板拆除（集成吊顶可以借助螺丝刀或者吸盘两种工具将其不被破坏地进行拆除，拆下来的吊顶可进行二次利用。PVC吊顶则可以用撬棍进行拆除），再将吊件剪断，分别打成捆，待运。

步骤2 拆龙骨

拆除石膏板后，需认真查看内部的龙骨结构。然后根据龙骨的结构，依次拆除副龙骨、边龙骨、主龙骨、吊筋等。最后将拆除的废料堆放在一起，准备清运出现场。

\小\贴\士\ 吊顶拆除注意事项

① 原有吊顶装饰物拆除时，应尽量拆除干净，一般不保留原有的吊顶装饰结构。通常，为保证后续施工的安全，原吊顶内的吊杆、挂件等承载吊顶重量的结构必须拆除。

② 拆除时要考虑原吊顶内的设备和设施的安全，因而进行拆除时要先切断电源，并避免损坏管线和设备。拆除厨房和卫生间吊顶时要避免损坏通风道和烟道。

（2）拆集成吊顶

拆吊顶扣板

→

拆轻钢龙骨

步骤1 拆吊顶扣板

可以使用扁头螺丝刀撬起一块扣板，找到集成吊顶的卡扣位置，依次将吊顶扣板拆卸下来，统一堆放在一起。也可以用吸盘用力贴住扣板的一个角，然后再用力一拉，扣板的一角就会翘起来，其他的三个角采用同样的方法。这两种拆除方式不会破坏集成吊顶，可再次利用。

步骤2 拆轻钢龙骨

参照石膏板吊顶龙骨的拆除方法，按顺序依次拆除轻钢龙骨。

(3) 拆PVC 扣板

先使用撬棍将边角处的PVC扣板拆除，再用同样的方法将其他PVC扣板拆除。由于PVC扣板不具备二次利用价值，因此可以不用考虑PVC扣板的完好度。

5.壁纸撕除

撕壁纸

清理残余壁纸

步骤1 撕壁纸

①找到壁纸与壁纸的接缝处，从覆盖在上面一层的壁纸开始撕除。

②找到壁纸和吊顶的接缝处，从上到下撕除壁纸，过程要缓慢、匀速，防止撕断壁纸。

③第一遍撕除过后可能只撕除了表皮，壁纸下面的一层纸还粘在墙上，这些面积有大有小，应该准备第二遍撕除壁纸。

步骤2 清理残余壁纸

用滚筒蘸水，待滚筒稍微沥干，使用半湿的滚筒滚涂墙面，打湿残留的壁纸。待壁纸湿透后，使用塑料铲将残留的壁纸全部铲除。

小贴士 壁纸撕除技巧

壁纸在被水打湿的情况下，更好撕除，既节省力气，又不会对墙面基层造成损害。

6.墙、顶面漆铲除

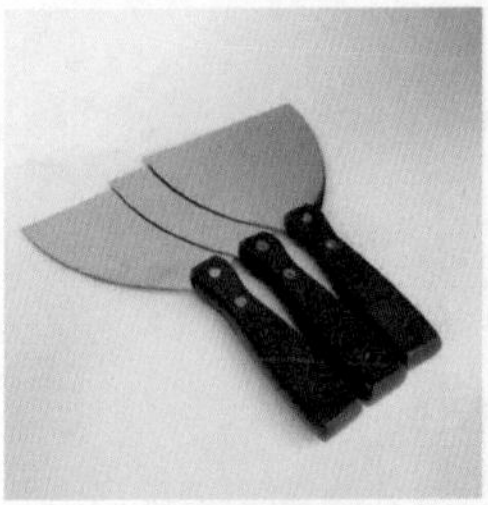

破坏漆膜

→

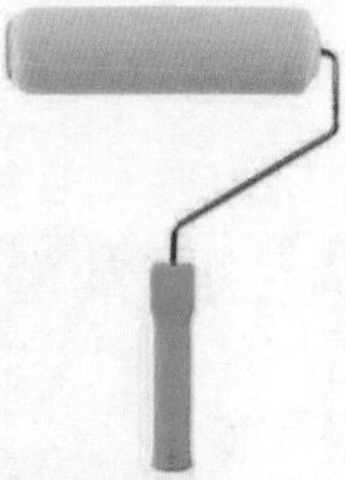

润湿墙、顶面

→

铲除作业

步骤1 破坏漆膜

在墙、顶面漆涂刷了防水腻子的情况下，需要使用锋利的刀具将漆面保护膜划开，为下一步墙、顶面浸水、湿润做准备。

步骤2 润湿墙、顶面

使用沾水的滚筒在墙面上滚涂，直到墙、顶面漆完全湿润为止。在滚涂过程中，不断使用铲刀试着铲除漆面，测试水渗进的程度。在铲除漆面之前，用水将墙面浸湿，既可避免漆面产生大量灰尘，又能使后续作业更为顺畅。

步骤3 铲除作业

使用铲刀从上到下、从左到右地铲除漆面，直到露出水泥层为止。

五、楼板制作

楼板是指预制场加工生产的一种混凝土预制件。楼板层中的承重部分，将房屋垂直方向分隔为若干层，并把人以及家具等竖向荷载和楼板自重通过墙体、梁或柱传递给基础。楼板工法的施工主要存在于复式户型中，考虑到复式户型上下两层没有楼板，因此需要在中间制作楼板。楼板的制作工法有两种技术，一种是传统的现浇楼板，另一种是使用新型材料钢结构制作的钢结构楼板。

1.现浇楼板

现浇楼板是以钢筋混凝土为原材料，钢筋承受拉力，混凝土承受压力，其具有良好的坚固性、耐久性及防火性。

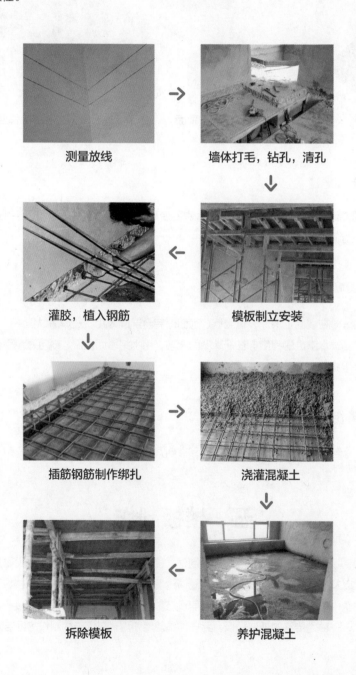

测量放线

墙体打毛，钻孔，清孔

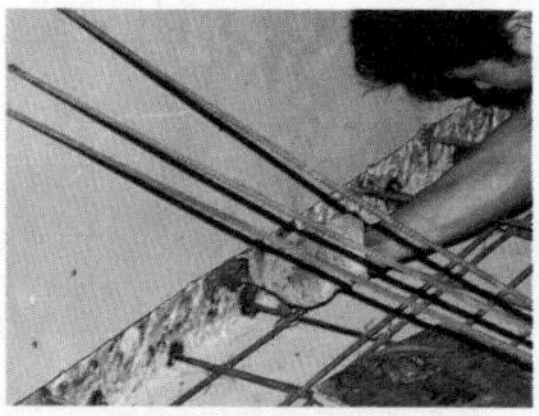

灌胶，植入钢筋

模板制立安装

插筋钢筋制作绑扎

浇灌混凝土

拆除模板

养护混凝土

步骤1 测量放线

①室内房屋的标准层高在1850~2750mm之间。因此，使用测量工具先测量层高的位置，然后在墙面中做标记。

②从层高的标记处向上画，画线时需要画双线，标准的楼板厚度是130mm，双线的间距为110mm。

\小\贴\士\ 常见的现浇楼板厚度

①楼板厚度 80mm、100mm 用在厨房、卫生间、雨棚、阳台、过道、管道井等处。

②楼板厚度 110~140mm 用在客厅、餐厅、卧室、书房、楼梯板等荷载比较大的地方。

③楼板厚 140mm 以上用得很少，主要用在装配式砼结构的叠合板中，也就是预制叠合板和现浇板组合的楼板。

步骤2 墙体打毛，钻孔，清孔

①先根据墙面的画线标记开槽，开槽宽度为画线的宽度，是130mm；开槽的深度为30~50mm。然后将墙体打毛，形成凹凸不平的表面。

②钻孔大小根据钢筋大小而定，一般孔径大于钢筋4mm为宜，孔深为钢筋直径的10倍以上。钻孔间距为120mm。

③楼板层钻好孔后，用自动清孔器或手动清孔器将孔内杂物及灰清理干净，准备后续的植筋。

△ 电钻钻孔

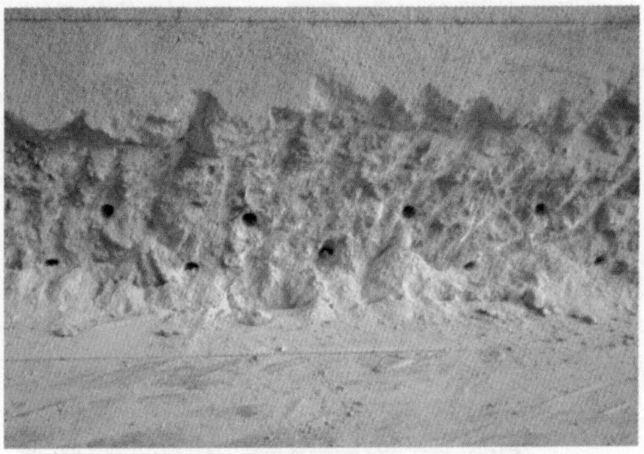

△ 清孔

步骤3 模板制立安装

①用18mm厚的胶合板做底模、侧模，40mm×60mm的木方做木档组成拼合式模板。拼好的模板不宜过大、过重，多以两人能抬动为宜。60mm×80mm、50mm×100mm、100mm×100mm的木档做为钢管架支撑及现浇板主龙骨骨架。18mm胶合板定型板铺设现浇楼板。

②支好模板后，先用水平仪校正模板底平整度无误后，再用胶布贴好模板缝，防止浇灌混凝土时漏浆。

③配制好的模板必须要刷模板脱模剂，不同部位的模板按规格、型号、尺寸在反面写明使用部位、分类编号，分别推放保管，以免安装时出错。

步骤4 灌胶，植入钢筋

把混合好的植筋胶注入孔内，并保证注满，然后迅速地按顺时针方向旋进钢筋，直到孔底部。并确保24~48h不触碰植入的钢筋。

步骤5 插筋钢筋制作绑扎

①选择钢筋型号。长钢筋采用14号的型号，短钢筋采用12号的型号，上下设计双层。小挑梁的钢筋需采用16号的型号，大挑梁的钢筋需采用20号的型号。大于10m^{2}的面积要加强钢筋，20m^{2}以上的面积最好加横梁。若设计楼梯，则都要加横梁。

②将12号短钢筋插入灌有植筋胶的孔内，随后敷设14号长钢筋。全部敷设好之后，准备绑扎钢筋。

③绑扎板筋时一般用顺扣或八字扣，除了外围两根筋的相交点应全部绑扎外，其余各点可交错绑扎（双向板相交点须全部绑扎）。如板为双层钢筋，两层筋之间须加钢筋马凳，以确保上部钢筋的位置。负弯矩钢筋每个相交点均要绑扎。

△敷设钢筋

△绑扎钢筋

步骤6 浇灌混凝土

①要保证水泥质量，石子要冲洗干净，尽量用粗黄沙。面积达到35m²的楼板尽量用成品混凝土。

②混凝土浇灌从内侧的边角开始，逐步向中间浇灌。在浇灌过程中，不断地将混凝土压平，浇灌均匀。

③混凝土浇入楼板的两小时内必须用振动器来回振捣密实。其主要目的是使钢筋混凝土整体性好，防止混凝土产生蜂窝、麻面等多种混凝土通病。成品后现浇面的厚度不得低于100mm。

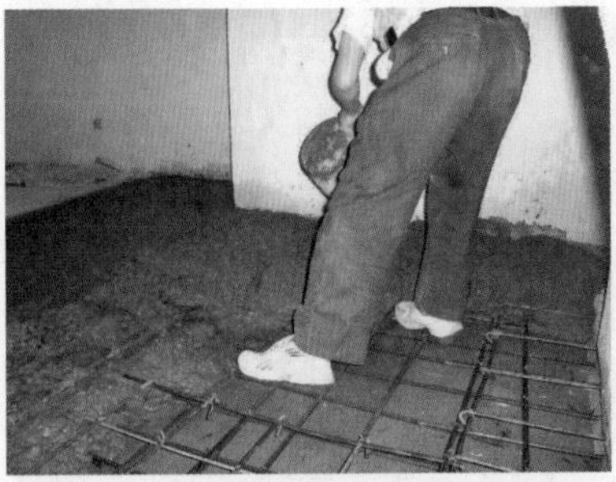

△ 浇灌混凝土

△ 振实混凝土

步骤7 养护混凝土

①根据温度选择养护方式。当室温在20℃以上时，每天都要浇水保养，每次要确保楼面有11~16min的积水，8天后可以拆除模板；当室温在零下15℃以下时，每两天浇水保养1次，15天后可以拆除模板。这种养护方式，可使现浇面与原墙成为一体，每平方可承重300kg。

②赶抢工期的养护方式。如在实际施工中，由于赶抢工期和浇水将影响弹线及施工人员作业，施工中必须坚持覆盖麻袋或草包进行1周左右的妥善保湿养护。

步骤8 拆除模板

模板拆除条件。跨度在8m以上的混凝土强度≥100%，8m以及8m以下的混凝土强度≥75%方可拆除模板。混凝土强度在浇筑完前3天上升最快，从0%可以达到50%以上，7天时可以达到95%左右，14天可以达到110%以上，之后仍会以很慢的速度增强。

2.钢结构楼板

钢结构楼板以工字钢或槽钢为原材料，在上面铺设木质板材，具有性价比高，占用空间面积小等特点。在构造合理且施工合格的情况下，钢结构楼板的稳定性与钢筋混凝土现浇楼板相同，其施工速度快、安装简便，能够在不同的环境内进行安装，且与建筑物同寿命，二次装修性能好，施工很少产生建筑垃圾，有利于保护环境。

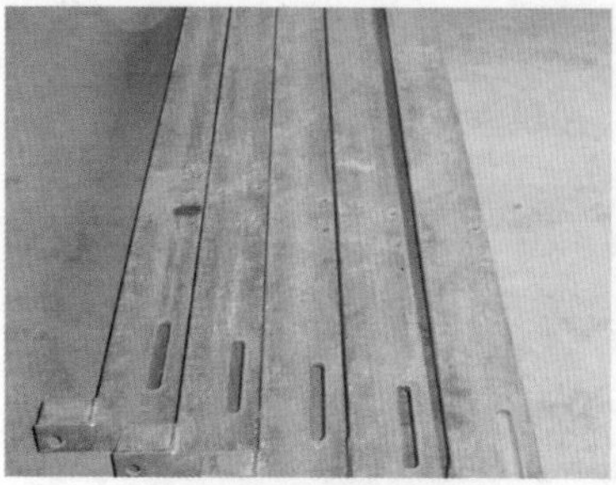
钢构件涂刷防锈漆

测量放线

墙体开槽

固定槽钢到墙体中

搭建工字钢主梁

焊接角钢辅梁

涂刷第三遍面漆

钢构轻型楼板安装

步骤1 钢构件涂刷防锈漆

①钢构件除锈。根据图纸设计、现场预制生产所有钢构件进行全方位除锈、打磨。

②涂刷两遍防锈漆。涂刷底漆的作用是防锈、增加油漆对基材的附着力，涂刷中间漆以增加漆膜的厚度，因此是最重要的一道工序。

步骤2 测量放线

①先用激光水平仪测量出屋内较高点，然后找出基准点，测量出钢结构水平线。

②在墙面上弹出标准位置线，其水平线位置上下误差应小于3mm。

步骤3 墙体开槽

①沿着墙体的水平线位置开一条约20mm深的凹槽。深度要求去掉墙面上的找平抹灰涂层，直至露出钢筋混凝土，使槽钢可直接固定到钢筋混凝土中，增加牢固度。

②在开好的凹槽内钻孔，间距保持在350~500mm之间。钻孔的深度为100~150mm，具体深度根据安装的膨胀螺栓大小来决定。

步骤4 固定槽钢到墙体中

将槽钢镶嵌在开好的凹槽中，再用膨胀螺栓拧紧固定，然后使用焊接技术将槽钢焊接牢固，这样可使槽钢和混凝土墙体固定得更扎实，形成为一个整体。

△ 固定并焊接槽钢

步骤5 搭建工字钢主梁

①若工字钢和槽钢的宽度一样，则需要使用电动工具去掉工字钢的上下沿。

②利用槽钢的特殊形状，将工字钢两端插入槽钢内，并焊接固定。焊接方法应采用先点焊，后加固，最后满焊的方式。工字钢之间间距应保持为600mm。

△ 均匀的工字钢间距

步骤6 焊接角钢辅梁

①使用电动工具将角钢分段，每段的长度为600~650mm。考虑到角钢需要嵌入到工字钢内，因此角钢的长度应顶到工字钢内壁。

②将角钢焊接到工字钢中，角钢之间的间距为600mm。需要注意的是，焊接角钢要采用满焊，而不是点焊。满焊的角钢连接效果更牢固。

步骤7 涂刷第三遍面漆

涂刷第三遍面漆时，对于新焊接的位置应增加油漆厚度，起到防锈的作用。面漆涂刷过程中，应保持均匀、厚度一致。

步骤8 钢构轻型楼板安装

楼板铺设两边搭接时，要搭接在钢结构的主梁上，不要搭接在空处。铺板时注意板与板之间保留2~3mm的伸缩缝。

六、隔墙施工

隔墙用来分隔户型内的空间，增加空间的独立性和隐私性。因此，面对不同的空间功能与空间诉求，可采用相应的隔墙来处理。

1.砖砌隔墙

砖体浇水湿润

挂线

墙体拉结钢筋

砌筑墙体

安装门洞过梁

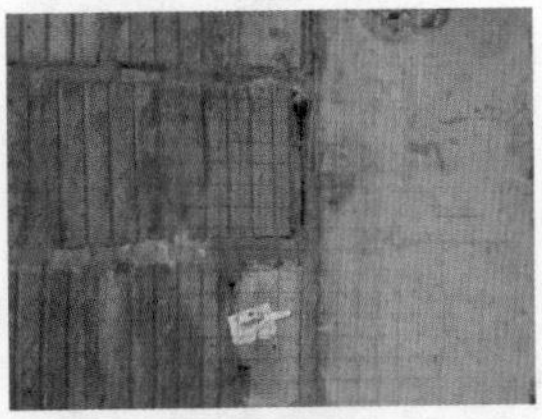

挂网

墙体抹灰

步骤1 砖体浇水湿润

①在砌筑施工的前一天，应用水管对砖体浇水湿润。一般以水浸入砖四边1.5cm为宜，不可在同一位置反复浇水，浇水量不可过大，以含水率10%～15%为宜。

②在新砌墙体和原结构接触处，需浇水润湿，以确保砖体的粘接牢固度。

\小\贴\士\ 不同季节的砖体浇水

雨季时，砖体的浇水养护主要以湿润为目的；非雨季时，浇水养护主要以增加砖体的浸水度为目的。

步骤2 挂线

在预计施工的区域设置垂直和水平的基准线，以确保砌砖过程中不会发生倾斜的施工步骤叫做挂线。

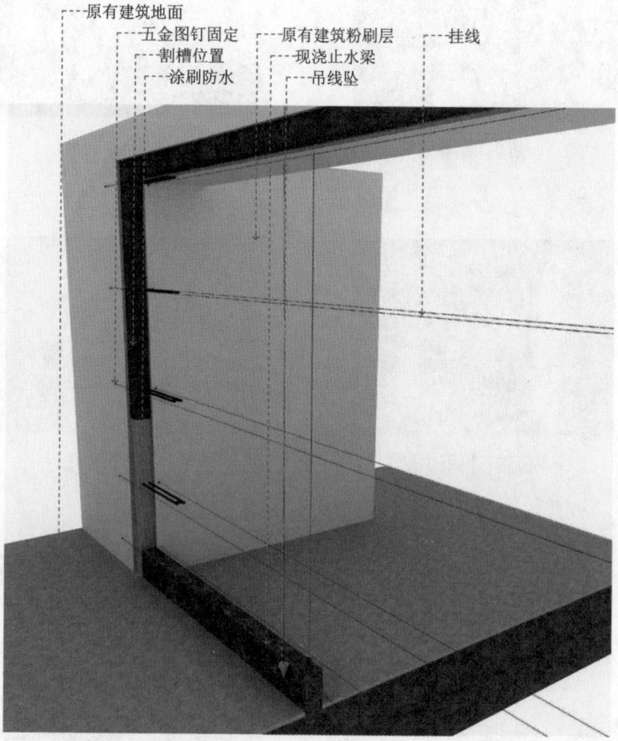

△ 挂线时三维示意图

\小\贴\士\ 挂线技巧

砌筑一砖半及以上墙体时必须双面挂线，中间应设若干支线点。线要拉紧，每层砖都要穿线看平，从而使得水平缝均匀一致、平直通顺。

步骤3 墙体拉结钢筋

墙体拉结钢筋的作用是增强房屋的整体性和协同性，同时对于防止房屋由于不均匀沉降和温度变化而引起裂缝具有一定作用。新砌墙体时，从下至上每隔60cm处，在原墙体上植入一道钢筋（2根），植筋布入新墙体的深度不得小于500mm。

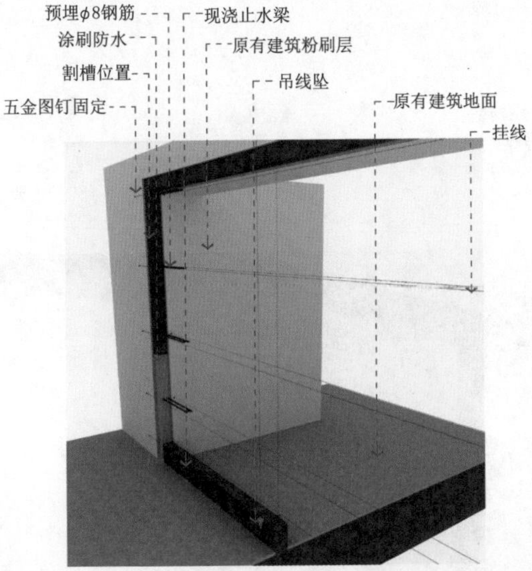

△ 墙体拉结钢筋时的三维示意图

\小\贴\士\ 新旧墙体转角连接技巧

新砌砖墙与旧砖墙转角 90° 连接时，需要在转角交接处每隔 2~3 层砖用 L 形的钢筋连接固定。

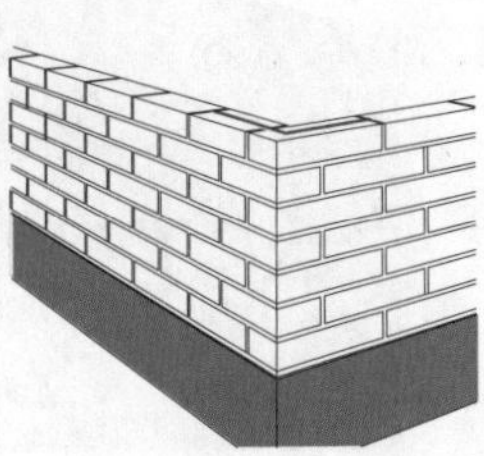

△ 转角连接做法

步骤4 砌筑墙体

①砌砖宜采用“一铲灰、一块砖、一挤揉”的“三一”砌砖法，即“满铺满挤”操作法。砌砖一定要按照“上跟线、下跟棱，左右相邻要对平”的方法砌筑。

②水平灰缝宽度和竖向灰缝宽度一般为10mm，但不应小于8mm，也不应大于12mm。

③砌筑砂浆应随搅拌随使用。水泥砂浆必须在3h内用完；水泥混合砂浆必须在4h内用完，不得使用过夜砂浆。

④当墙体砌筑至楼板或梁的底部时，应采用顶部砖斜砌工艺，这样不仅可以提高墙体的稳定性，还能解决墙体上部易开裂的问题。

⑤墙体下部做防潮止水梁，通常在潮湿区域的高度为300mm，非潮湿区域的高度为180～200mm。止水梁不仅能够提高墙体的稳定性，还能解决地面与墙体下部防潮、防渗、防霉的问题。

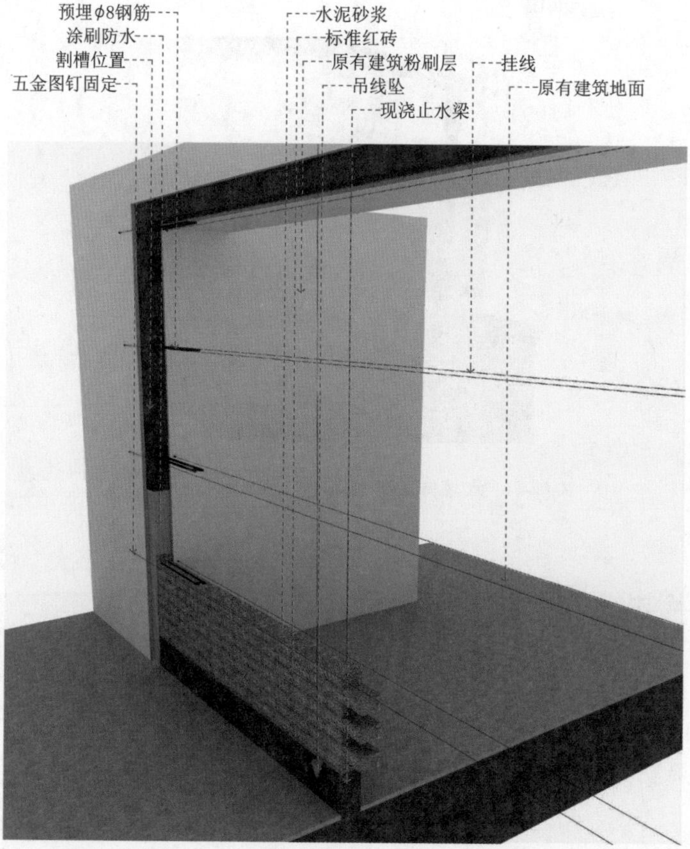

△ 砌筑时的三维示意图

\小\贴\士\ 六种常见的砖墙砌筑方式

不同厚度的砖墙，砌筑的方式并不相同。常见厚度的墙体有 120mm 厚墙、180mm 厚墙、370mm 厚墙，以及 240mm 厚墙。其中 240mm 厚墙有三种砌筑方式，分别是“一顺一丁式”“多顺一丁式”“十字式”。

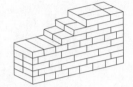

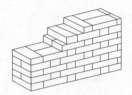

△ 240mm 厚砖墙 一顺一丁式

△ 240mm 厚砖墙 多顺一丁式

△ 240mm 厚砖墙 十字式

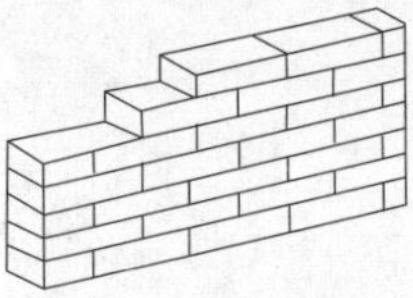

△ 120mm 厚砖墙

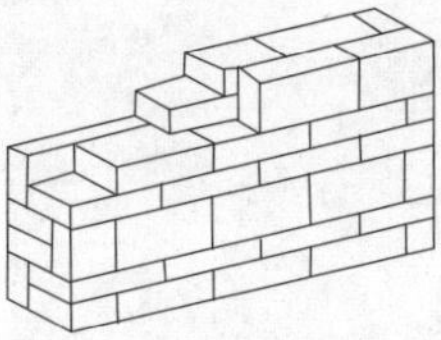

△ 180mm 厚砖墙

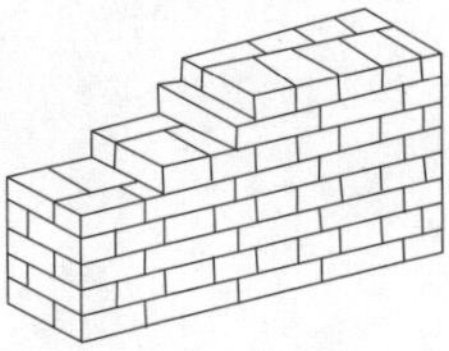

△ 370mm 厚砖墙

步骤5 安装门洞过梁

新砌墙体的门洞必须使用预制过梁或者内置钢筋的现浇过梁。过梁与墙体的搭接长度不得小于150mm，以200mm为宜，以确保不会因为门头下沉造成门闭合不畅。

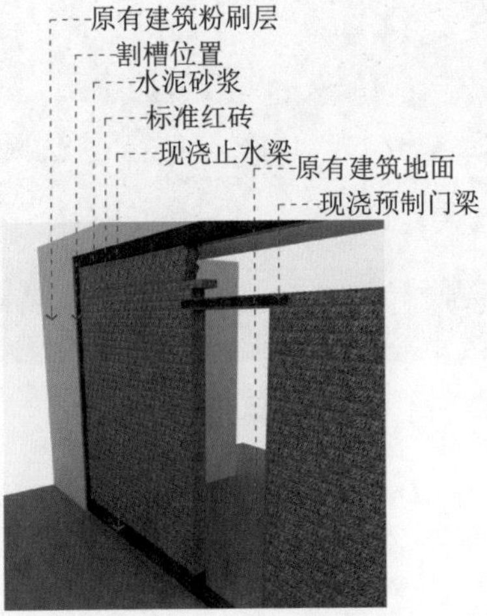

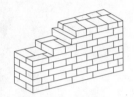

△ 安装门洞过梁的三维示意图

步骤6 挂网

有些墙体需要挂网，如新砌墙体、新旧墙面的连接处、轻质隔墙、红砖墙、墙面开槽处等。

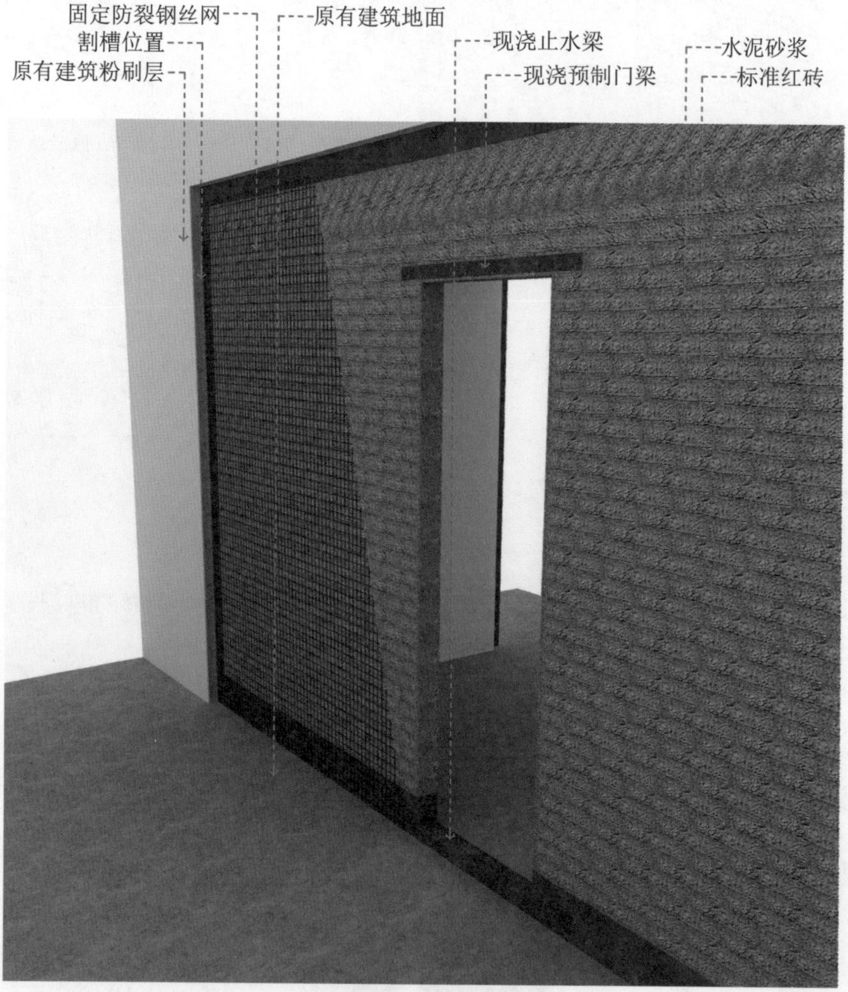

△ 挂网三维示意图

步骤7 墙体抹灰

①在墙面的一定位置上涂抹砂浆团，以控制抹灰层的平整度、垂直度和厚度。

②在上下灰饼之间抹上砂浆带，同样起控制抹灰层平整度和垂直度的作用。

③通常抹灰分为三层，即底灰（层）、中灰（层）、面灰（层）。抹面灰之前，应先检查底层砂浆有无空裂现象，如有空裂，应剔凿返修后再抹面层灰；另外应注意底层砂浆上的尘土、污垢等，应先清净、浇水湿润后，方可进行面层抹灰。

△ 抹灰三维示意图

2.轻质水泥板隔墙

计算用量，切割隔墙板

定位，放线

安装轻质水泥隔墙板

步骤1 计算用量，切割隔墙板

轻质水泥隔墙板的宽度在600~1200mm之间，长度在2500~4000mm之间。根据所购买的隔墙板的尺寸，预排列在墙面中，计算用量，多余的部分使用手持电锯切割。

步骤2 定位，放线

①使用卷尺测量轻质水泥隔墙板的厚度。常见的隔墙板厚度有90mm、120mm、150mm三种规格。

②在砌筑轻质水泥隔墙板的轴线上弹线，按照隔墙板厚度弹双线，分别固定在上下两端。

步骤3 安装轻质水泥隔墙板

①将条板侧抬至梁、板底面弹有安装线的位置，将粘结面准备好的水泥砂浆全部涂抹，两侧做八字角。

②竖立水泥隔墙板，竖板时一人在一边推挤，另一人在下面用撬棍撬起，挤紧缝隙，以挤出胶浆为宜。在推挤时，注意板面找平、找直。

③安装好第一块条板后，检查接缝隙大小，以不大于15mm为宜，合格后即用木楔楔紧条板底部和顶部，并用刮刀将挤出的水泥砂浆补齐刮平，以安装好的第一块板为基础，按第一块板的方法开始安装整墙条板。

④门洞处安装隔墙板，无门洞口，从外向内安装；有门洞口，由门洞口向两边扩展，门洞口边使用整板。

3.木龙骨隔墙

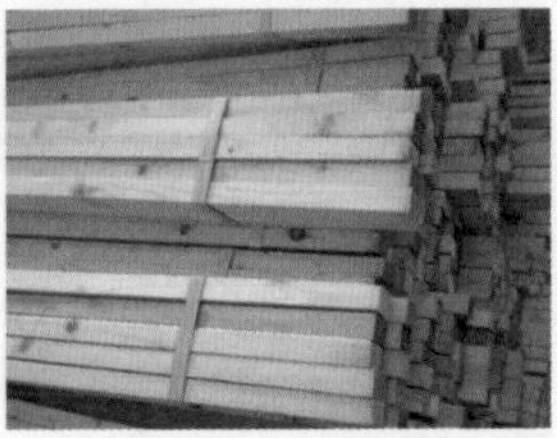

施工准备

定位弹线

骨架固定点钻孔

铺装饰面板

安装木龙骨

步骤1 施工准备

①材料准备。木龙骨一般可采用松木或杉木。常用的木龙骨截面有50mm×80mm或50mm×100mm的单层结构；也有30mm×40mm或40mm×60mm的双层或单层结构。骨架所用木材的树种、材质等级、含水率以及防腐、防火处理，必须符合设计要求和有关规定。

②施工检查。在施工前，应先对主体结构、水暖、电气管线位置等工程进行检查，其施工质量应符合设计要求。

③预埋防腐木砖。在原建筑主体结构与木隔断交接处，按300~400mm间距预埋防腐木砖。

④涂刷防火涂料。胶黏剂应选用木类专用胶黏剂，腻子应选用油性腻子，木质材料均需涂刷防火涂料。

步骤2 定位弹线

①根据设计图纸，在地面上弹出隔墙中心线和边线，同时弹出门窗洞口线。设计有踢脚线时，要弹出踢脚台边线。先施工踢脚台，踢脚台完工后，弹出下槛龙骨安装基准线。

②施工前需要在地面上弹出隔断墙的宽度线与中心线，并标出门、窗的位置，然后用线坠将两条边缘线和中心线的位置引到相邻的墙上和棚顶上，找出施工的基准点和基准线。通常按300~400mm的间距在地面、棚顶面和墙面上打孔，预设浸油木砖或膨胀螺栓。

\小\贴\士\ 检查平整度与垂直度的小技巧

原建筑墙身的平整度与垂直度可以用垂线法和水平法来检查。误差在 10mm 以内的墙体，可重新抹灰修正；如误差大于 10mm，则要在建筑墙体与龙骨架之间加木垫块来调整。

步骤3 骨架固定点钻孔

①定位线弹好后．如结构施工时已预埋了锚件，则应检查锚件是否在墨线内。如偏离较大时，应在中心线上重新钻孔，打入防腐木楔。

②门框边应单独设立筋固定点。隔墙顶部如未预埋锚件，则应在中心线上重新钻固定上槛的孔眼，不可以发挥创意乱打孔。

③下槛如有踢脚台，则锚件设置在踢脚台上，否则应在楼地面的中心线上重新钻孔。

步骤4 安装木龙骨

①安装主体结构墙木龙骨。靠主体结构墙的边立筋对准墨线，先用圆钉钉牢在防腐木砖上；将上槛对准边线就位，两端顶紧于靠墙立筋顶部钉牢，接着按钻孔眼用金属膨胀螺栓固定；将下槛对准边线就位，两端顶紧于靠墙立筋底部钉牢，然后用金属螺栓固定，或与踢脚台的预埋木砖钉固。

②安装门框结构墙木龙骨。紧靠门框立筋的上、下端应分别顶紧上、下槛（或踢脚台）并用圆钉双面斜向钉入槛内，且立筋垂直度检查应合格；量准尺寸，分别等间距排列中间立筋，并在上、下槛上划出位置线。依次在上、下槛之间撑立立筋，找好垂直度后，分别与上、下槛钉牢。

③在立筋之间撑钉横撑。立筋间要撑钉横撑，两端分别用圆钉斜向钉牢于立筋上。同一行横撑要在同一水平线上。

④进行防火、防蛀处理。安装饰面板前，应对龙骨进行防火、防蛀处理。隔墙内管线的安装应符合设计要求。

步骤5 铺装饰面板

①木骨架板材隔断墙的饰面板多采用胶合板、细木工板、中密度纤维板或石膏板等。需要填充的吸音、保温材料，其品种和铺设厚度要符合设计要求。

②应从中间开始向外依次胶钉，固定后要求表面平整、无翘曲、无波浪。与罩面板接触的龙骨表面应刨平刨直，横竖龙骨接头处必须平整，其表面平整度不得大于3mm。背面应进行防火处理。

③钉帽应钉入板内，但不得使钉穿透罩面板，不得有锤痕留在板面上，板的上口应平整。安装罩面板用的木螺钉、连接件、锚固件应做防锈处理。用普通圆钉固定时，钉距为80～150mm，钉帽要砸扁，冲入板面0.5～1.0mm。采用钉枪固定时，钉距为80～100mm。

④施工前应挑选木纹、颜色相近的板材，以确保安装后美观大方。

⑤隔墙饰面板的固定方式包括明缝固定、拼缝固定和木压条固定三种，如下所示。

明缝固定

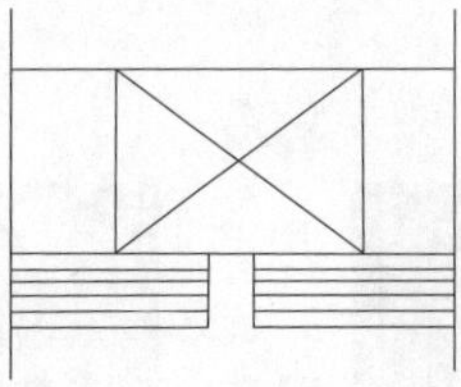

明缝固定是在两板之间留一条一定宽度的缝，如施工图无明确规定，则缝宽为 3~10mm 为宜。如明缝处不用垫板，则应将木龙骨表面刨光。留缝工艺的装饰，要求罩面板尺寸精确，缝间中距一致，整齐顺直。板边裁切后，必须用细砂纸打磨至无毛茬；罩面板与龙骨的固定方式为胶钉的方式

拼缝固定

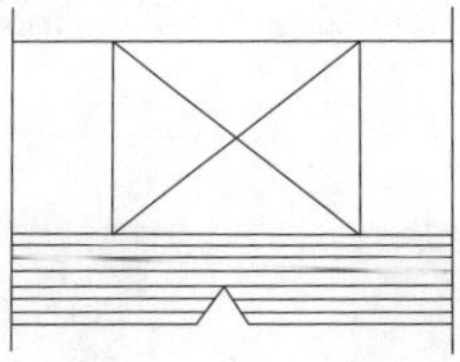

拼缝要求在罩面板相邻的两条边的上沿，用木刨按宽度为 3mm 左右刨出 45° 斜角，拼接后的 V 字形斜边要求均匀、对称、整齐顺直

木压条固定

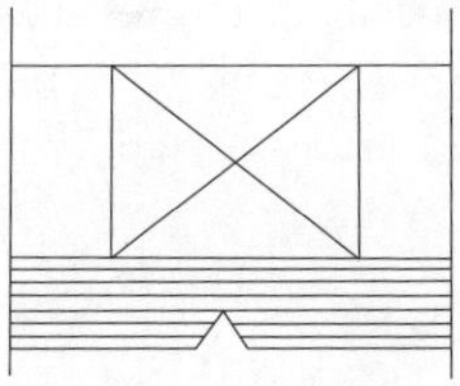

木压条工艺要求仔细地挑选所用的木线。所用木线应干燥无裂纹，且纹理一致、无色差。采用胶钉的方式以防开裂，钉距保持在 150mm 左右。在门窗和墙面的阳角处，应用木线护角，既防止开裂又增加装饰性

\小\贴\士\ 安装要点

① 安装饰面板前，应对龙骨进行防火、防蛀处理，隔墙内管线的安装应符合设计要求。

② 板条隔墙在板条铺钉时的接头应落在立筋上，其断头及中部每隔一根立筋应用 2 颗圆钉固定。板条的间隙宜为 7~10mm，板条接头应分段交错布置。

4.轻钢龙骨隔墙

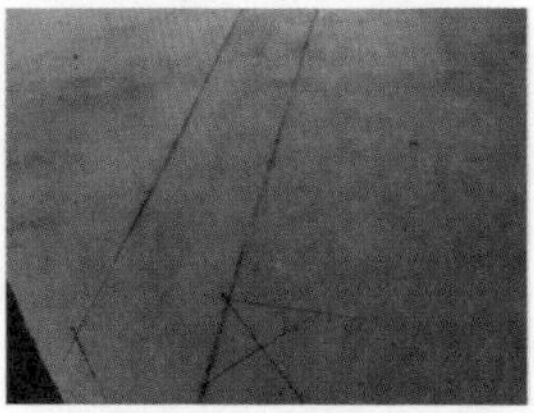
定位，放线

安装踢脚板

安装结构骨架

装设氯丁橡胶封条

装管线，填充保温层

安装通贯龙骨、横撑

安装门窗节点处的骨架

铺装纸面石膏板

纸面石膏板嵌缝

步骤1 定位，放线

确定轻钢龙骨隔墙的安装位置，在地面中弹出一根中心线。测量轻钢龙骨隔墙的宽度，并根据宽度弹出边线。

步骤2 安装踢脚板

若设计要求设置踢脚板，则应按照踢脚板详图先进行踢脚板施工。将楼地面凿毛清扫后，立即洒水浇筑混凝土。但进行踢脚板施工时，应预埋防腐木砖，以方便沿地龙骨固定。

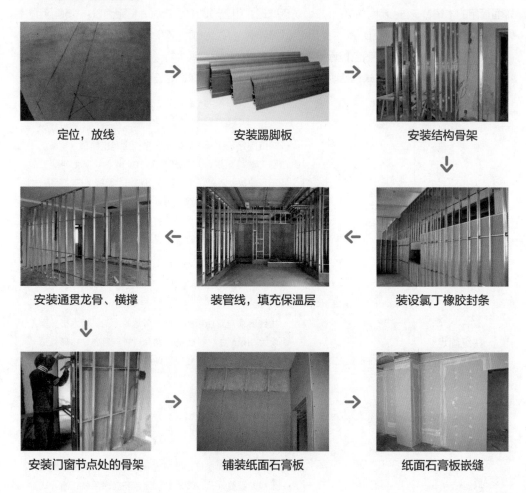

步骤3 安装结构骨架

①安装沿地横龙骨（下槛）和沿顶横龙骨（上槛）。如果沿地龙骨安装在踢脚板上，应等踢脚板养护到期达到设计强度后，在其上弹出中心线和边线。地龙骨固定，如已预埋木砖，则将地龙骨用木螺钉钉在木砖上，如无预埋件，则用射钉进行固定，或电钻孔后用膨胀螺栓进行连接固定。沿地、沿顶龙骨应安装牢固，龙骨与基体的固定点其间距不应大于1000mm。安装沿地、沿顶的木楞时，应将木楞两端深入墙内至少120mm，以保证隔墙与墙体连接牢固。

②安装沿墙（柱）竖龙骨。以龙骨上的穿线孔为依据，首先确定龙骨上下两端的方向，尽量使穿线孔对齐。竖龙骨的长度尺寸，应按照现场实测为准。前提是保证竖龙骨能够在沿地、沿顶龙骨的槽口内滑动，其截料长度应比沿地、沿顶龙骨内侧的距离略短15mm左右。

\小\贴\士\ 墙体内穿电线的技巧

当隔墙墙体内需穿电线时，竖向龙骨制品一般设有穿线孔，电线及 PVC 管可通过竖龙骨上切口穿插。同时，装上配套的塑料接线盒或用龙骨装置成配电箱等。

③对于圆曲形墙面，需要沿地、沿顶龙骨在背面中心部位断开，剪成齿状，根据曲面要求，将其弯曲后固定。对于半径为900~2000mm的曲面墙，竖向龙骨的间距宜为150~200mm；当半径≥2500mm时，竖向龙骨间距宜为300mm左右。石膏板宜横向安装，当圆弧半径为900mm时，可采用9mm厚的石膏板；当圆弧半径为1000mm时，可采用12mm厚的石膏板；当圆弧半径为2000mm时，可采用15mm厚的石膏板。

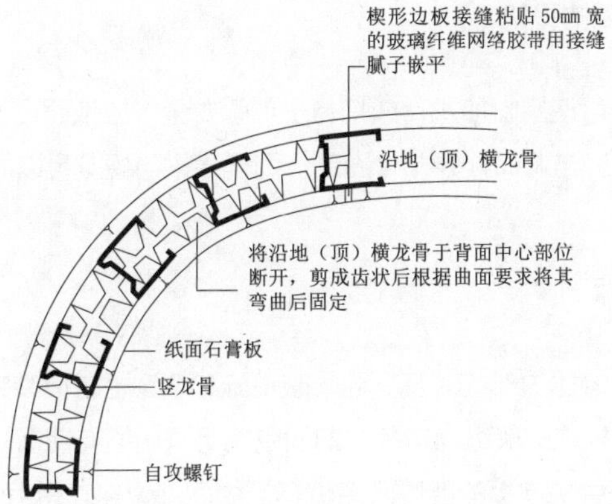

△ 圆曲形墙面构造示意

步骤4 装设氯丁橡胶封条

沿地、沿顶、沿墙骨架在装设时，要求在龙骨背面粘贴两道氯丁橡胶片作为防水、隔声的密封措施。因此，操作时可先用宽100mm的双面胶每隔500mm在龙骨靠建筑结构面粘贴一段，然后将橡胶条粘固其上。

步骤5 装管线，填充保温层

①当隔墙墙体内需穿电线时，竖龙骨制品一般设有穿线孔，电线及其PVC管通过竖龙骨上的切口穿插。同时，装上配套的塑料接线盒以及用龙骨装置成配电箱等。

②墙体内要求填塞保温绝缘材料时，可在竖龙骨上用镀锌铁丝绑扎或用胶粘剂、钉件和垫片等固定保温材料。

步骤6 安装通贯龙骨、横撑

①装设通贯龙骨。当隔墙采用通贯系列龙骨时，竖龙骨安装后装设通贯龙骨，要求在水平方向从各条竖龙骨的贯通孔中穿过。

②通贯龙骨安装要求。在竖龙骨的开口面用支撑卡作稳定并锁闭此处的敞口。根据施工规范的规定，低于3000mm的隔墙安装一道通贯龙骨；3000~5000mm的隔墙应安装两道。

③装设支撑卡。装设支撑卡时，卡距应为400~600mm。对非支撑卡系列的竖龙骨，通贯龙骨的稳定可在竖龙骨非开口面采用角托，以抽芯铆钉或自攻螺钉将角托与竖龙骨衔接并托住通贯龙骨。

步骤7 安装门窗节点处的骨架

门窗等节点处的骨架，可使用附加龙骨或扣盒子加强龙骨，应按照设计图纸来安装固定。装饰性木质门框，一般用自攻螺钉与洞口处竖龙骨固定。门框横梁与横龙骨以同样的方法连接。

步骤8 铺装纸面石膏板

①先安装一个单面，待墙体内部管线及其他隐蔽设施和填塞材料铺装完毕后再封钉另一面的板材。罩面板材宜采用整板。板块一般纵向铺装，曲面隔墙可采用横向铺板。

②石膏板的装钉应从板中央向板的四周顺序进行。中间部位自攻螺钉的钉距不大于300mm，板块周边自攻螺钉的钉距应不大于200mm，螺钉距板边缘的距离应为10~15mm。自攻螺钉钉头略埋入板面，但不得损坏板材和护面纸。

步骤9 纸面石膏板嵌缝

①在缝隙处刮三层腻子。清除缝内杂物，并嵌填腻子。待腻子初凝时（30~40min），刮一层较稀的腻子，厚度1mm，随即贴穿孔纸带，纸带贴好后放置一段时间，待水分蒸发后，在纸带上再刮一层腻子，将纸带压住，同时把接缝板找平。

②勾明缝。如勾明缝，安装时将胶粘剂及时刮净，保持明缝顺直清晰。

5.有框玻璃隔墙

测量放线

→

安装固定玻璃的钢型边框

↓

安装玻璃

←

装饰边框

↓

清洁及成品保护

步骤1 测量放线

①根据设计图纸尺寸测量放线，测出基层面的标高，玻璃墙中心轴线及上、下部位，收口不锈钢槽的位置线。

②落地无框玻璃隔墙应留出地面饰面厚度（如果有踢脚线，则应考虑踢脚线三个面饰面层厚度）及顶部限位标高（吊顶标高）。

步骤2 安装固定玻璃的钢型边框

①如果没有预埋铁件，或预埋铁件位置已不符合要求，则应先设置金属膨胀螺栓焊牢。然后将型钢（角钢或薄壁槽钢）按已弹好的位置线安放好，在检查无误后随即与预埋铁件或金属膨胀螺栓焊牢。

②型钢材料在安装前应刷好防腐涂料，焊好后在焊接处应再补刷防锈漆。

③当较大面积的玻璃隔墙采用吊挂式安装时，应先在建筑结构或板下做出吊挂玻璃的支撑架并安好吊挂玻璃的夹具及上框。

步骤3 安装玻璃

①先将边框内的槽口清理干净，槽口内不得有垃圾或积水，并垫好防振橡胶垫块。用2~3个玻璃吸器把厚玻璃吸牢，由2~3人手握吸盘同时抬起玻璃先将玻璃竖着插入上框槽口内，然后轻轻垂直下落，放入下框槽口内。

②先将靠墙的玻璃推到墙边，使其插入贴墙的边框槽口内，然后安装中间部位的玻璃。两块玻璃之间接缝时应留2~3mm的缝隙或留出与玻璃稳定器（玻璃肋）厚度相同的缝，此缝是为打胶而准备的，因此玻璃下料时应计算留缝宽度尺寸。

③玻璃全部就位，校正平整度、垂直度，同时用聚苯乙烯泡沫嵌条嵌入槽口内，使玻璃与金属槽接合平伏、紧密，然后打硅酮结构胶。注胶时，一只手托住注胶枪。另一只手用力握紧，将结构胶均匀注入缝隙中，注满之后随即用塑料片在厚玻璃的两面刮平玻璃胶，然后清洁溢出到玻璃表面的胶迹。

步骤4 装饰边框

精细加工玻璃边框在墙面或地面的饰面层时，则应用9mm胶合板做衬板，用不锈钢等金属饰面材料做成所需的形状，然后用胶粘贴于衬板上，从而得到表面整齐、光洁的边框。

步骤5 清洁及成品保护

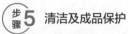

玻璃隔墙安装好后，先用棉纱和清洁剂清洁玻璃表面的胶迹和污痕，然后用粘贴不干胶条、磨砂胶条等办法做出醒目的标志，以防止碰撞玻璃的意外发生。

6.无竖框玻璃隔墙

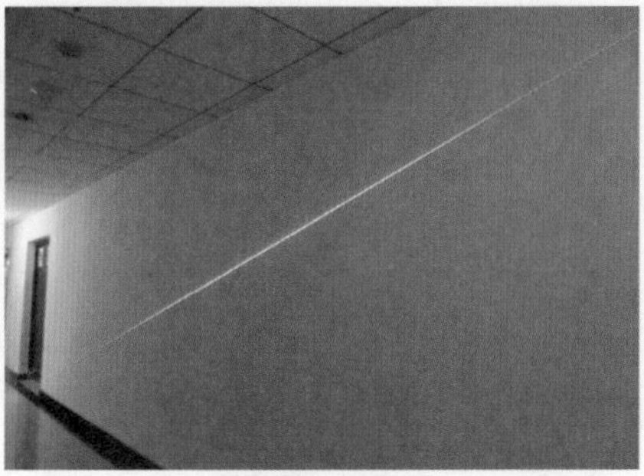

弹定位线

安装框架

嵌缝打胶

安装大玻璃、玻璃肋

边框装饰

清洁

步骤1 弹定位线

根据图纸，弹出地面位置线，再弹结构墙面（或柱）上的位置线以及顶部吊顶标高。

步骤2 安装框架

如果结构面上没有预埋铁件，或预埋铁件位置不符合要求，则按位置中心钻孔，埋入膨胀螺栓，然后将型钢按已弹好的位置安放好。型钢在安装前应刷好防腐涂料，焊好后在焊接处再刷防锈漆。

步骤3 安装大玻璃、玻璃肋

先安装靠边结构边框的玻璃，将槽口清理干净，垫好防振橡胶垫块。玻璃之间应留2~3mm的缝隙或留出玻璃肋厚度相同的缝，以便安装玻璃肋和打胶。

步骤4 嵌缝打胶

玻璃板全部就位后，校正其平整度和垂直度，同时在槽内两侧嵌橡胶压条，从两边挤紧玻璃，然后打硅酮结构胶。注胶一定要均匀，注胶完毕后用塑料刮刀在玻璃的两面刮平玻璃胶,然后清理玻璃表面的胶迹。

步骤5 边框装饰

如果边框嵌入地面和墙（或柱）面的饰面层中，则在做墙（或柱）面和地面饰面时，应沿接缝精细操作，确保美观。如果边框没有嵌入地面和墙（或柱）面，则应另用胶合板做底衬板，将不锈钢等金属材料粘贴于衬板上，使其光亮、美观。

步骤6 清洁

无框玻璃安装好以后，应使用棉纱蘸清洁剂擦去玻璃两面的胶迹和污染物，再在玻璃上粘贴不干胶纸带，以防碰撞。

扩展知识 无框全玻门的安装

在无框玻璃隔墙中经常使用无框全玻门，让隔墙和门更加融合。无框全玻门以地弹簧固定连接门扇并控制门扇的开启。玻璃的厚度一般在 12mm 以上，具体厚度需依照门扇的尺寸来决定。地弹簧和门上下一般依靠门夹来连接，门夹的饰面有木质、铝制、钛金、不锈钢等。

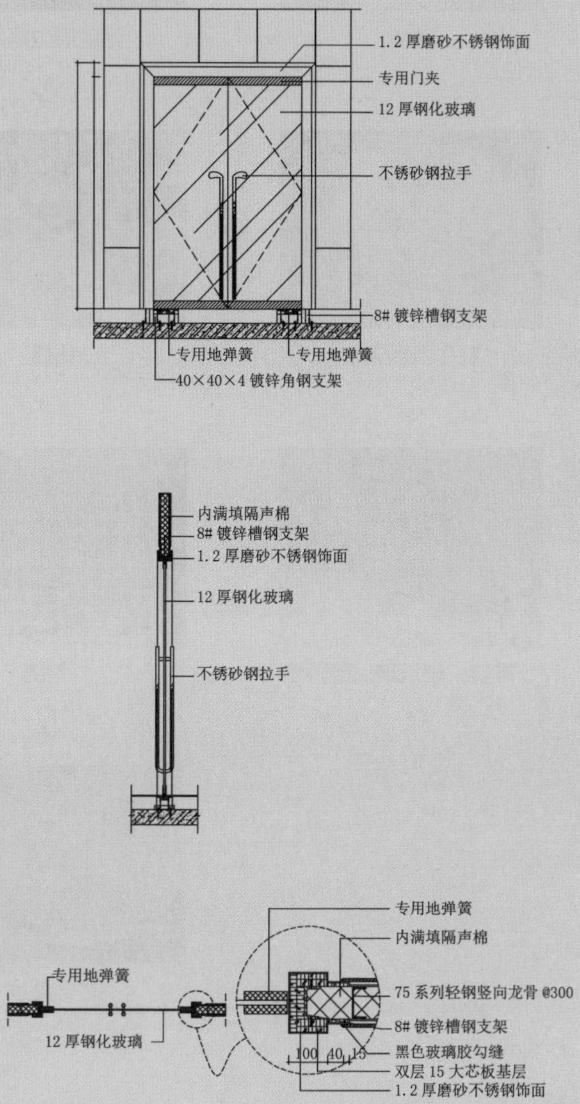

△ 无框全玻门构造

7.玻璃砖隔墙

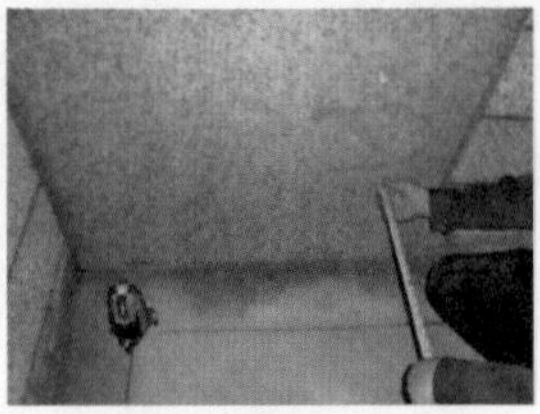

放线

固定周边框架

制作白水泥浆

扎筋

排砖，砌筑玻璃砖隔墙

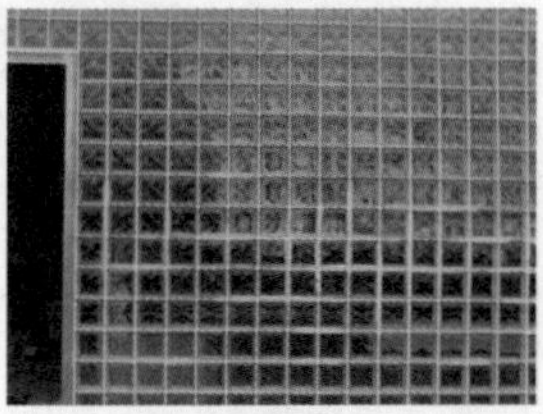

勾缝

边饰处理

步骤1 放线

按照设计图纸在地面弹线，以玻璃砖的厚度为轴心，弹出中心线。在玻璃砖的四周根据地面放线尺寸弹好墙身线。

步骤2 固定周边框架

①将框架固定好，用素混凝土或垫木找平并控制好标高，将骨架与结构连接牢固。同时做好防水层和保护层。

②固定金属型材框用的镀锌钢膨胀螺栓直径不得小于8mm，膨胀螺栓之间的间距应小于500mm。

步骤3 扎筋

①当空心砖隔墙的高度尺寸超过规定时，应在垂直方向上每2层玻璃砖水平布置一根钢筋；当玻璃砖隔断的长度尺寸超出规定尺寸时，应在水平方向每3个缝垂直布置一根钢筋。

②钢筋每端伸入金属型材框的尺寸不得小于35mm。用钢筋增强的室内玻璃砖隔墙的高度不得超过4m。

步骤4 制作白水泥浆

水泥砂浆用作砌筑玻璃砖隔墙，采用白水泥：细沙为1：1的比例制作水泥浆，然后兑入108胶，水泥浆：108胶的比例为100：7。白水泥浆要有一定的稠度，以浆体不流淌为好。

步骤5 排砖，砌筑玻璃砖隔墙

①玻璃砖砌体采用十字缝立砖砌法，按照上、下层对缝的方式，自下而上砌筑。两玻璃砖之间的砖缝不得小于10mm，且不得大于30mm。

②每层玻璃砖在砌筑之前，宜在玻璃砖上放置十字定位架，卡在玻璃砖的凹槽内。

③砌筑时，将上层玻璃砖压在下层玻璃砖上，同时使玻璃砖的中间槽卡在定位架上，两层玻璃砖的间距为5~10mm，每砌一层后，用湿布将玻璃砖面上沾着的水泥浆擦去。

④每1500mm为一个施工段，玻璃砖墙宜以1500mm高为一个施工段，待下部施工段胶结料达到设计强度后再进行上部施工。

⑤顶部玻璃砖采用木楔固定，最上层的玻璃砖应伸入顶部的金属型材框的腹面之间，用木楔固定。

步骤6 勾缝

①玻璃砖砌筑完成后，立刻进行表面勾缝。勾缝要勾严，以保证砂浆饱满。先勾水平缝，再勾竖缝，缝内要平滑，缝的深度要一致。

②勾缝和抹缝之后，应用湿布或棉纱将表面擦洗干净，待勾缝砂浆达到强度后用硅树脂胶涂敷。也可采用矽胶注入玻璃砖间隙勾缝。

步骤7 边饰处理

对玻璃砖外框进行装饰处理，采用木饰边或不锈钢饰边装饰。当采用金属型材框时，其与建筑墙体和屋顶的结合部，以及空心砖玻璃砌体与金属型材框翼端的结合部应用弹性密封剂密封。

扩展知识 玻璃砖的无框砌筑方法

无框砌筑法即为不使用边框的一种施工方式，其具体操作为：放线、计算洞口尺寸→设置预埋件（土建施工）→洞口基础找平→调配专用砂浆→焊接专用钢筋支架、玻璃砖砌筑→砖缝勾缝→砖缝表面涂抹密封胶（与钢框连接处）。

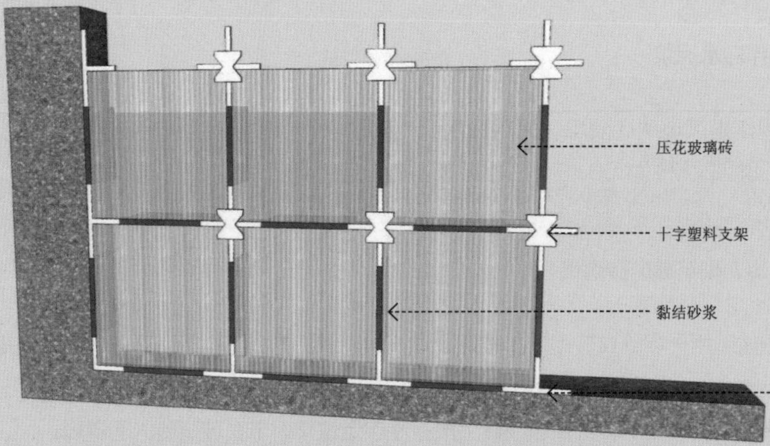

△ 施工时的三维示意图

第二章

水路工程

水路施工是装修施工中的隐蔽工程之一，根据前期图纸的设计，一次性将水路施工到位，避免二次拆改。若是二次拆改，则费时、费力、费钱，并且会影响到其他施工。

一、图纸识读

图纸的识读是施工前重要的工作。不同的图例能够帮助设计人员更好地表达设计意图，也能够帮助施工人员理解设计者的想法，并按照要求进行施工。同时完整明确的图纸在施工出现问题时能够责任到人。

1.水路施工常用图例

冷水管	热水管
坐便器	洗脸盆
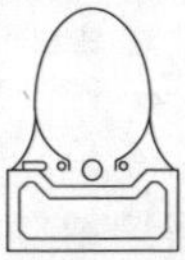	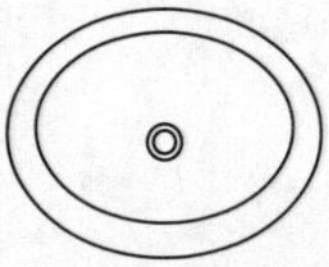
拖布池	淋浴器
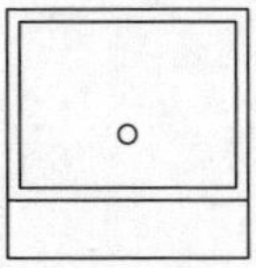	
洗菜池	地漏
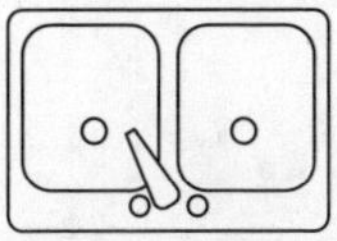	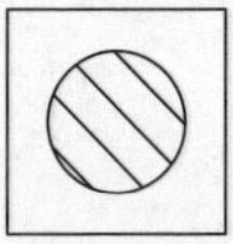
烟道	阳台太阳能热水器
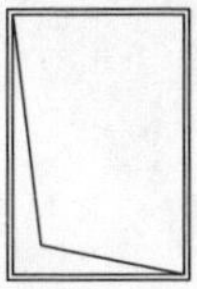	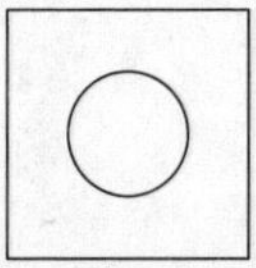

2.给水管布设图纸

给水管布设图纸应标记出冷、热水管的具体走向，并标记出洗菜槽、洗面盆、坐便器、浴缸等用水终端的位置。其中热水管用红线表示，冷水管用蓝线表示，并遵循左热右冷的画图原则。

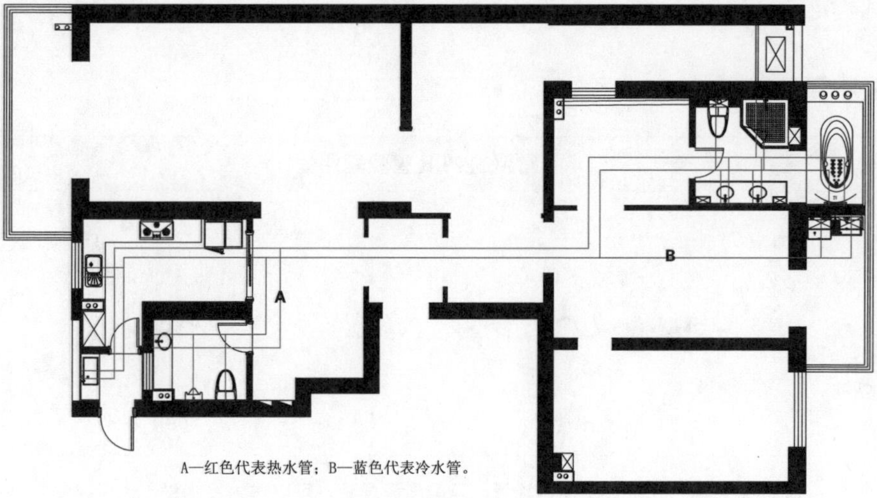

A—红色代表热水管；B—蓝色代表冷水管。

△ 给水管布设图纸

3.排水管布设图纸

排水管布设图纸应标记出主排水立管、排水管走向以及排水管端口所在各类洁具的位置。

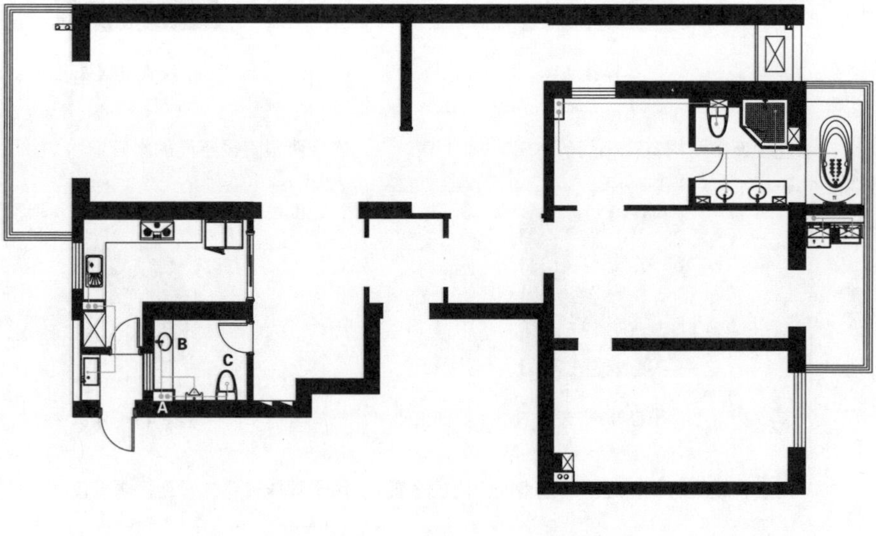

A—主排水立管；B—分支排水管（直径 75mm）；C—坐便器排水管（直径 110mm）。

△ 排水管布设图纸

二、材料选择

水路施工的材料主要有水管、阀门、地漏、防水涂料、水表这几类，根据不同的要求来选择不同的材料。

1.水管

<table>
<tr><th colspan="3">常用的 PPR 管及配件</th></tr>
<tr><td rowspan="2">PPR
给水管</td><td>
PPR 热水管</td><td>
PPR 冷水管</td></tr>
<tr><td colspan="2">PPR 管又称为无规共聚聚丙烯管、三型聚丙烯管，可以作为冷水管，也可以作为热水管。PPR 管耐腐蚀、强度高、内壁光滑不结垢、使用寿命可达 50 年，是使用最多的给水管材</td></tr>
<tr><td rowspan="4">PPR
给水管
配件</td><td>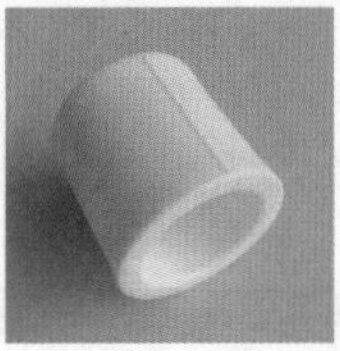
直接接头</td><td>
异径直接接头</td></tr>
<tr><td>直接连接两根直径相同的水管</td><td>连接两根直径不同的水管</td></tr>
<tr><td>
等径 90° 弯头</td><td>
等径 45° 弯头</td></tr>
<tr><td>用于管线转弯处，连接两根直径相同的水管</td><td>用于管线转弯处，连接两根直径相同的水管</td></tr>
</table>

续表

常用的 PPR 管及配件		
	 过桥弯头	 活接内牙弯头
	当两根管道交叉时，用过桥将其错开的构件	用于水表以及电热水器的衔接，一端连接 PPR 管，另一端连接外螺纹管件
	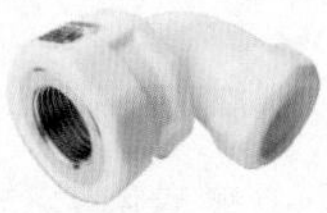 90° 承口内螺纹弯头	 90° 承口外螺纹弯头
PPR 给水管配件	弯头的一端连接 PPR 管，另一端连接外螺纹管件	弯头的一端连接 PPR 管，另一端连接内螺纹管件
	 等径三通	 异径三通
	配件的三个端口连接相同直径的水管	三通的其中两端连接同一规格的水管，另一端连接不同直径的水管
	 承口内螺纹三通	 承口外螺纹三通
	三通的其中两端连接 PPR 管，另一端连接外螺纹管件	三通的其中两端连接 PPR 管，另一端连接内螺纹管件

续表

常用的 PPR 管及配件		
PPR 给水管配件	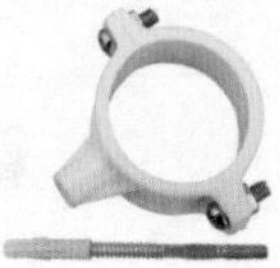 管夹	 双联内丝弯头
	用来固定水管的构件	用于淋浴器的连接

\小\贴\士\ 水管及管件质量要求

PPR 水管多作为给水管，水管和管件应为乳白色而不是纯白，着色应均匀，内外壁均比较光滑，无针刺或小孔；管壁厚薄应均匀一致，手感应柔和，捏动感觉有足够的韧性，用手挤压应不易变形；好的水管和管件材料是环保的，应无任何刺激性气味；观察断茬，茬口越细腻，说明管材均化性、强度和韧性越好；管壁上应印有商标、规格、厂名等信息。

常用的 PVC 给水管及配件		
PVC 管	 等径 90° 弯头	PVC 排水管的抗拉强度较高，有良好的抗老化性，使用年限可达 50 年。管道内壁的阻力系数很小，水流顺畅，不易堵塞。施工方面，管材、管件连接可采用粘接，施工方法简单、操作方便，安装工效高
PVC 排水管配件	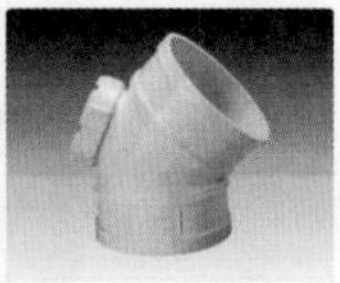 45° 弯头（带检查口）	 45° 弯头
	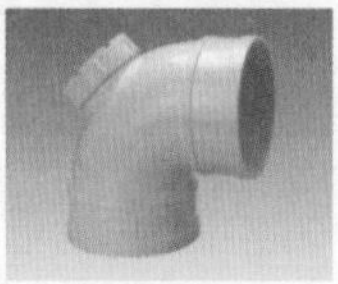 90° 弯头（带检查口）	 90° 弯头

续表

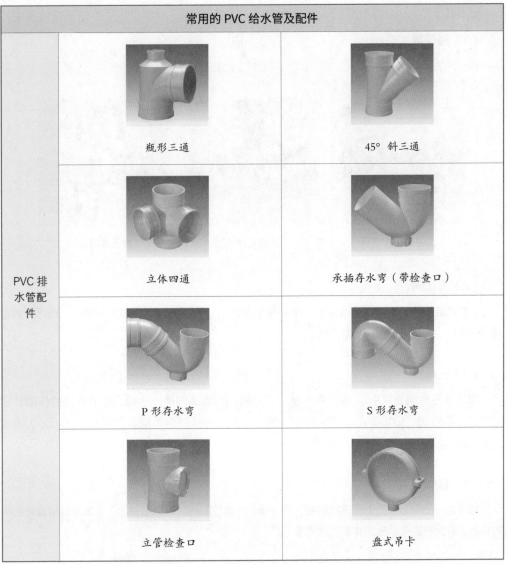

常用的 PVC 给水管及配件		
PVC 排水管配件	 瓶形三通	 45° 斜三通
	 立体四通	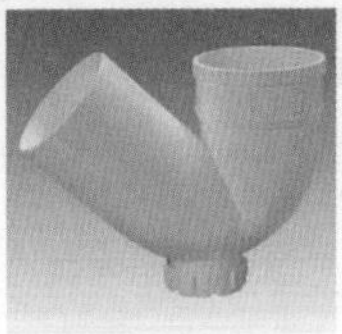 承插存水弯（带检查口）
	 P 形存水弯	 S 形存水弯
	 立管检查口	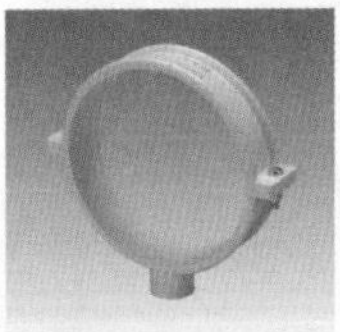 盘式吊卡

\小\贴\士\ PVC 水管及管件质量要求

PVC 水管不可用作给水管，只能作为排水管使用。水管和管件颜色应为乳白色且色泽均匀，质量差的 PVC 排水管颜色或为雪白或有些发黄，有的颜色还不均匀；管材应有足够的刚性，用手按压管材时不应产生变形；将管材锯切成条并将其弯折 180° 后，越难折断的说明韧性越大；在室温接近 20℃时，将管材锯切成 20mm 长，用锤子猛击，越难击破的越好。

2.阀门

（1）蹲便器冲洗阀

用于冲洗蹲便器的阀门，分为脚踏式、按键式、旋转式等。

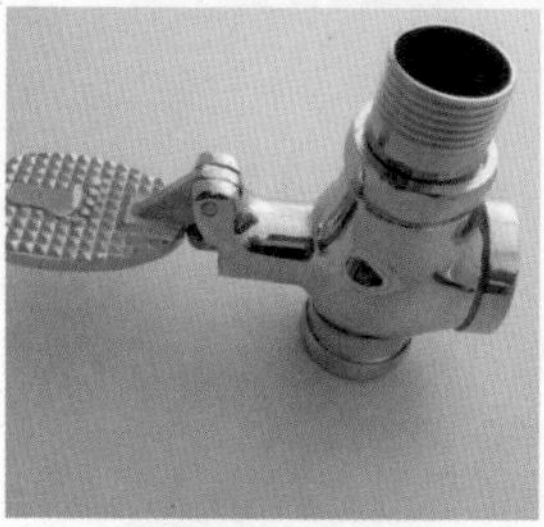

△ 脚踏式冲洗阀

△ 按键式冲洗阀

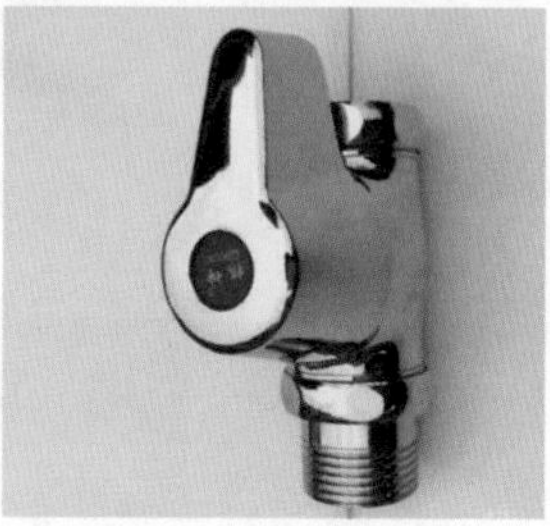

△ 旋转式冲洗阀

（2）截止阀

一种安装在阀杆下面以达到关闭、开启目的的阀门，分为直流式、角式、标准式，还可分为上螺纹阀杆截止阀和下螺纹阀杆截止阀。

（3）三角阀

管道在三角阀处呈90° 的拐角形状，三角阀起到转接内外出水口、调节水压的作用，还可作为控水开关，分为3/8in（俗称3分）阀、1/2in（俗称4分）阀、3/4in（俗称6分）阀等（1in=2.54cm）。

（4）球阀

球阀用一个中心开孔的球体作阀芯，通过旋转球体控制阀的开启与关闭，来截断或接通管路中的介质，分为直通式、三通式及四通式等。

△ 截止阀

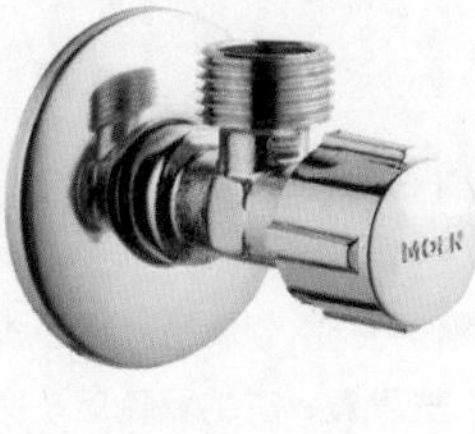

△ 三角阀

△ 球阀

3.地漏

地漏是连接排水管道与室内地面的接口，是厨房、卫生间、阳台中排水的重要器具。地漏的好坏直接影响住宅室内的空气质量，铺装地砖时，所有地砖都应向地漏处倾斜。地漏应该选用表面光洁平整、带有水封的。

△ 地漏

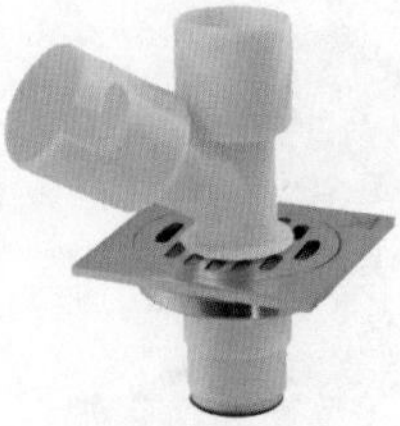

△ 洗衣机排水地漏

4.防水涂料

常用防水涂料		
聚氨酯防水涂料		聚氨酯防水涂料能与各种基面黏结牢固，具有对基面的震动、胀缩、变形、开裂适应性强等优点，是最常用的防水涂料，但是其环保性难以控制
JS 防水涂料		JS 防水涂料为水性的，无毒无味，属于环保型防水涂料。其抗拉伸强度高，能与基层或瓷砖黏结牢固，耐水、耐候性好，可在潮湿基面上施工
丙烯酸酯防水涂料		丙烯酸酯防水涂料环保性好、防水性能优，施工十分方便，开盖即用，可适应各种复杂防水基面，能与裂缝紧密结合，可在潮湿基面上施工
K11 防水涂料		K11 防水涂料分为刚性和柔性两种，它与混凝土及砂浆基面有良好的附着力，能在潮湿、干燥等多种基面上施工，耐老化、耐油污

5.水表

（1）速度式水表

安装在封闭管道中，内部包含运动元件，是由水流运动直接使其获得动力速度的水表。典型的速度式水表有旋翼式水表、螺翼式水表。

△ 旋翼式水表

△ 螺翼式水表

（2）容积式水表

安装在管道中，是由一些被逐次充满和排放流体的已知容积的容室和凭借流体驱动的元件组成的水表，也称定量排放式水表。

（3）计数器

按计数器的指示形式不同，水表可分为指针式、字轮式和指针字轮组合式。

△ 容积式水表

△ 指针字轮组合式水表

三、管路布设

管路布设是水路施工中重要的一步，根据PPR给水管和PVC排水管的布管原则、接管细节与三维效果图呈现，全面地分析家装水路布管的原则与方法，同时，将给水管和冷、热水管设计到位，将排水管合理配合给水管设计位置，来实现水路布管的整体布局。

1.洗菜槽给排水布管

洗菜槽设计在厨房的窗户前面，冷、热水管设计在窗户的下面，橱柜台面的上面。如图所示，安装阀门的入户冷水管通过三通接入右侧洗菜槽的冷水管中，而左侧则是热水管，冷、热水管之间保持150~200mm的间距，冷、热水管端口距地450~550mm，排水管设计在冷、热水管的中间，并设计存水弯。

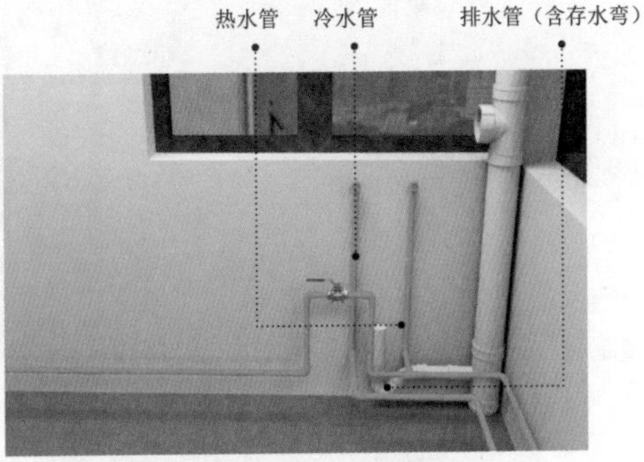

△ 洗菜槽给排水布管三维效果图

2.洗面盆给排水布管

卫生间内的洗面盆设计冷、热水管同样需要遵循左热右冷的原则，并保持冷、热水管端口的水平。如图所示，设计冷、热水管具体位置时，应距离侧边的墙面350~550mm，便于后期安装洗面盆，使洗面盆处于洗手柜的中间。洗面盆冷热水管端口高度距地距离有两种选择，一种是距地450~500mm，另一种是距地900~950mm；排水管设计在洗面柜里时，搭配“S”形存水弯，设计为墙排时，“U”形存水弯设计在地面转角处。

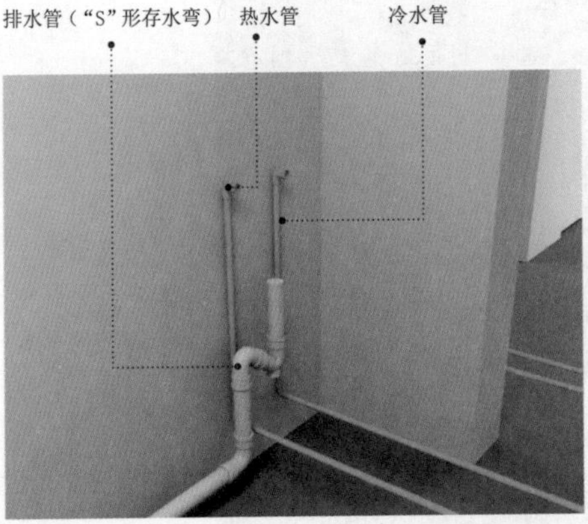

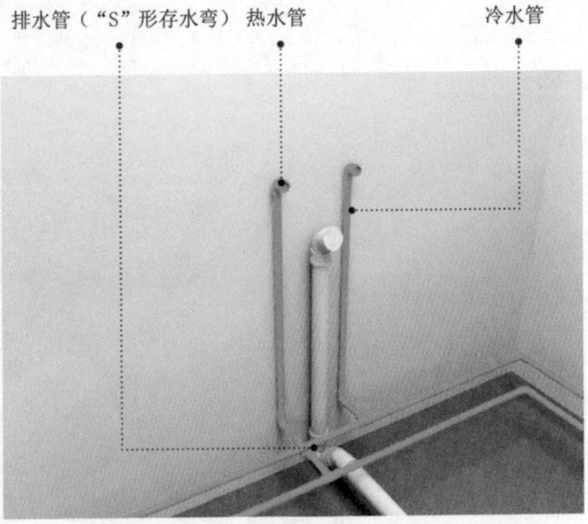

△ 洗面盆给排水布管三维效果图

3.坐便器给排水布管

如图所示，坐便器只需要接入冷水管，位置需偏离坐便器排水管一定的距离，保证坐便器安装后，不会遮挡住冷水管端口。坐便器冷水管的端口距地在250~400mm之间。坐便器的排水管采用110管（直径110mm），与主排水立管的直径相同。在设计坐便器排水管的过程中，需要采用90° 弯头以及等径三通。等径三通用于连接主管道与分支管道，而90° 弯头用于连接坐便器。

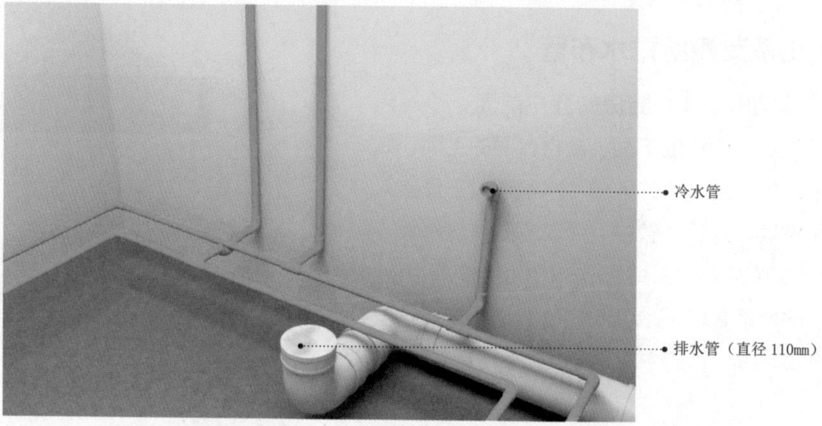

△ 坐便器给排水布管三维效果图

4.淋浴花洒给排水布管

如图所示，在设计淋浴花洒冷热水管端口的距地距离时，应保持在1100~1150mm之间，这样加上明装在上面的淋浴喷头，共有2000~2100mm的距离，在实际的使用中较为舒适。排水管设计在地面中，距离一边的墙面400~500mm的距离。

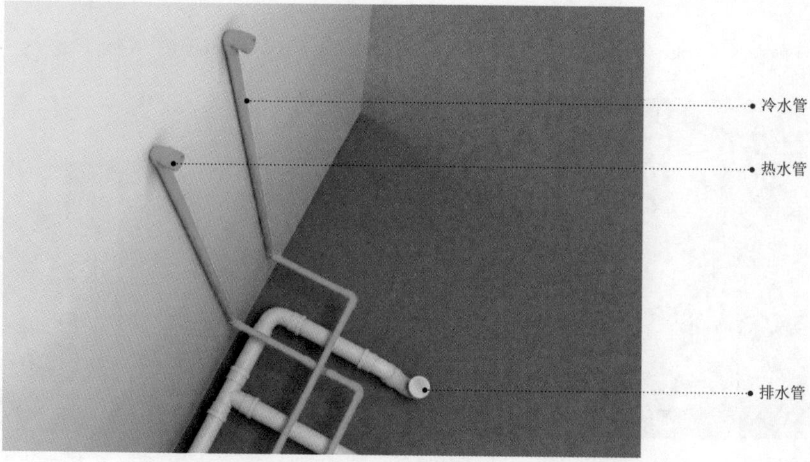

△ 淋浴花洒给排水布管三维效果图

5.热水器给水管布管

如图所示热水器在卫生间中的安装高度在2000~2200mm之间，是各项用水设备中安装高度最高的，冷热水管的安装高度也要相应地提高，端口距地标准为1800mm。与其他给水管相比，热水器冷热水管的高度很高，是其他给水管高度的2倍左右。

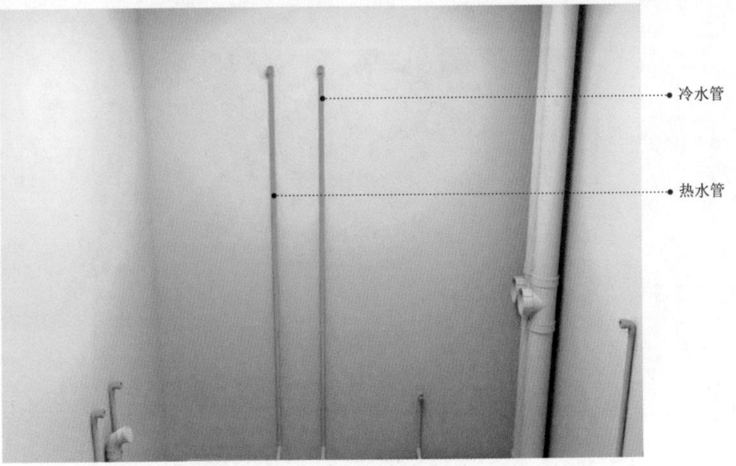

△ 热水器给水管布管三维效果图

6.洗衣机、拖把池给排水布管

如图所示，洗衣机冷水管的设计高度应为1100~1200mm，拖把池冷水管的设计高度应为300~450mm。同时，拖把池排水管设计在距墙350mm的位置，洗衣机排水管则紧贴墙面设计。

△ 洗衣机、拖把池给排水布管三维效果图

7.地漏排水管布管

地漏在卫生间中需要设计两个，一个是公共地漏，一个是淋浴房地漏；在阳台中需要设计一个公共地漏；在厨房中不需要设计地漏，但无论设计在任意空间的地漏，都需要采用50管（直径50mm）。在卫生间中设计的地漏，均需要设计“P”形存水弯，防止异味；在阳台中设计的地漏不需要设计存水弯。

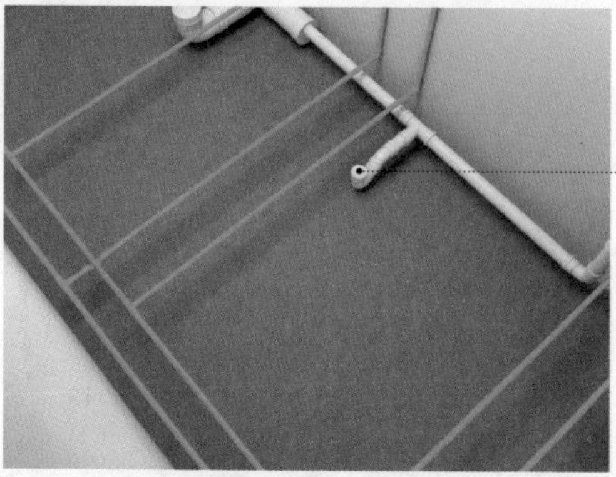

△ 地漏排水管布管三维效果图

8.冷热水管交叉处布管

如图所示，水管的交叉情况大致分为两种，一种是“T”字形交叉，一种是十字形交叉。在解决交叉问题时，采用的PPR水管配件为三通、90° 弯头以及过桥弯头。其中，三通用于“T”字形交叉，而过桥弯头则用于十字形交叉。设计中有一个细节需要注意，过桥弯头拱桥的位置要向下，从给水管的下侧绕过。这种设计方式，是为了保证所有给水管处于统一的平面，而不会有个别突起的部分影响后期的施工。

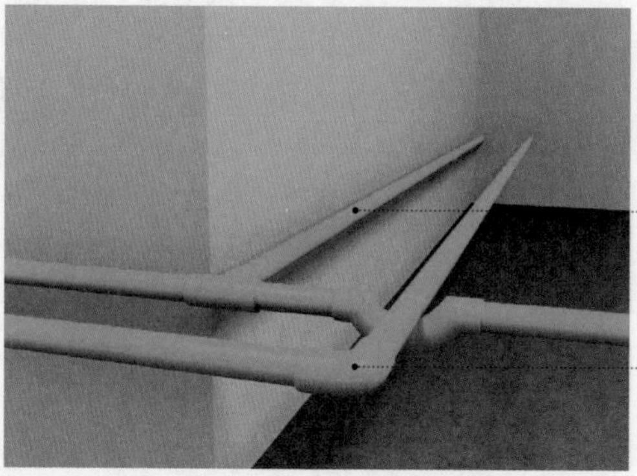

△ 冷热水管布管三维效果图

四、水路现场施工

水路现场施工从施工准备开始，包括定位（各项用水设备等的具体位置），然后在墙面中画线标记出来，要求标记出水管的走向。接着开始给管路开槽，要求横平竖直，并尽量减少施工灰尘以及噪声。开槽完毕后，开始热熔连接给水管，一边热熔连接，一边敷设给水管。待给水管敷设完毕后，开始敷设排水管，并将排水管粘接牢固。所有的管路敷设完毕后，对给水管进行打压测试，并及时解决漏水的位置。最后涂刷二次防水，包括厨房的地面、卫生间的墙地面，然后进行闭水试验，保证验收合格。

1.现场施工

施工准备

定位弹线

开槽

管道加工

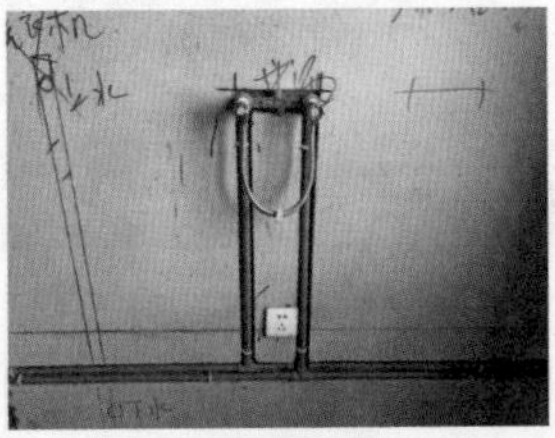

管道敷设

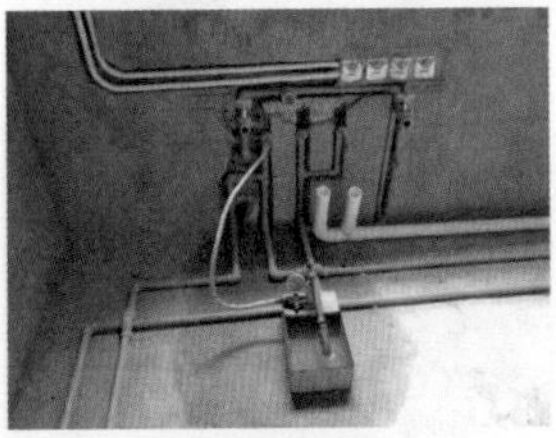

打压试水

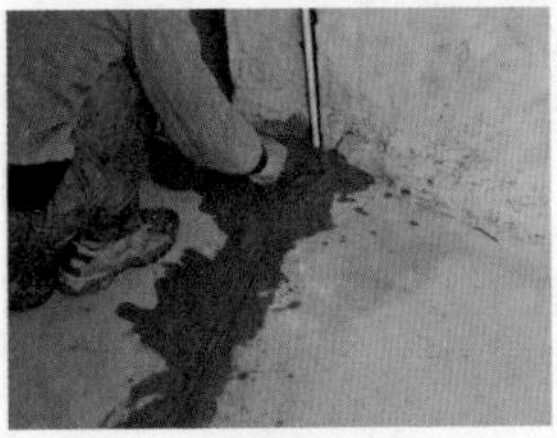

封槽

涂刷防水

闭水试验

步骤1 施工准备

①确定墙体有无变动，以及家具和电器摆放的位置。

②确定卫生间面盆、坐便器、淋浴区（包括花洒）和洗衣机的位置，是否安放浴缸和墩布池，提前确定浴缸和坐便器的规格。

步骤2 定位弹线

①首先查看进水管的位置，然后确定下水口的数量、位置，以及排水立管的位置。查看并掌握基本情况后，再进行定位，定位的内容和顺序依次是冷水管走向、热水器位置、热水管走向，使用这种方式定位能够有效避免给水管排布重复的情况。

②在墙面标记出用水洁具、厨具（包括热水器、淋浴花洒、坐便器、小便器、浴缸，以及洗菜槽、洗衣机等）的位置。通常来说，画线的宽度要比管材直径宽10mm，而且画线时要注意墙面只能竖向或横向画线，不允许斜向画线；地面画线时需靠近墙边，转角保持90° 。

\小\贴\士\ 不同用水洁具、厨具的定位图示与位置

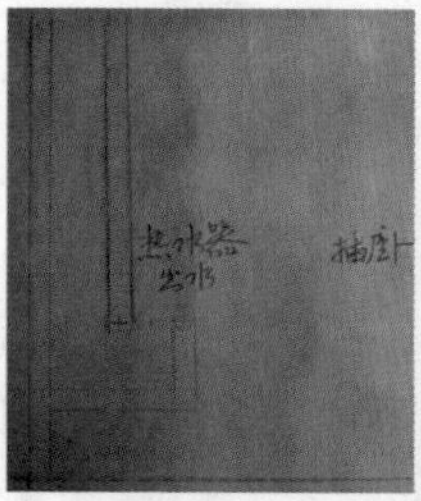

△ 热水器出水口距地高度 1700~1900mm

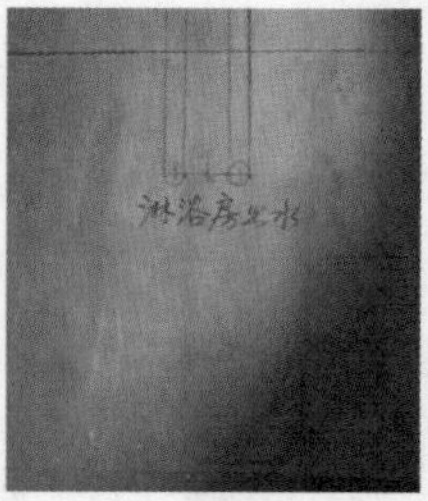

△ 淋浴花洒出水口距地高度 1000~1100mm

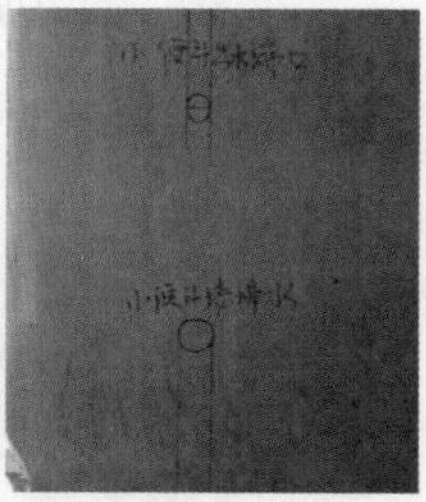

△ 小便器出水口距地高度 600~700mm

△ 浴缸出水口距地高度 750mm

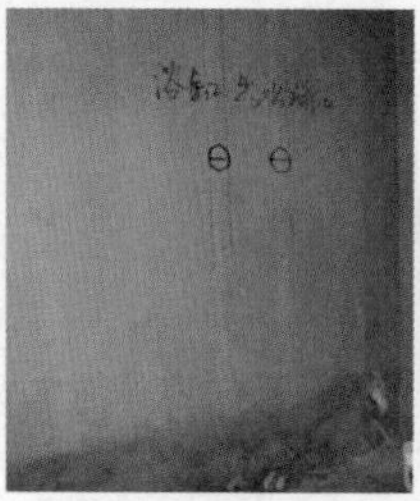

△ 洗菜槽出水口距地高度 500~550mm

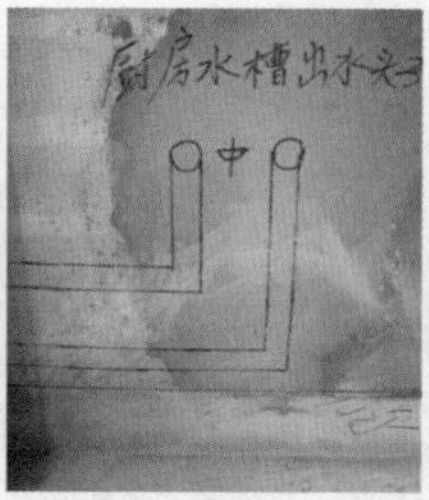

△ 洗衣机出水口距地高度 850~1100mm

△ 坐便器出水口距地高度 250~350mm

③根据水电布置图确定卫生间、厨房改造地漏的数量，以及新的地漏位置；确定坐便器、洗手盆、洗菜槽、墩布池以及洗衣机的排水管位置。

④将水平仪调试好，根据红外线用卷尺在两头定点，一般离地1000mm。再按这个点向墙上其他方向标记点，最后按标记的点弹线。

\小\贴\士\ 弹线技巧

① 弹长线的方法：先用水平仪标记水平线，然后在需要画线的两端用粉笔标记出明显的标记点，再根据标记点使用墨斗弹线。

② 弹短线的方法：用水平尺找好水平线，一边移动水平尺，一边用记号笔或墨斗在墙面上弹线。

步骤3 开槽

①开槽施工之前，准备一个矿泉水瓶，在瓶盖上扎出小孔，灌满水。

②使用开槽机顺着墙面的弹线痕迹，从上到下，从左向右开槽。开槽过程中，使用矿泉水瓶不断向高速运转的切片上滋水，防止开槽机过热，减少切割过程中产生的灰尘。对于一些特殊位置、宽度的开槽，需要使用冲击钻。使用过程中，冲击钻要保持垂直，不可倾斜或用力过猛。

\小\贴\士\ 开槽尺寸

① 开槽深度尺寸：水管的开槽深度为40mm；穿线管若选用16mm的PVC管，开槽深度为20mm；若选用20mm的PVC管，开槽深度为25mm。

② 水管的开槽宽度为30mm，冷热水管的开槽间距为200mm。

△冷热水管开槽间距

△地面开槽间距

步骤4 管道加工

PPR给水管和PVC排水管的连接工艺不同，需要分开讲解。给水管采用热熔连接工艺，需要使用热熔机等工具；排水管采用黏结连接工艺，需要使用切割机等工具。

①给水管热熔连接工艺

1 组装热熔机	组装热熔机首先要安装固定支架，支架多为竖插型，将热熔机直接插入支架即可。然后安装磨具头，先用内部螺丝连接两端磨具头，再用六角扳手将其拧紧	
2 热熔机预热	插入电源，待热熔机加热，绿灯亮表示正在加热，红灯亮表示加热完成，可以开始工作。（PPR 管调温到 260~270 摄氏度；PE 管调温到 220~230 摄氏度）	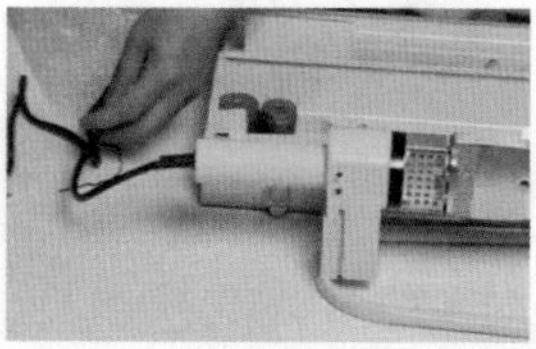
3 切割管材	切割管材时先用米尺测量好长度，再用管钳切割。进行切割操作时，必须使端口垂直于管轴线。切割后的管口要使用钳子处理，从而保持管口的圆润	
4 热熔给水管和配件	将给水管和配件同时插进磨具头内，两手均匀用力向内推进，时间维持 3~5s，然后将管材与配件迅速从磨具头内取出	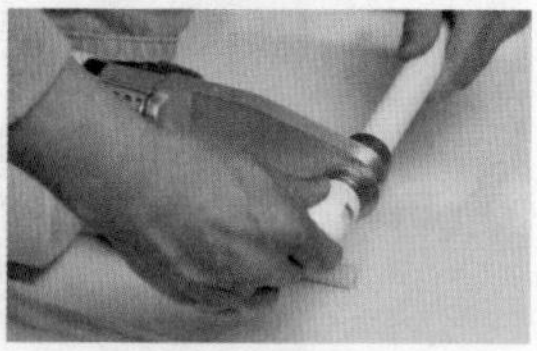
5 连接给水管和配件	热熔后，迅速连接管材与配件，插入时不可旋转，不可用力过猛。在连接过程中，最好戴上手套，以防止烫伤	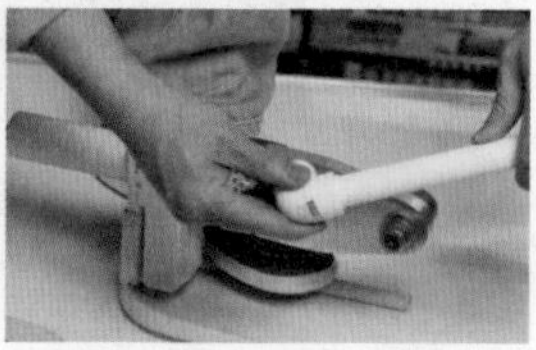

6 晃动检查	用手晃动管材，看热熔是否牢固	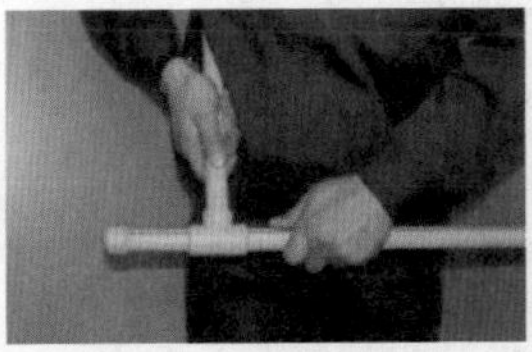
7 直角检查	90° 弯头连接的管材，需保证直角，不可有歪斜扭曲等情况	

②排水管黏结连接工艺

1 管道标记	因为切割机的切割片有一定厚度，所以在管道上做标记时需多预留 2~3mm，从而确保切割管道长度的准确性	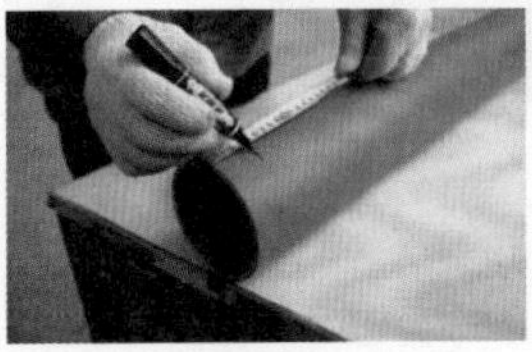
2 切割管道	将标记好的管道放置在切割机中，并将标记点对准切片。之后开始切割管道，切割管道时要匀速缓慢并确保与管道成 90° 。切割后，迅速将切割机抬起，以防止切片过热烫坏管口	
3 管口磨边	是将刚切割好的管口放在运行中的切割机的切割片上处理管口毛边的操作。磨边时用锉刀、砂纸处理。一些表面光滑的管道接面过滑，所以必须用砂纸将接面磨花、磨粗糙，从而保证管道的粘接质量	

4	清洁管道	将打磨好的管道、管口用抹布擦拭干净，旧管件要先用清洁剂清洗粘接面，然后使用抹布擦拭干净	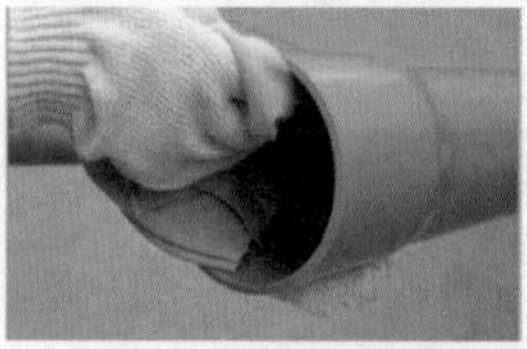
5	管件端口涂抹胶水	在管件内均匀地涂上胶水，然后在两端粘接面上涂胶水，管口粘接面长约 10mm，涂抹时要均匀、厚涂	
6	粘接管道和配件	将管道轻微旋转着插入管件，完全插入后，需要固定 15s，待胶水晾干后即可使用	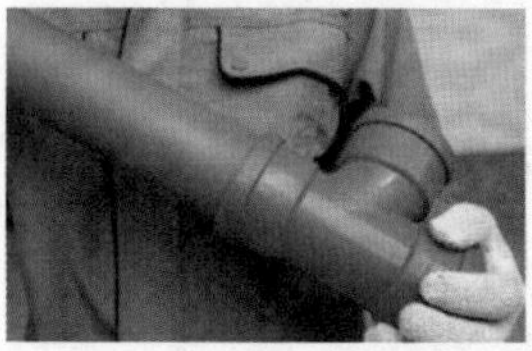

步骤5 管道敷设

给水管和排水管的敷设要分开进行。给水管敷设的长度长、难度大，遍布墙、顶、地面；排水管的敷设较为集中，主要分布在地面，敷设时的重点是坡度。

①给水管敷设

1	敷设顶面给水管	※ 安装给水管吊筋、管夹，距离保持在 400~500mm 之间。转角处的吊筋、管夹可多安装 1~2 个 ※ 敷设给水管。给水管与吊顶间距离保持在 80~100mm 之间，与墙面保持平行；吊顶给水管需用黑色隔声棉包裹起来，起到保温、减少噪声、防止漏水的作用	
2	敷设墙面给水管	※ 墙面不允许大面积敷设横管，否则会影响墙体稳固 ※ 当水管穿过卫生间或厨房的墙体时，需离地面 300mm 打洞，防止破坏防水层 ※ 给水管与穿线管之间，应保持 200mm 的间距；冷热水管之间需保持 150mm 的间距，左侧走热水，右侧走冷水。给水管需内凹 20mm，方便后期封槽 ※ 给水管的出水口，用水平尺测平整度，不可有高低、歪扭等情况	

3 敷设地面给水管	※ 当水管的长度超过 6000mm 时，需采用 U 形施工工艺。U 形管的长度不得低于 150mm，并不得高于 400mm ※ 地面管路发生交叉时，次管路须通过安装过桥敷设在主管道下面，使整体管道分布保持在水平线上	

②排水管敷设

1 敷设坐便器排污管	※ 改变坐便器排污管的位置，最好的方案是从楼下的主管道中进行修改 ※ 坐便器改墙排时需在地面开槽，然后将排水管预埋进去 2/3，并保持轻微的坡度。墙面不需要开槽，使用红砖、水泥砌筑包裹起来即可 ※ 下沉式卫生间中坐便器排污管在安装时，需具有少许的坡度，并用管夹固定	
2 敷设面盆、洗菜槽排水管	※ 墙面不允许大面积敷设横管，否则会影响墙体稳固 ※ 当水管穿过卫生间或厨房的墙体时，需离地面 300mm 打洞，防止破坏防水层 ※ 给水管与穿线管之间，应保持 200mm 的间距；冷热水管之间需保持 150mm 的间距，左侧走热水，右侧走冷水。给水管需内凹 20mm，方便后期封槽。 ※ 给水管的出水口，用水平尺测平整度，不可有高低、歪扭等情况	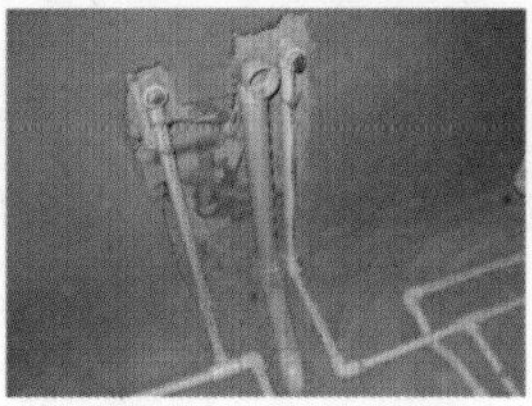
3 敷设洗衣机、墩布池排水管	※ 洗衣机排水管不可紧贴墙面，需预留出 50mm 以上的宽度。洗衣机旁边需预留地漏下水，防止阳台积水 ※ 墩布池下水不需要预留存水弯，通常安装在靠近排水立管的位置	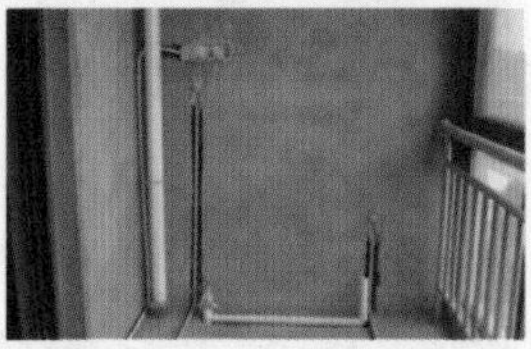
4 敷设地漏排水管	※ 同一房间内的地漏排水管粗细需保持一致，并敷设统一排水管道	

步骤6 打压试水

①打压试水时应首先关闭进水总阀门，然后逐个封堵给水管端口，封堵的材料需保持一致。再用软管将冷热水管连接起来，形成一个圈，以保证封闭性。

△ 封堵给水管端口

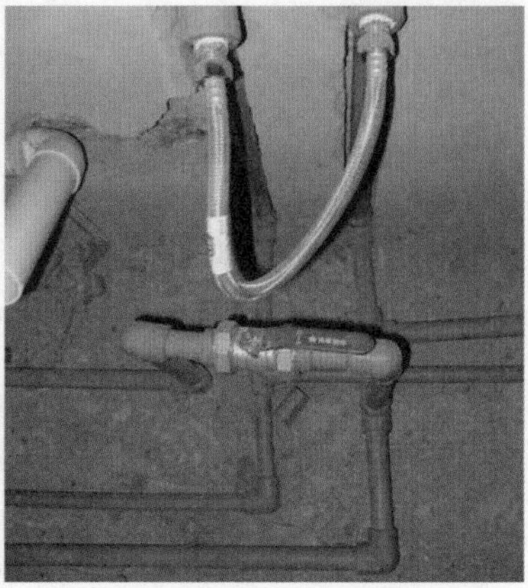

△ 软管连接冷热水管

②用软管一端连接给水管，另一端连接打压泵。往打压泵容器内注满水，调整压力指针至0的位置。在测试压力时，应使用清水，避免使用含有杂质的水来进行测试。

③按压压杆使压力表指针指向0.9～1.0（此刻压力是正常水压的3倍），保持这个压力一段时间。不同管材的测压时间不同，一般在30min～4h之间。

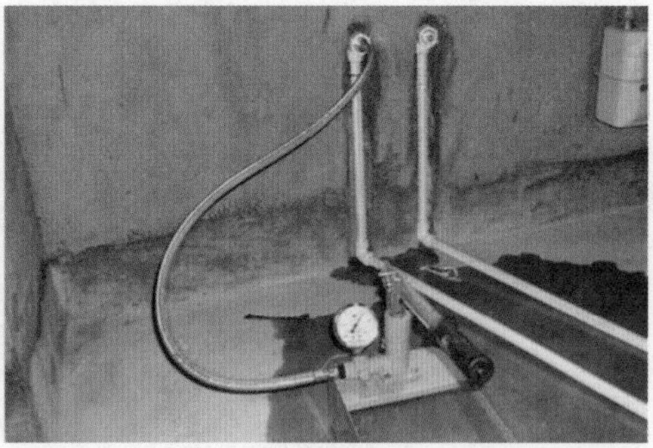

△ 连接打压泵

△ 水管测压

④测压期间要逐个检查堵头、内丝接头，看其是否渗水。打压泵在规定的时间内，压力表指针没有丝毫的下降，或下降幅度保持在0.1以内，说明测压成功。

步骤7 封槽

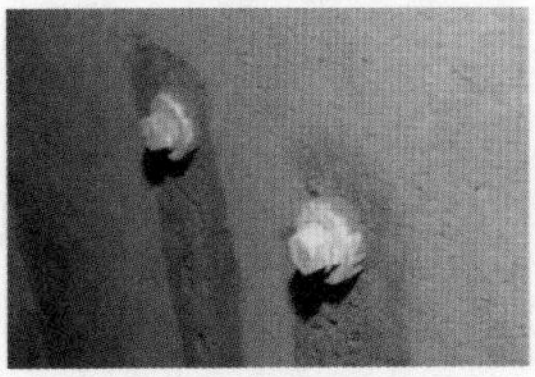

△ 封槽完成

搅拌水泥的位置需避开水管，选择空旷干净的地方。搅拌水泥之前，需将地面清理干净。水泥与细砂的比例应为1：2。

封槽应从地面开始，然后封墙面；先封竖向凹槽，再封横向凹槽。水泥砂浆应均匀地填满水管凹槽，不可有空鼓。待封槽水泥快风干时，检查表面是否平整。若发现凹陷，应及时补封水泥。

步骤8 涂刷防水

涂刷防水是指水电基础施工完工后，在卫生间、厨房或阳台再次涂刷防水，防止发生漏水现象。涂刷防水主要集中在卫生间的墙、地面，以及厨房和阳台的部分地面。

①修理基层。如果墙面有明显凹凸、裂缝、渗水等现象，可以使用水泥砂浆修补，阴阳角区域也要修理平直。卫生间若是下沉式的，需要使用砂石、水泥将地面抹平。

△ 下沉式卫生间抹平

②清理墙地面。使用铲刀等工具铲除墙地面的疏松颗粒，以保持表面的平整。可以使用扫把将灰尘、颗粒清理出房间，然后用水润湿墙地面，保持表面的湿润，但不能留有明水。

③搅拌防水涂料。先将液料倒入容器中，然后再将粉料慢慢加入，同时充分搅拌3～5min，至形成无生粉团和颗粒均匀的浆料。如果用搅拌器搅拌，则应保持同一方向搅拌，不可反复逆向搅拌，搅拌完成后的防水涂料应均匀无颗粒。

④涂刷过程应均匀，不可漏刷，转角处、管道变形部位应加强防水涂层，杜绝漏水隐患。涂刷完成后，表面应平整无明显颗粒，阴阳角保证平直。

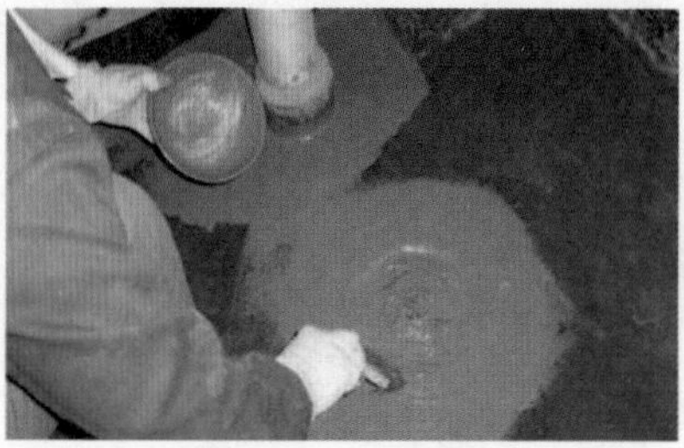

△ 管件部位加固涂刷

\小\贴\士\ 涂刷技巧

涂刷防水涂料时要先刷预埋线，并在墙面和地面连接阴角处刷成八字形向下交叉，交接处宽度为 200mm。刷完墙角后，可沿基准线涂刷墙体：第一遍上下纵向涂刷，第二遍左右横向涂刷。地面防水涂料的涂刷方向应从房间内侧向门口，水管处需要细致涂刷。

⑤施工24h后，用湿布覆盖涂层或喷雾洒水对涂层进行养护。施工后完全干涸前采取禁止踩踏、雨水淋湿、曝晒、尖锐损伤等保护。

△ 防水涂刷完成

步骤9 闭水试验

①防水施工完成24h后，做闭水试验。

②封堵地漏、面盆、坐便器等排水管端口。封堵材料最好选用专业保护盖，在没有的情况下可选择废弃的塑料袋封堵。

③在房间门口用黄泥土、低等级水泥砂浆等材料砌筑150～200mm高的挡水条；也可以先用红砖封堵门口，然后再涂刷水泥砂浆。

④蓄水深度保持在50～200mm，并做好水位标记。蓄水时间保持24～48h。

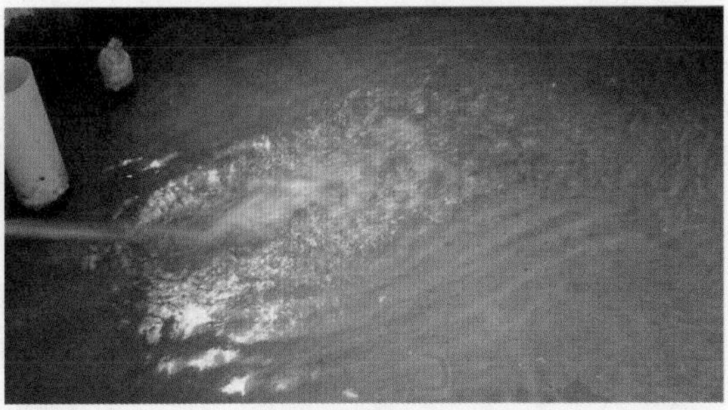

△ 开始蓄水

⑤第一天闭水后，应检查墙体与地面，观察墙体，看水位线是否有明显的下降，并仔细检查四周墙面和地面有无渗漏现象。第二天闭水后，则需全面检查楼下天花板和屋顶管道周边位置有无渗水现象。

△ 渗水印记表示防水层不合格

五、防水施工

通常家居中卫浴室、厨房、阳台的地面和墙面，一楼住宅的所有地面和墙面，地下室的地面和所有墙面都应进行防水防潮处理。其中，重点是卫生间防水。一般分为刚性防水和柔性防水两种，刚性防水是以依靠结构构件自身的密实性或采用刚性材料作防水层以达到建筑物的防水目的。而柔性防水通过柔性防水材料（如卷材防水、涂膜防水等）来阻断水的通路，以达到建筑防水或提高建筑抗渗漏能力的目的。

1.防水施工要求

①地面防水，墙体上翻刷30cm高。

②淋浴区周围墙体上翻刷180cm或者直接刷到墙顶位置。

③有浴缸的位置上翻刷比浴缸高30cm。

△ 防水施工

2.刚性防水施工

基层处理

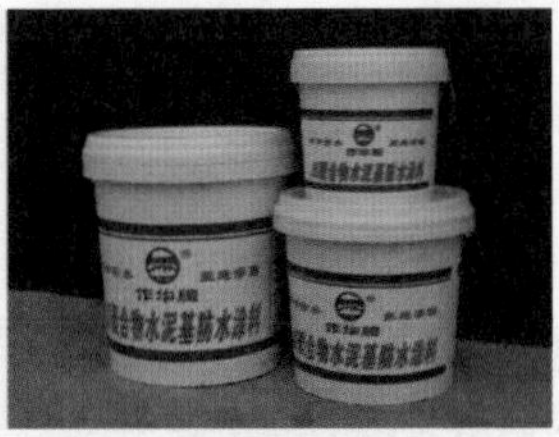

刷防水剂

抹水泥砂浆

压光及养护

蓄水试验

步骤1 基层处理

①先用塑料袋之类的东西把排污管口包起来，扎紧，以防堵塞。

②对原有地面上的杂物清理干净。

③房间中的后埋管可以在穿楼板部位设置防水环，加强防水层的抗渗效果。施工前在基面上用净水浆扫浆一遍，特别是卫生间墙地面之间的接缝处以及上下水管道与地面的接缝处要扫浆到位。

步骤2 刷防水剂

①使用防水胶先刷墙面、地面，干透后再刷一遍。

②然后再检查一下防水层是否存在微孔，如果有，及时补好。

③第二遍刷完后，在其没有完全干透前，在表面再轻轻刷上一两层薄薄的纯水泥层。

步骤3 抹水泥砂浆

预留的卫生间墙面300mm和地面的防水层要一次性施工完成，不能留有施工缝，在卫生间墙地面之间的接缝处以及上下水管与地面的接缝处要加设密目钢丝网，上下搭接不少于150mm（水管处以防水层的宽度为准），压实并做成半径为25mm的弧形，加强该薄弱处的抗裂及防水能力。

步骤4 压光及养护

在已完成的防水基面上压光，待砂浆硬化后浇水养护，养护时间不少于3天。

步骤5 蓄水试验

防水层施工完成后，经过24小时以上的蓄水试验未发现渗水、漏水现象，即可认为合格，然后进行隐蔽工程验收。

3.柔性防水施工

清理基层表面

涂刷底胶

三遍涂膜

防水层试水

蓄水试验

步骤1 清理基层表面

①先用塑料袋之类的东西把排污管口包起来，扎紧，以防堵塞。

②对原有地面上的杂物清理干净。

③涂刷防水层的基层表面，不得有凸凹不平、松动、空鼓、起砂、开裂等缺陷，基层含水率不得高于9%。

步骤2 涂刷底胶

①先将聚氨酯甲料、乙料加入二甲苯，按照5：2的比例（重量比）搅拌均匀，配制量应视具体情况而定，不宜过多。

②将配制好的底胶混合料用长把滚刷均匀涂刷在基层表面，涂刷量为0.15~0.2kg/m^2，涂后常温季节4小时以后，手感不黏时，即可进行下一道工序。

步骤3 三遍涂膜

①细部处理。地面的地漏、管根、出水口、卫生洁具等根部（边沿）以及阴、阳角等部位，应在大面积涂刷前先做“一布二油”防水附加层，两侧各压交界缝200mm，然后涂刷防水材料。在常温下4小时以后，再刷第二道防水材料，晾干24h后，即可进行大面积涂膜防水层施工。

②第一遍涂膜。将配好的聚氨酯涂膜防水材料用塑料或橡皮刮板均匀涂刮在已涂好底胶的基层表面上，每平方米用量为0.8kg，不得有漏刷和鼓泡等缺陷。24h固化后，可进行第二遍涂膜。

③第二遍涂膜在已固化的涂层上，顺着与第一道涂层相互垂直的方向均匀涂刷，涂刮量与第一道相同，不得有漏刷和鼓泡等缺陷。24h固化后，可进行第三遍涂膜。

④第三遍涂膜。按上述配方和方法涂刮第三道涂膜，涂刮量以0.4~0.5kg/m^{2}为宜。三道涂膜的厚度一般为15mm。

步骤4 防水层试水

进行第一次试水，如有渗漏，应进行补修，直至没有渗漏为止。然后进行保护层饰面层施工，并进行第二次试水。

步骤5 蓄水试验

防水层施工完成后，经过24h以上的蓄水试验未发现渗水、漏水现象，即可认为合格，然后进行隐蔽工程验收。

扩展知识 墙与地面防水阴阳角 R 角工艺做法

①地面与墙面阴角部位喷涂基层处理剂。

②地面与墙面阴角部位用溢胶泥做 R 角 20mm 半圆形，以保证防水涂料的施工效果。

③贴防水胶带防漏胶增强阴角防裂韧性。

④为了预防裂纹及加强阴角处和地面的防水性，应将玻璃纤维网布全面覆盖阴角处和地面。

⑤墙面建议刷 2~3 道以上的防水涂料，涂刷第一道防水时，加水稀释让防水涂料渗透到水泥砂浆内，等待干燥后，再涂刷第二道防水，再等待干燥后，再涂刷第三道防水。墙面管线与门窗处的衔接面最容易出问题，需要对防水涂料进行特别处理，必要时加一道玻璃纤维网布覆盖，以避免水分渗透。

⑥地面涂刷防水涂料后，再刷一层水泥砂浆保护层或黏土膏，保护已做好的防水层，不会因踩踏而受到破坏。

⑦如防水层涂刷不够厚，防水层过薄自然就达不到防水效果，容易出现漏水问题。

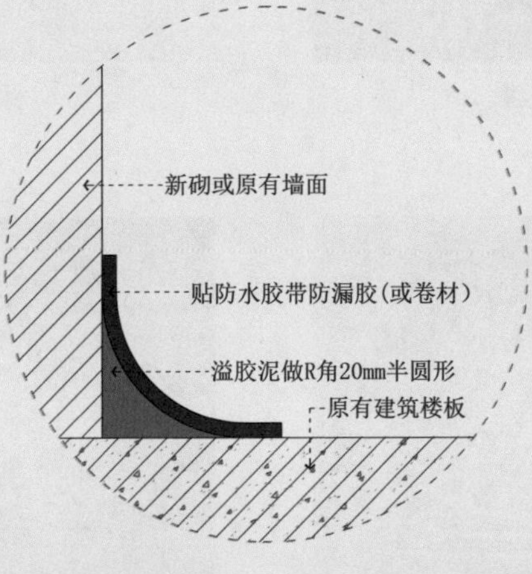

△墙与地面防水阴阳角 R 角工艺做法剖面图示意

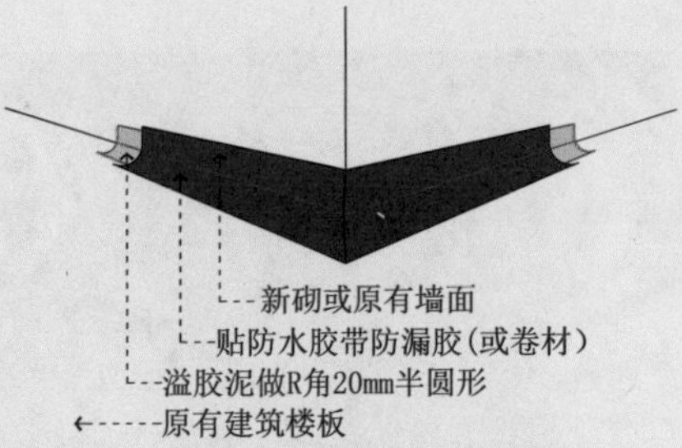

△阳角三维示意图

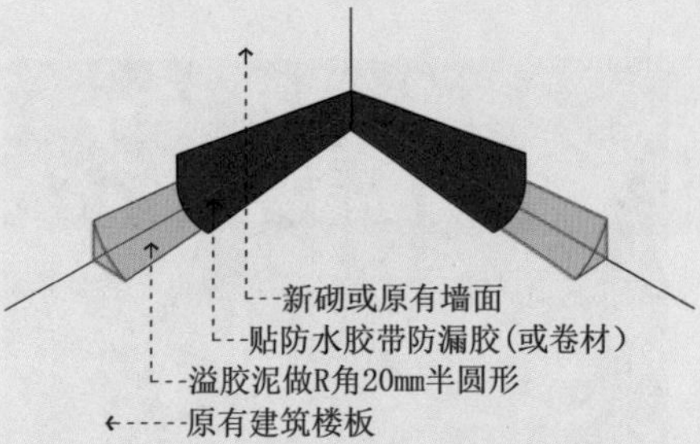

△阴角三维示意图

六、水暖施工

水暖施工主要包括地暖以及散热片的安装，其地暖管和散热片管道和水路中的水管相连接后，对整体水路进行压力测试可以更好地保证水路的正常运行。

1.地暖施工

分集水器组装

保温板铺设

反射铝箔层、钢丝网铺设

地暖管铺装

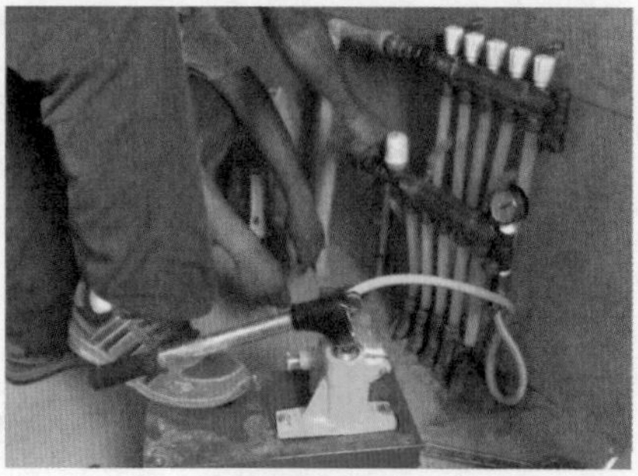

压力测试

浇筑填充层

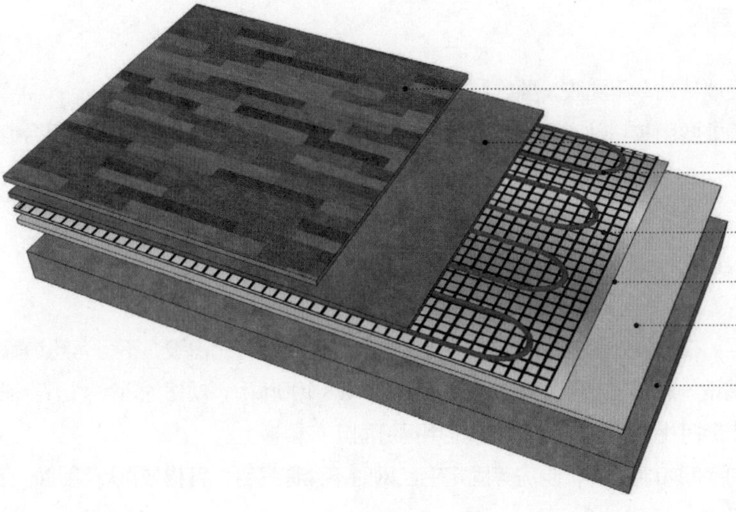

△ 水暖施工构造

步骤1 分集水器组装

①将分集水器的配件摆放在一起，然后将两根主管平行摆放，并用螺丝拧紧在固定支架上。

②在分集水器的活接头上依次缠绕草绳和防水胶带，每种至少缠绕5圈以上，然后将活接头与主管连接并拧紧。

△ 组装分集水器

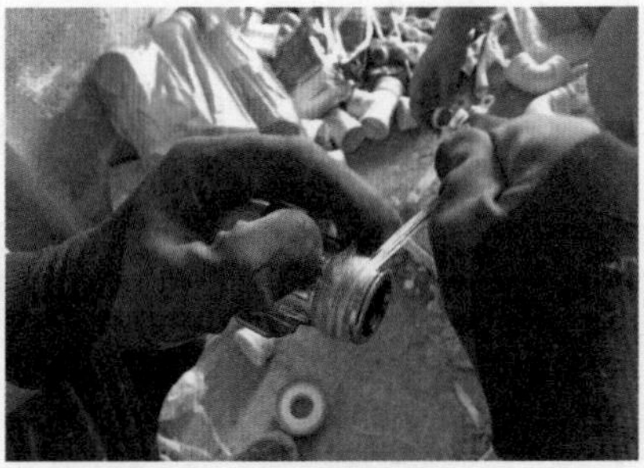

△ 缠绕草绳

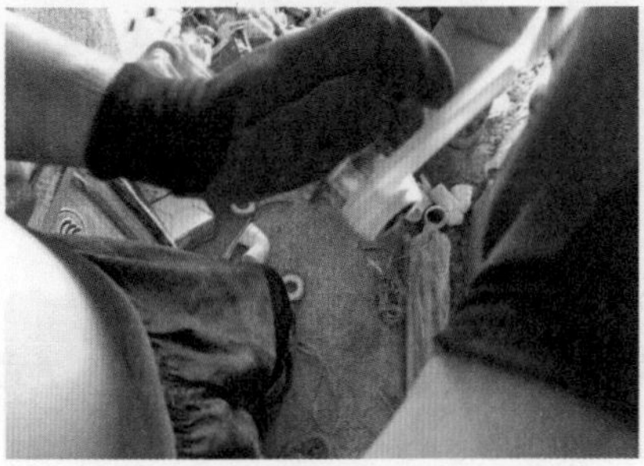

△ 缠绕防水胶带

△ 组装完成

步骤2 保温板铺设

①边角保温板沿墙粘贴专用乳胶，要求粘贴平整、搭接严密。

②底层保温板缝处要用胶粘贴牢固，上面需铺设铝箔纸或粘一层带坐标分格线的复合镀铝聚酯膜，铺设要平整。

步骤3 反射铝箔层、钢丝网铺设

①先铺设铝箔层，在搭设处用胶带粘住。铝箔纸的铺设要平整、无褶皱，不可有翘边等情况。

②在铝箔纸上铺设一层ϕ2的钢丝网，间距为100mm×100mm，规格为2m×1m，铺设要严整严密，钢网间用扎带捆扎，不平或翘曲的部位用钢钉固定在楼板上。

③设计防水层的房间如卫生间、厨房等固定钢丝网时不允许打钉，管材或钢网翘曲时应采取措施，防止管材露出混凝土表面。

步骤4 地暖管铺装

①地暖管要用管夹固定，固定点间距不大于500mm（按管长方向），大于90°的弯曲管段的两端和中点均应固定。

②地暖安装工程的施工长度超过6m时，一定要留伸缩缝，以防止在使用时由于热胀冷缩而导致地暖龟裂，从而影响供暖效果。

常见的地暖管布管方法		
螺旋形布管法		产生的温度通常比较均匀，并可通过调整管间距来满足局部区域的特殊要求，此方式布管时管路只弯曲 90°，材料所受弯曲应力较小
迂回形布管法		产生的温度通常一端高一端低，布管时管路需要弯曲 180°，材料所受应力较大，适合在较狭小的空间内采用
混合形布管法		混合布管通常以螺旋形布管方式为主，迂回型布管方式为辅

步骤5 压力测试

①检查加热管有无损伤、间距是否符合设计要求，然后进行水压试验。

②试验压力为工作压力的1.5～2倍，但不小于0.6MPa。稳压1h内压力下降不大于0.05MPa，且不渗不漏者即为合格。

步骤6 浇筑填充层

①地暖管验收合格后，回填水泥砂浆层，加热管保持不小于0.4MPa的压力。

②将回填的水泥砂浆层用人工抹压密实，不得用机械振捣，不许踩压已铺设好的管道。

③待水泥砂浆填充层风干，达到养护期后，再对地暖管泄压。

扩展知识 干式水暖和湿式水暖的比较

地水暖通常分为干式水暖和湿式水暖，常用做法为混凝土湿式水暖（在上文中已做讲述）。干式水暖因为没有回填层所以较薄，木地板可以直接铺在上面，地面只增加3mm左右。其具有工期短、升温较快、易于维修的优点，但是热惰性较差，如果室外温度或供水温度有变化，室内温度变化明显。若设计不合理，容易出现散热不均的现象。

而湿式水暖虽是水暖中最为成熟的安装工艺，但也具有局限性。其占用层高较多，一般需要占用7~8cm，升温时间也较长，安装较为繁复。但热量的传递较为均匀，适合有老人和小孩的家庭使用。

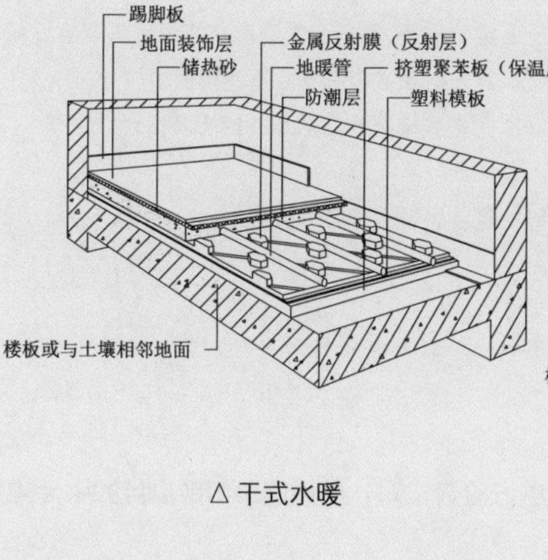

△ 干式水暖

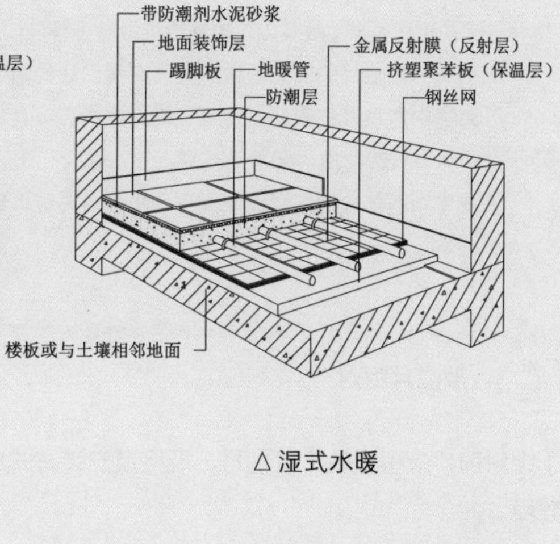

△ 湿式水暖

2.暖气散热片施工

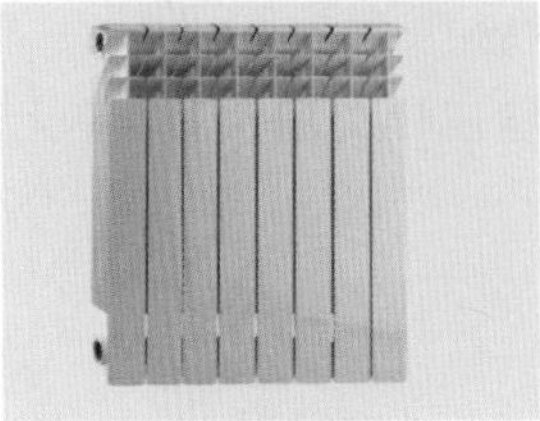

散热片组对

散热片安装固定

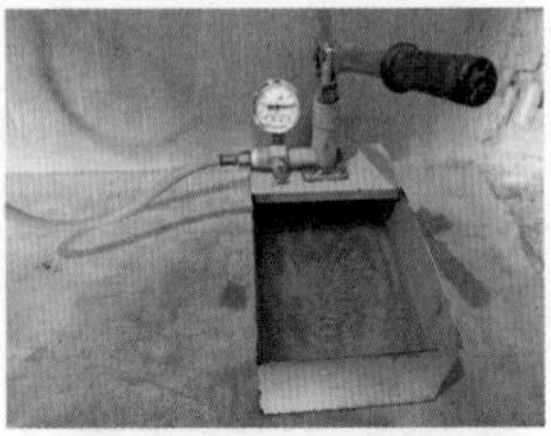

散热片单组水压测试

扩展知识

散热片用量计算

计算散热片用量有两个要点：一是了解厂家生产的散热片的散热量；二是了解房屋每平方米所需的热量。关于第一个要点，在散热片出厂的时候，会标注散热片的散热量，单位是“W”。需要注意的是，散热片厂家的计量单位有片、柱、组等几种，计算时需看清单位。

关于第二个要点，不同的朝向、层高、结构、保温情况等都会影响散热片供热所需热量，房屋每平方米所需的热量在 80~120W 之间。应根据房屋朝向、层高、结构、保温情况等来选择热量值。

下面举例说明散热片的计算方法。假设房屋面积为 40m^2，一片散热片的散热量为 237W，其计算公式如下。

40（房屋面积）×80（每平方米所需热量）/ 237（一片散热片的热量）×120%（暖气片修正值）约等于 11.25（片），取 11 片（散热片用量）。

散热片的安装位置

①客厅和卧室的散热片最好安装在窗台前面，这样既能保持室内温度的均衡，又能将从窗户缝里钻进来的空气加热。如果在散热器附近放置沙发、桌子之类的家具，则将会影响散热片的散热效果。

②书房中散热片的安装位置通常为套装门后的墙面、窗户前面或者书桌底下的墙面中。

③厨房中散热片的安装通常需先确定橱柜方位，依据橱柜方位再确定散热片的安装位置，这样即不会影响厨房的使用，又兼具美观。

④卫生间散热片的安装位置应挑选距离淋浴房近的位置，这样洗澡时会更温暖。

步骤1 散热片组对

①组对前，应根据散热片型号、规格及安装方式进行检查核对，并确定单组散热片的中片和足片的数目。

②用钢丝刷除净对口及内螺纹处的铁锈，并将散热片内部的污物倒净，右旋螺纹（正螺纹）朝

上，按顺序涂刷防锈漆和银粉漆各一遍，并依次码放（其螺纹部分和连接用的对丝也应除锈并涂上润滑油）。散热片每片上的各个密封面应用细纱布或断锯条打磨干净，直至露出全部金属本色。

③组对用石棉橡胶垫片时，应用润滑油随用随涂。

④按统计表的片数及组数，选定合格的螺纹堵头、对丝、补心，试扣后进行组装。

⑤柱形散热片组对一般按14片以内用两个带足片（即两片带腿），15~24片用3个带足片，25片以上用4个带足片，且均匀安装。

⑥组对时，按两人一组开始进行。将第一片散热片足片（或中片）平放在专业组装台上，使接口的正丝口（正螺纹）向上，以便于加力。拧上试扣的对丝1～2扣，试其松紧度。套上石棉橡胶垫，然后将另一片散热片的反丝口（反螺纹）朝下，对准后轻轻落在对丝上，注意散热片的顶部对顶部，底部对底部，不可交叉对错。

⑦插入钥匙，用手拧动钥匙开始组对。先轻轻按加力的反方向扭动钥匙，当听到有入扣的响声时，表示右旋、左旋两方向的对丝均已入扣。然后，换成加力的方向继续拧动钥匙，使接口右旋和左旋方向的对丝同时旋入螺纹锁紧［注意同时用钥匙向顺时针（右旋）方向交替地拧紧上下的对丝］，直至用手拧不动后，再使用力杠加力，直到垫片压紧挤出油为止。

⑧按照上述方法逐片组对，达到需要的数量为止。

⑨放倒散热片，再根据进水和出水的方向，为散热片装上补心和堵头。

⑩将组对好的散热片运至打压地点。

步骤2 散热片安装固定

①先检查固定卡或托架的规格、数量和位置是否符合要求。

②参照散热片外形尺寸图纸及施工规范，用散热片托钩定位画线尺、线坠，按要求的托钩数分别定出上下各托钩的位置，放线、定位做出标记。

③托钩位置定好后，用錾子或冲击钻在墙上按画出的位置打孔。要求固定卡孔洞的深度不小于80mm，托钩孔洞的深度不小于120mm，现浇混凝土墙的孔洞深度不小于100mm。

④用水冲洗孔洞，在托钩或固定卡的位置上定点挂上水平挂线，栽牢固定卡或托钩，使钩子中心线对准水平线，经量尺校对标高准确无误后，用水泥砂浆抹平压实。

⑤散热片落地安装。将带足片的散热片抬到安装位置，安装就位后用水平尺找正找直。检查散热片的足片是否与地面接触平稳。散热片的右螺纹一侧朝立管方向，在散热片固定配件上拧紧。

⑥散热片托架安装。如果散热片安装在墙上，应先预制托架，待安装托架后，将散热片轻轻抬起落坐在托架上，用水平尺找平、找正、垫稳，然后拧紧固定卡。

步骤3 散热片单组水压测试

①将组好对的散热片放置稳妥，用管钳安装好临时堵头和补心，安装一个放气阀，连接好试压泵和临时管路。

②试压时先打开进水截止阀向散热片内充水，同时打开放气阀，将散热片内的空气排净，待灌满水后，关上放气阀。

③散热片水压试验压力如果设计无要求，则应为工作压力的1.5倍，且不小于0.6MPa。试验时应关闭进水阀门，将压力打至规定值，恒压2~3min，压力没有下降且不渗不漏者即为合格。

扩展知识 暖气罩

暖气散热片一般设在窗前下，通常与窗台板等连在一起。常用的布置方法有窗台下式、沿墙式、嵌入式和独立式等几种。暖气罩既要能保证室内均匀散热，又要造型美观。暖气罩可分为木质和金属两类。

①木质暖气罩

木质暖气罩，采用硬木条、胶合板等做成格片状，也可采用上下留空的形式。这种暖气罩的舒适感较好。

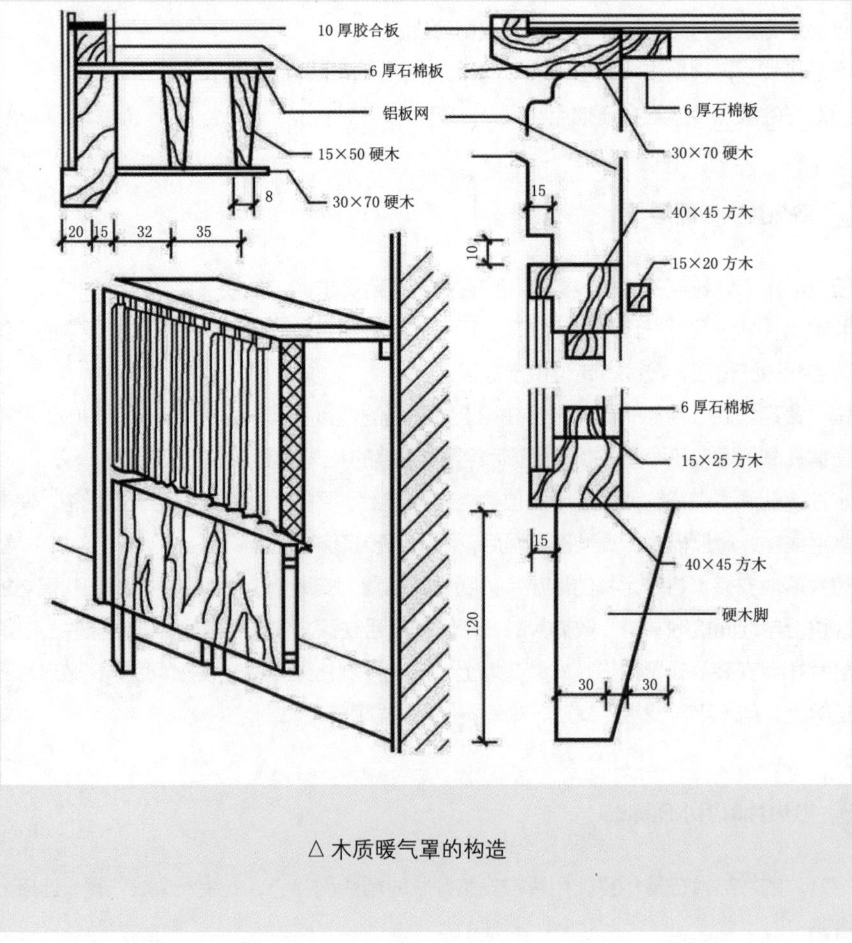

△ 木质暖气罩的构造

②金属暖气罩

金属暖气罩，采用钢或铝合金等金属板冲压打孔，或采用格片等方式制成。钢板表面可做成烤漆或搪瓷面层，铝合金表面可氧化成光泽或色彩。固定方式有挂、插、钉、支等。这种暖气罩具有性能良好、坚固耐用等特点。

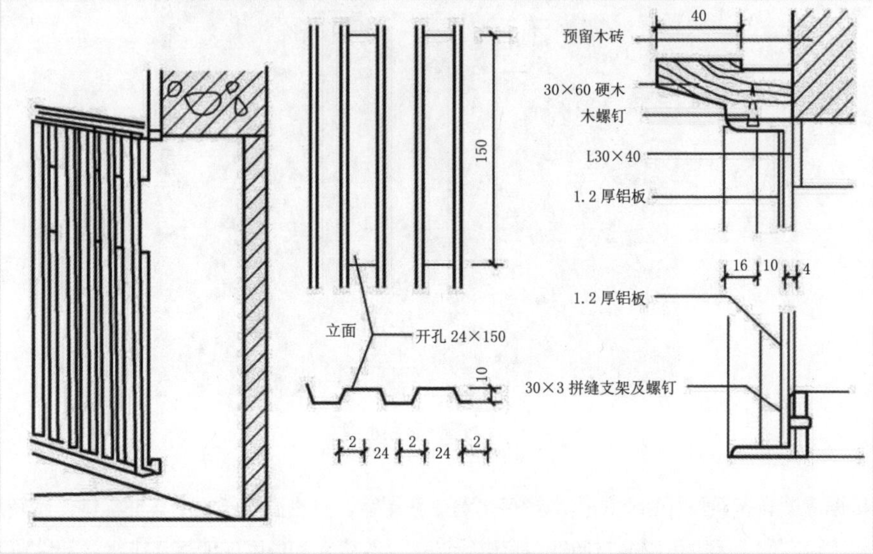

△ 金属暖气罩的构造

七、水路修缮

水路修缮是指解决水路在日常使用过程中产生的问题，以保证水路及相关设备的正常工作。水路中发生的问题大多是关于漏水和堵塞这两方面，通常需要疏通、更换排水管或采用局部修复等方式来解决排水问题。

1.更换存水弯

①如果存水弯的弯曲部分底部安装有放水塞，可用扳手拆下放水塞，并将存水弯内的水排到桶里。如果没有放水塞，那么就应该拧松滑动螺母并将它们移到不碍事的地方。

②如果存水弯是旋转型的，那么存水弯的弯曲部分是可以自由拆卸的。在拆卸时要使存水弯保持直立，并在将该部分拆下来后将里面的水倒掉。如果存水弯是固定的，不能旋转，则拧下排水

管法兰处的尾管滑动螺母和存水弯顶部的滑动螺母，将尾管向下推入存水弯内，然后顺时针拧存水弯，直到将存水弯内的水排出为止。然后拔出尾管，拧开固定存水弯的螺丝，将存水弯从排水道延长段或排水管上拆下。

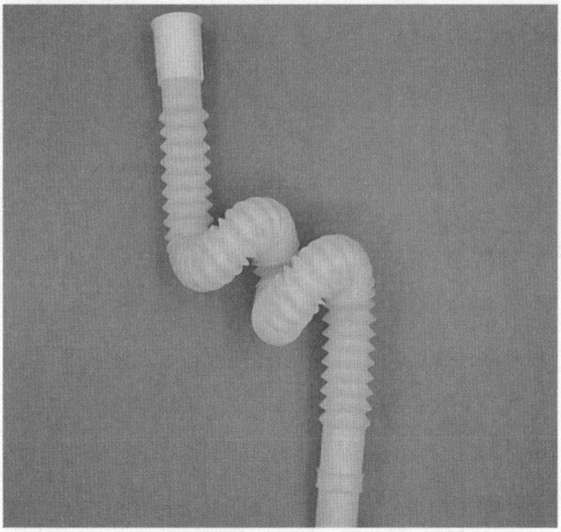

△ 螺旋形存水弯

③根据需要，购买直径合适的排水管存水弯、新尾管、排水道延长段或其他配件。旋转形存水弯使用起来较方便，因为可以很方便地对它进行调整，改变它的角度或使其与排水管部件对齐。

④按正确顺序更换零件，确保将滑动螺母、压力密封带或大垫圈安装在管道上的相应部分。先用滑动螺母将零件松散地连在一起，进行最后的调整，使管道相互对齐之后，再将螺母拧紧，紧密程度适中即可，不要太紧。通常不需要使用管道工的胶带或接缝填料。

⑤立即向新存水弯中放水，这既可以检查是否漏水，又可以让这些水形成阻挡下水道气体的重要屏障。

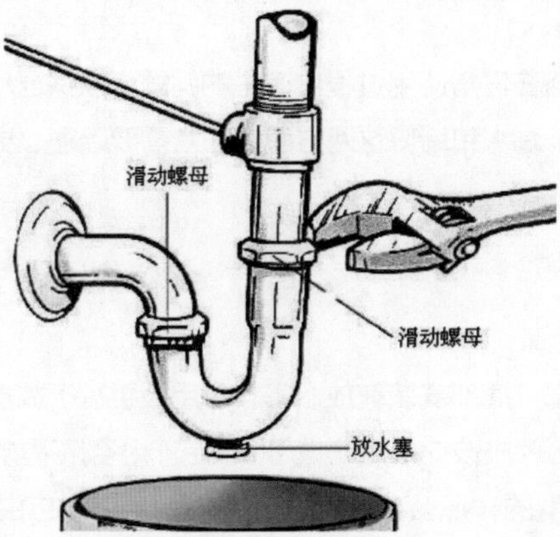

△ 更换存水弯

2.排水管堵塞的解决方法

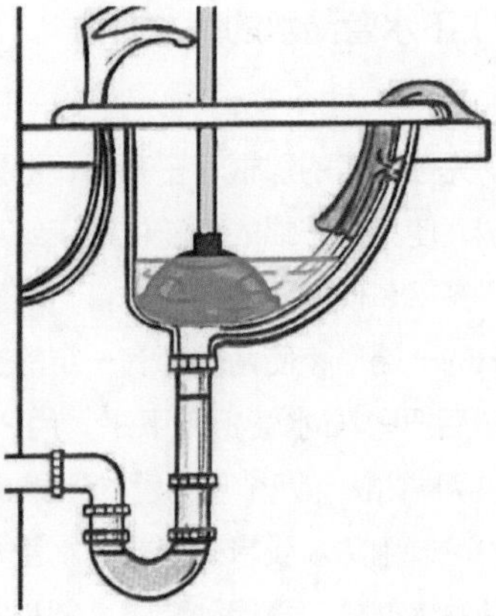
△ 排除堵塞物

①关上水龙头，以免堵塞处积水更多。

②伸手到排水管或污水管口揭开地漏，清除堵塞物。室外的下水道可能是因为堆积了落叶或泥沙，以致淤塞。

③洗脸盆或洗涤槽的排水管若无明显的堵塞物，可用湿布堵住溢流孔，然后用搋子（俗称水拔子）排除堵塞物。

④水开始排出时，应继续灌水，冲去余下的废物。

⑤如果搋子无法清除洗涤槽或洗脸盆污水管的堵塞物，可在存水弯管下放一只水桶，拧下弯管，清除里面的堵塞物。新式存水弯管是塑料造的，用手就可以拧下来，若用扳手则不要太用力。

3.排水管漏水的解决方法

（1）水管接头漏水的解决办法

家里的水管接头漏水，如果管接头本身坏了，只能换个新的；如果是丝口处漏水可将其拆下，如没有胶垫的要装上胶垫，胶垫老化了的就换个新的，丝口处涂上厚白漆再缠上麻丝后装上，或用生料带缠绕；如果由于水龙头内的轴心垫片磨损所致，可使用钳子将压盖柱转松并取下，用夹子将轴心垫片取出，换上新的轴心垫片即可。

△ 水管接头漏水

（2）下水管漏水的解决方法

①如果是PVC水管，可以去买一根PVC水管来自己接。先把坏了的那根管子割断，把接口先套进管子的一端，使另外一端的割断位置正好与接口的另外一个口子齐平，使它刚好能够抻直，然后把直接头往套进接口的一端送，使两端都有一定的交叉距离（长度）。然后把PVC水管拆卸下来，用PVC胶水涂抹在直接的两端内侧与两个下水管的外侧。

②也可以用防水胶带来修补下水管，只需用防水胶带缠住漏水部位，再用砂浆防水剂和水泥抹上去就行了。

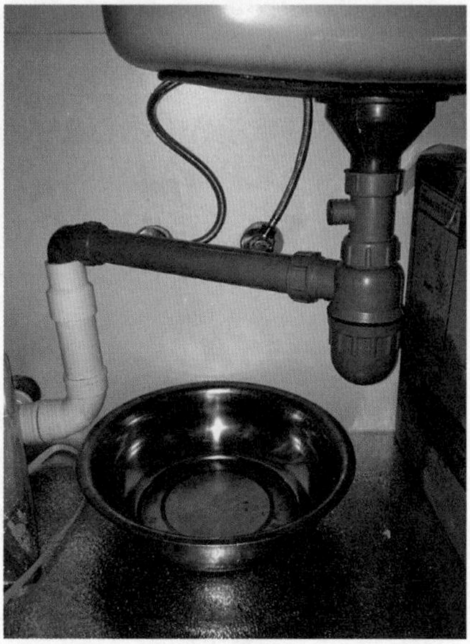

△下水管漏水

（3）铁水管漏水的解决方法

①若是直径为2cm的铁水管漏水，但是铁水管没有锈渍，只是部分位置遭破坏。解决办法是把水管总阀关闭，只需要更换该位置的铁水管即可。切断该位置的水管，将用车丝用的器械车丝扣接上连接头即可。

②若是直径为20cm的铁水管漏水，如果是连接头出现问题就需换掉接头部分；如果是管身出现漏水，则需要先磨去原管身的锈渍，再采用焊接方法修补，注意需要在修补位置镶嵌一块与水管贴合紧密的铁板做加固处理。

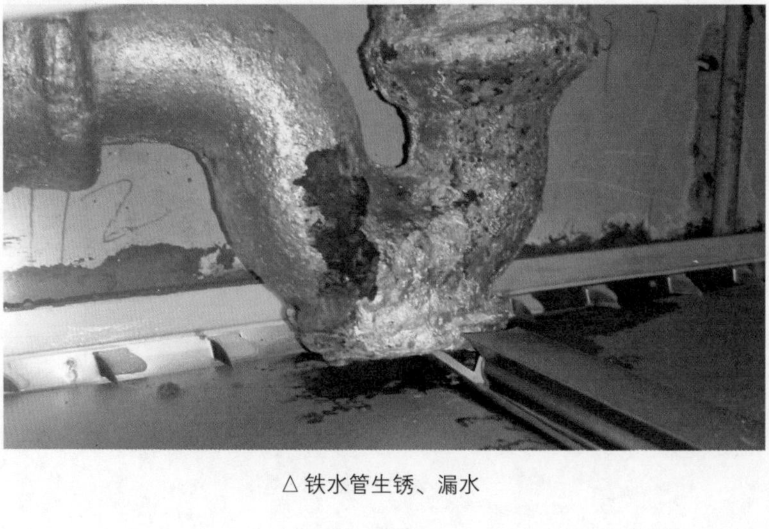

△铁水管生锈、漏水

（4）塑料水管漏水的解决方法

①先用小钢锯把漏水的地方锯掉，锯口要平。

②用砂纸把新露出的端口轻轻打磨，不要太多。

③用干净的布将端口擦拭干净。

④用专用胶水涂在端口上，稍微晾一会儿，趁此时在新的接头内涂上胶水。

⑤把端口和“竹节”连接，要反复转动，直到牢固。再用同样的方法去连接另一端。

⑥一切完成后在接缝处再涂适量的胶水，确保水管不渗漏。

4.止水阀漏水的解决方法

止水阀漏水只要更换新的垫片就可以修复漏水。先用螺丝刀关闭止水阀，然后用工具向左转，松开轴心盖，更换上垫片。这时，如果为了更换保护垫片而旋转轴心的话，水就会喷出来，因此必须在修复前先关闭家中的水源开关。

△ 更换止水阀垫片

5.排水管出现裂缝、穿孔的解决方法

（1）裂缝原因及维修方法

管壁裂缝的主要原因是房屋变形、地基下沉，引起整个排水系统管道受力不均而使某段管壁出现裂缝。这种情况不常出现，解决的方法有以下两种。

①一种是采用涂环氧树脂，贴玻璃丝布的“缠裹法”，将裂缝段的管道用玻璃丝布裹起来防止再漏水。

②另一种方法是用手提砂轮沿裂缝打出坡口，坡口上口宽不超过2mm，深不超过3mm，然后将冷铅切成细条，嵌进裂缝内，用扁铲配合锤子敲实，打到不漏水为止。

（2）管壁穿孔原因及维修方法

管壁穿孔主要是腐蚀造成的，或者在铸造过程中有砂眼和气孔，管壁很薄，稍微受腐蚀便会穿孔。解决的方法是将孔周围50mm以内的管壁打磨光，涂上环氧树脂和固化剂，再贴上玻璃丝布，然后在玻璃丝布上再涂上环氧树脂，再贴上玻璃丝布，一般采用“四脂三布”即可解决。

6.下水管道反异味的解决方法

（1）下水道返臭味的原因

下水道返味的原因可能是下水道的水封高度不够，存水弯水分很快干涸，使排水管内的臭气上溢。这时可以给下水道加一个返水弯，或换一个同规格的下水道。如果长期无人在家，最好用盖子将下水道封起来。

（2）清洗卫生间排水口的方法

在卫浴的排水口，因为要阻止从排水管里发出的异味，所以一般都会有一些积水，其原理和坐便器是差不多的，这个时候排水口起到了防臭阀的作用。但是由于在洗澡的时候，身体的污垢和毛发都会呈糊状堵住排水口，一旦水流受阻，这里就会成为恶臭与病菌的发源地。因此有必要进行“分解扫除”，所需要的工具非常简单，只需要牙刷和海绵即可。如果是一般住宅的排水口，首先需要将排水口的外壳拆下，将塑料制的网旋转拆下。另外还需要将最下方的零件也拆下，全部拆下以后，可以用牙刷和海绵进行清洗。

△ 海绵

△ 清洗排水口

（3）排水口恶臭的解决方法

如果零件变色或者发出的恶臭非常严重，在取出清洗完并重新安装回去后，可以缓慢地将氯水漂白剂滴进去，这个过程可持续3~5min。需要特别注意的是，如果用到氯水漂白剂，一定要戴上手套，并保持浴室换气通风，等到氯气的味道都散了，再重新用清水冲洗一下排水口，就能解决排水口恶臭的问题。

7.管路开槽“走顶不走地，走竖不走横”的原因

具体原因可分为如下三点。

①因为地下有很多暗埋的管道和电线，万一破坏了原来的地下管道将非常麻烦；而且在后期装修过程中，万一电钻破坏水管，影响安全。

②水路走地不易发现，因为水是往低处流的，漏水的地方不一定先流出水，只有当水漏到楼下或“水漫金山”时，才会发现漏水，但由于是暗管，也无法立刻找到漏水的地方，所以损失会相当大；走顶的话，厨房卫生间可以用铝扣板吊顶遮住，在穿墙过玄关部分是沿着边角走，可以用石膏线包上，不影响美观。

③当水管走顶引到卫生间时，遇到需要出水的地方，开竖槽往下到合适的高度，预留好花洒、面盆、洗衣机等出水口。这样做的好处是，当装修完工贴砖后，可以根据出水口的位置判断水管的走向。即所有的水管均在出水口垂直向上，从而避免水管有任何原因被破坏，而且一旦发生漏水，便于维修。

△ 卫生间水管走顶施工

8.冷热水管可以同槽敷设吗

不可以。专业人员曾经做过实验，将长20m的冷热水管安装在一起，然后在冷热水都正常循环的状况下，测试热水器端口的水温与热水管末端的水温，热水器端口水温是80℃，到了末端就变成70℃了，经过5min后末端温度只有55℃。而冷、热水管分开再测试时显示末端温度为78℃。这说明冷热水管靠在一起，热水的温度损失得非常快。冷热水管开槽的间距需要根据管的直径来定，通常四分管的槽间距要达2cm以上。

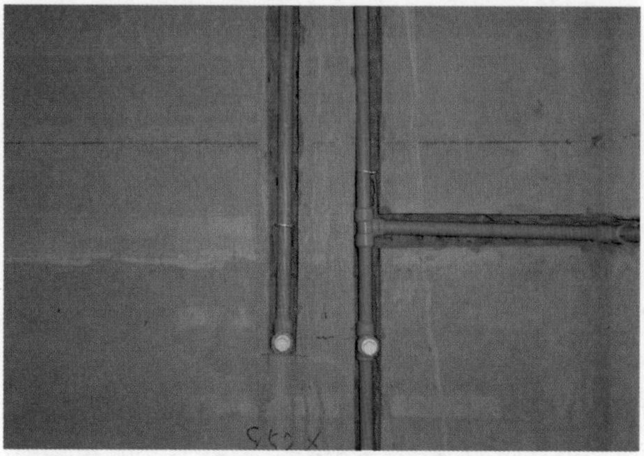

△ 冷热水管保持一定的距离

9.冷水口出热水的解决方法

水龙头的冷水出口出来热水，产生这种情况一般是因为冷热水压力差过大，或者热水器提高水温的能力不够。想要解决这个问题，就要将热水器的冷热三角阀调小，使压力平衡，以保证热水器的水温能够跟上出水的速度。

△ 热水器冷热三角阀

第三章

电路工程

电路工程是隐蔽工程中重要的一项，涉及安全用电的问题。首先要学会识读电路施工图纸，了解设计的重要信息后再进行施工。电路的施工都要先根据图纸画线、开槽并连接线管，将其固定后，再安装控制面板等设备。

一、图纸识读

了解电路工程的第一步就是学会识读电路施工图纸，熟练掌握识图方法，对学习电路施工、配线、接线等实际操作性较强的内容有较大的帮助，可规避许多不必要的问题。

1.电路施工常见图例

（1）照明常见图例

图示				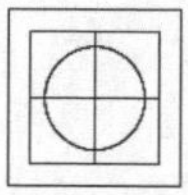	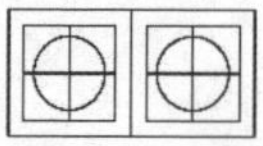
名称	成品吊灯	防雾灯	射灯	筒灯	斗胆灯
图示			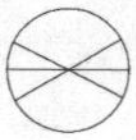		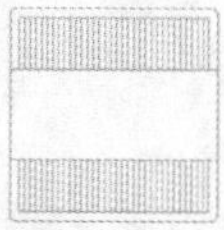
名称	壁灯	球形灯	花灯	灯带	浴霸

（2）开关常见图例

图示	名称	位置要求
	单极单控翘板开关	暗装 距地面 1.3m
	双极单控翘板开关	暗装 距地面 1.3m
	三极单控翘板开关	暗装 距地面 1.3m
	四极单控翘板开关	暗装 距地面 1.3m
	单极双控翘板开关	暗装 距地面 1.3m
	双极双控翘板开关	暗装 距地面 1.3m
	三极双控翘板开关	暗装 距地面 1.3m

（3）插座常见图例

图示	名称	电流要求	位置要求
	壁挂空调三极插座	250V 16A	暗装 距地面 1.8m
	二、三极安全插座	250V 10A	暗装 距地面 0.35m
	三极防溅水插座	250V 16A	暗装 距地面 2.0m
	三极排风、烟机插座	250V 16A	暗装 距地面 2.0m
	三极厨房插座	250V 16A	暗装 距地面 1.1m
	三极带开关冰箱插座	250V 16A	暗装 距地面 0.35m
	三极带开关洗衣机插座	250V 16A	暗装 距地面 1.3m
	立式空调三极插座	250V 16A	暗装 距地面 1.3m
	热水器三极插座	250V 16A	暗装 距地面 1.8m
	二、三极密闭防水插座	250V 16A	暗装 距地面 1.3m
	电脑上网插座	—	暗装 距地面 0.35m
	音频插座	—	暗装 距地面 0.35m
	电视插座	—	暗装 距地面 0.35m
	电话插座	—	暗装 距地面 0.35m
	二、三极安全插座	—	地面插座
	电脑上网插座	—	地面插座

（4）弱电常见图例

图示	名称	位置要求
H2	双信息口电话插座	暗装 距地面 0.65m
V	电视插座	暗装 距地面 0.65m
K1	双信息口电脑插座	暗装 距地面 0.65m

（5）配电箱图纸符号说明

符号	说明	符号	说明
BV	铜芯聚氯乙烯绝缘导线	WC	墙内暗敷设
ZB	阻燃铜芯聚氯乙烯绝缘导线	63A	额定电流为 63A
C45N	空气开关型号	20A	额定电流为 20A
2P	两相控制	30mA	漏电保护为 30mA
1P	单相控制		

2.灯具定位图

根据灯具定位图纸划分出客厅、餐厅、卧室、书房、卫生间以及厨房等空间的照明覆盖区域，并计算出相应空间内的灯具数量。以下图为例，客厅吊灯一盏，射灯七盏；过道斗胆灯三盏，筒灯一盏；卫生间吸顶灯一盏，浴霸一盏。

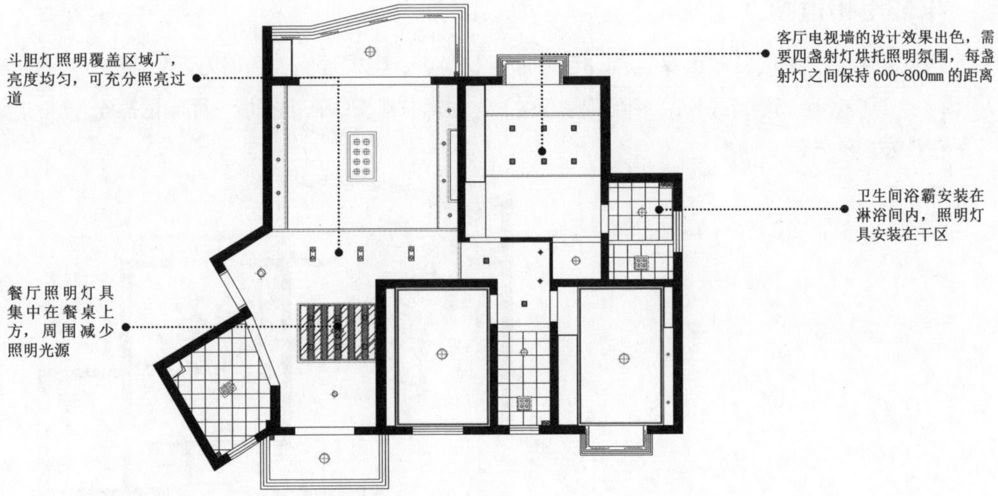
斗胆灯照明覆盖区域广，亮度均匀，可充分照亮过道
客厅电视墙的设计效果出色，需要四盏射灯烘托照明氛围，每盏射灯之间保持600~800mm的距离
卫生间浴霸安装在淋浴间内，照明灯具安装在干区
餐厅照明灯具集中在餐桌上方，周围减少照明光源

△灯具定位图纸

3.插座布置图

可根据插座常见图例区分出空间内的功能插座，常见的如K表示壁挂空调三极插座，W表示电脑上网插座，F表示三极防溅水插座等，没有作英文标记的为普通五孔插座。在插座图标侧边的数字标记为插座的离地距离，H为代表高度的英文标记。

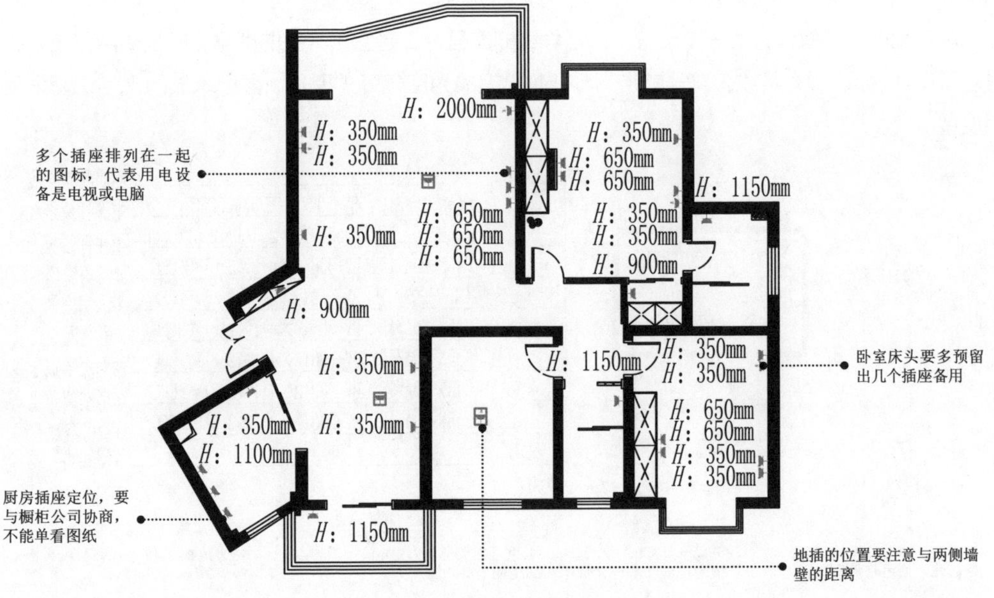

△插座布置图纸

4.弱电布置图

根据弱电常见图例区分出双信息口电脑插座（K1）、电视插座（V）以及双信息口电话插座（H2）。其中，电脑插座（K1）和电视插座（V）通常并排安装在电视墙，而电话插座（H2）则安装在沙发墙的一端。

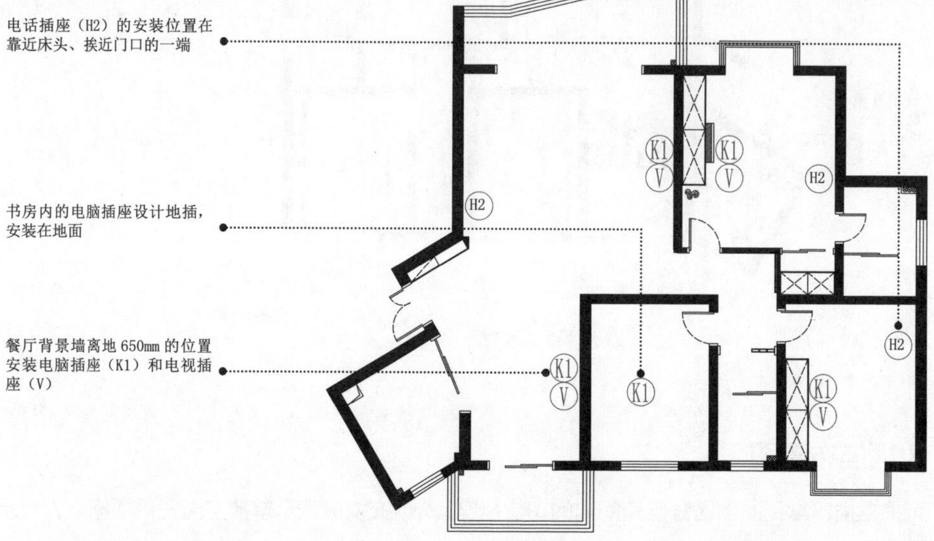

△ 弱电布置图纸

5.配电箱系统图纸

配电箱图纸的解读分为三个部分，一是导线的型号，二是空气开关的型号，三是使用位置。符号前带有BV标识的为导线，符号前带有C45N标识的为空气开关型号，图纸末端的文字说明为使用位置。

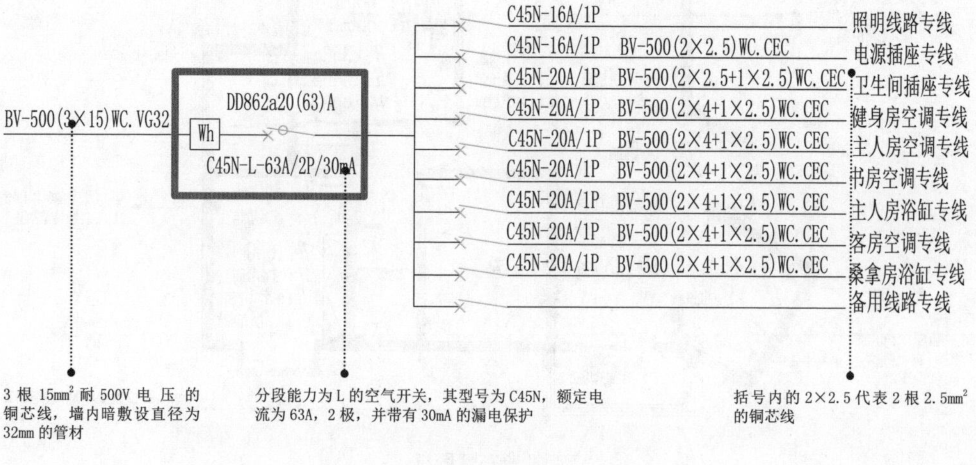

△ 配电箱系统图纸

二、材料选择

随着用电器的增多以及电路设备的多样化，电路施工的要求也越来越高，电路施工中常用的材料也是多种多样。电路的主要施工材料是导线和管材，还包括了一些开关、插座等相关材料，识别导线和管材的重点在于了解每种材料的外形结构、特点、种类以及应用场景。

1.塑铜线

塑铜线，就是塑料铜芯导线，全称铜芯聚氯乙烯绝缘导线。一般包括BV导线、BVR软导线、RV导线、RVS双绞线、RVB平行线。

（1）塑铜线的种类和用途

型号	图片	名称	用途
BV	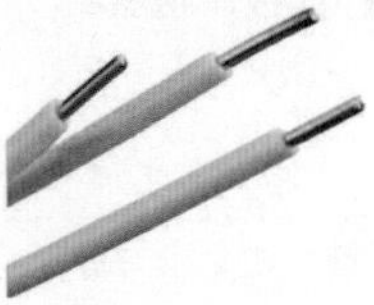	铜芯聚氯乙烯塑料单股硬线，是由 1 根或 7 根铜丝组成的单芯线	固定线路敷设
BVR		铜芯聚氯乙烯塑料软线，是 19 根以上铜丝绞在一起的单芯线，比 BV 软	固定线路敷设
RVVB	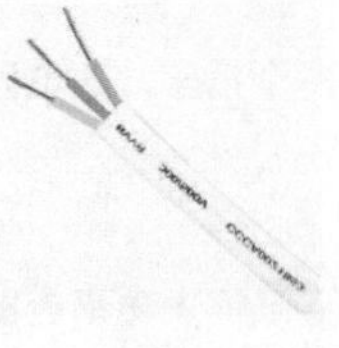	铜芯聚氯乙烯硬护套线，由 2 根或 3 根 BV 线用护套套在一起组成	固定线路敷设
RV		铜芯聚氯乙烯塑料软线，是由 30 根以上的铜丝绞在一起的单芯线，比 BVR 更软	灯头或移动设备的引线

续表

型号	图片	名称	用途
RVV		铜芯聚氯乙烯软护套线，由 2 根或 3 根 RV 线用护套套在一起组成	灯头或移动设备的引线
RVS		铜芯聚氯乙烯绝缘绞型连接用软导线，2 根铜芯软线成对扭绞无护套	灯头或移动设备的引线
RVB		铜芯聚氯乙烯平行软线、无护套平行软线，俗称红黑线	灯头或移动设备的引线

（2）塑铜线线径种类

名称	最大承载电流	作用
$1.5mm^2$	14.5A	照明线，可串联多盏灯具，若灯具数量过多，则需更换为 $2.5mm^2$ 线或增加回路数量
$2.5mm^2$	19.5A	普通插座线，可串联多个插座，若电器数量较多，则需增加回路数量
$4mm^2$	26A	空调、热水器、按摩浴缸等大功率电器专用插座线，若电器数量过多，则需增加回路数量
$6mm^2$	34A	进户线，若没有过大功率的电器，通常使用此种线作为进户线
$10mm^2$	65A	进户线，若大功率电器较多，需使用此类线作为进户线

2.网线

网线是连接计算机网卡和路由器或交换机的电缆线，常见网线如下表所示。

名称	图片	特点
5 类双绞线		表示为 CAT5，带宽 100Mbps，适用于百兆以下的网络
超 5 类双绞线		表示为 CAT5e，带宽 155Mbps，为目前的主流产品
6 类双绞线		表示为 CAT6，带宽 250Mbps，用于架设千兆网

3.电话线

电话线就是电话的进户线，连接到电话机上才能打电话，分为2芯和4芯两种。导体材料分为铜包钢、铜包铝以及全铜三种，其中全铜的导体效果最好。

名称	图片	特点
铜包钢线芯	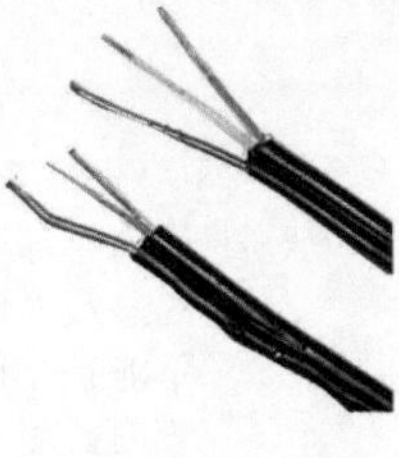	线比较硬，不适合用于外部扯线，容易断芯。但是可埋在墙里使用，只能近距离使用

续表

名称	图片	特点
铜包铝线芯	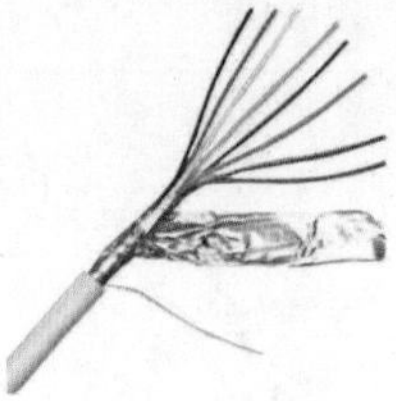	线比较软，容易断芯。可以埋在墙里，也可以墙外扯线
全铜线芯		线软，可以埋在墙里，也可以墙外扯线，可以用于远距离传输使用

4.TV线

全称为75Ω同轴电缆，主要用于传输视频信号，能够保证高质量的图像接收。一般型号表示为SYWV，国标代号是射频电缆，特性阻抗为75Ω。

5.穿线管

穿线管全称为建筑用绝缘电工套管。目前家居的电路改造以隐蔽工程为主，电线需要埋在墙内或地内。将电线穿管可以避免电线受到建材的侵蚀和外来的机械损伤，能够保证电路的使用安全并延长其使用寿命，也方便日后的更换和维修。电线套管主要有PVC套管和钢套管两种类型。

名称	图片	分类	注意事项	特点
铜包钢线芯		常用管径为 25mm 和 20mm 两种，俗称 6 分管和 4 分管	管内全部电线的总截面面积不能超过 PVC 套管内截面面积的 40%	※ 即聚氯乙烯硬质电线管，耐酸碱，易切割，施工方便传导性差，发生火灾时能在较长的时间内保护电路，便于人员的疏散 ※ 耐冲击、耐高温和耐摩擦性能比钢管差，是家居电路套管的主要类型
钢套管		镀锌钢管、扣压式薄壁钢管和套接紧定式钢管等	管内全部电线的总截面面积不能超过钢套管内截面面积的 40%	可用于室内和室外，室内多用于公共空间的电路改造，对金属管有严重腐蚀的场所不宜使用

\小\贴\士\ 弱电与强电不能同管

电线布线时通常是在墙面开槽，深度为 PVC 管的直径加 10mm。需要注意的是，强电和弱电不能同管，强电具有电磁，会影响弱电的信号，两者应间隔至少 50cm，当必须有交叉时，需用锡纸包裹电线。强电通常使用白色或红色的 PVC 套管；弱电多使用蓝色的 PVC 套管。

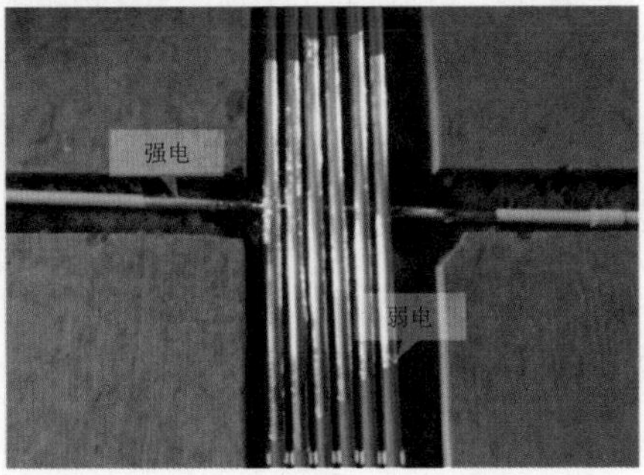

三、施工质量要求

电路的施工质量要求主要是针对一些用电设备以及电线的使用、强弱电线管等的布置以及不同设备安装的高度等问题，将其规范化，帮助施工安全、有效地进行。

电路施工质量要求如下。

①施工前应确定开关、插座品牌，是否需要门铃及门灯电源，校对图纸与现场是否相符。

②电线应选用铜质绝缘电线或铜质塑料绝缘护套线；保险丝要使用铅丝，严禁使用铝芯电线或铜丝作保险丝。施工时要使用三种不同颜色外皮的导线，以便区分火线、零线和接地保护线。

③强、弱电穿管走线的时候不能交叉，要分开；强、弱电插座应保持50cm以上的距离。线路穿PVC管暗敷设，布线走向为横平竖直，严格按图布线，管内不得有接头和扭结。另外，穿管走线时电视线和电话线应与电线分开，以免发生漏电伤人、毁物甚至着火的事故。

④电源线应满足最大输出功率。电源线配线时，所用导线的截面积应满足用电设备的最大输出功率。

⑤管内导线的总截面积不得超过管内径截面积的40%。同类照明的几个支路可穿入同一根管内，但管内导线总数不得多于8根。

⑥导线盒内的预留导线长度应为150mm，接线为相线进开关，零线进灯头；电源线管应预先固定在墙体槽中，要保证套管表面凹进墙面10mm以上（墙上开槽深度＞30mm）。

⑦不可在墙上或地下开槽、明敷电线之后，直接用水泥封堵，否则会给以后的故障检修带来麻烦。

⑧电源插座底边距地宜为300mm，平开关板底边距地宜为1300mm。挂壁空调插座的高度距地宜为1900mm；脱排插座距地宜为2100mm；厨房插座距地宜为950mm；挂式消毒柜插座距地宜为1900mm；洗衣机插座距地宜为1000mm；电视机插座距地宜为650mm。

⑨为防止儿童用手指触摸或用金属物插捅电源的孔眼而导致触电，一定要选用带有保险挡片的安全插座；电冰箱、吸油烟机应使用独立的、带有保护接地的三孔插座；卫生间比较潮湿，不宜安装普通型插座。开关插座的安装必须牢固、位置正确、紧贴墙面。确定开关、插座常规安装时的高度必须以水平线为统一标准。

⑩配电箱的尺寸需根据实际所需空气开关的尺寸而定。配电箱中必须设置总空气开关（两极）和漏电保护器（所需位置为4个单片数），严格按图分设各路空气开关及布线，配电箱安装必须设置可靠的接地连接。工程安装完毕后，应对所有灯具、电器、插座、开关、电表进行断通电试验检查，在配电箱上准确标明其位置，并按顺序排列。

△ 配电箱的设置

△ 弱电接线

⑪地面没有封闭之前，必须保护好PVC套管，不允许有破裂损伤；铺地板砖时，PVC套管应被砂浆完全覆盖。电源线应沿墙脚敷设，以防止钉木地板时电源线被钉子损伤。

⑫经检验电源线连接合格后，应浇湿墙面，用1：2.5的水泥砂浆封槽，表面要平整，且低于墙面2mm。

⑬绘好的照明、插座、弱电图及管道图在工程结束后需要留档。

四、电路管线施工

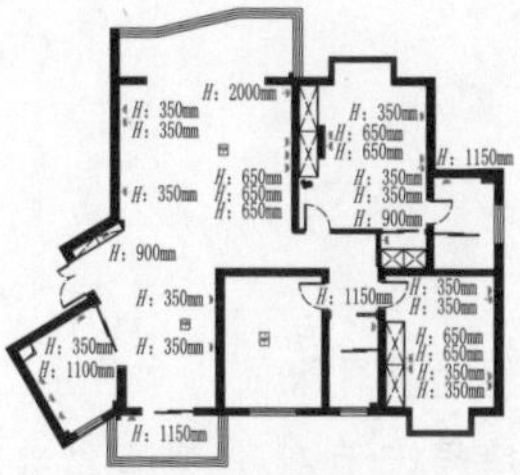
绘制布线图

前期准备

定位画线

开槽

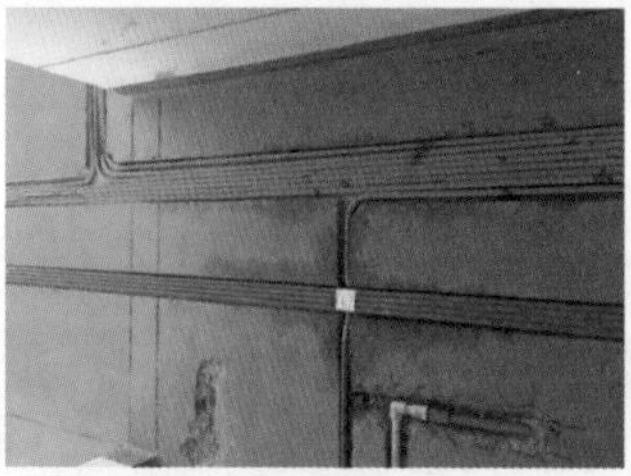
布管

穿线

电路检测

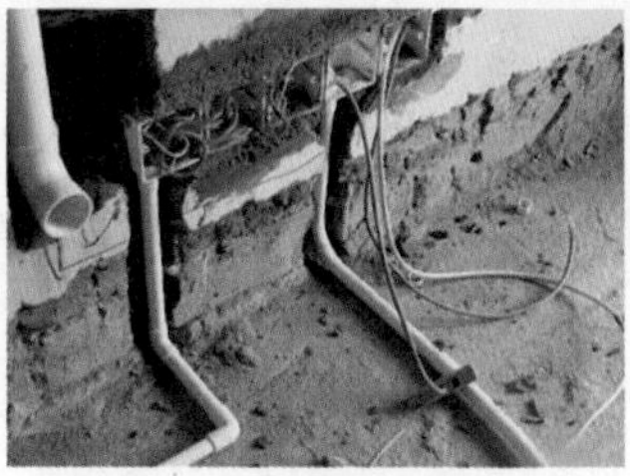
封槽

步骤1 绘制布线图

在电路施工时要先绘制电路布线图，严谨的施工图是电路改造的基础，因此要严格按照图纸的内容对电路进行设计与改造。

步骤2 前期准备

在电路施工前，要进行一些必要的前期准备工作，通常包括以下几项。

①检查进户线，包括电源线、弱电线是否到位合格。若房屋年代久远，则可能会有进户线口径过小不能承受大功率电器使用的情况，所以要事先检查。

②做好材料准备。包括各种规格的强弱电线、开关、插座、底盒、管卡、黄蜡管、配电箱及其他各种材料的品牌、规格和数量，尽量避免在施工过程中经常性补料的情况。

③确定进场人员。这需要根据实际情况来制定施工进度表，从而确定进场的人数、人员等。

步骤3 定位画线

在绘制好施工图后，要根据图纸要求进行测量与定位工作，以确定管线的走向、标高，以及开关、插座、灯具等设备的位置，并用墨盒线进行标识。

①首先从入户门的位置开始定位，确定灯具、开关、插座、电箱的位置，初步定位时可直接采用粉笔画线，需要标记出线路的走向和高度。

②墙面中的电路画线，只可竖向或横向，不可斜向，尽量不要有交叉。

③墙面电线走向与地面衔接时，需保持线路的平直，不可歪斜。

④地面中的电路画线，不要靠墙脚太近，需保持300mm以上的距离，以避免后期墙面木作施工时对电路造成损坏。

步骤4 开槽

在确定了线路走向、终端以及各项设备设施的位置后，就要沿着画线的位置开槽。开槽时要配合水作为润滑剂，以达到除尘、降噪、防开裂的目的。开槽时的施工要点如下。

①开槽必须严格按照画线标记进行，地面开槽的深度不可超过50mm。

②开槽必须横平竖直，切底盒槽孔时也要方正、整齐。切槽深度一般比线管直径大10mm，底盒深度比底盒尺寸大10mm以上。

③开槽时，强电和弱电需要分开，并且保持至少150mm以上的距离，处在同一高度的插座，开一个横槽即可。

④管线走顶棚时打孔不宜过深，深度以能固定管卡为宜。

⑤开槽后，要及时清理槽内的垃圾。

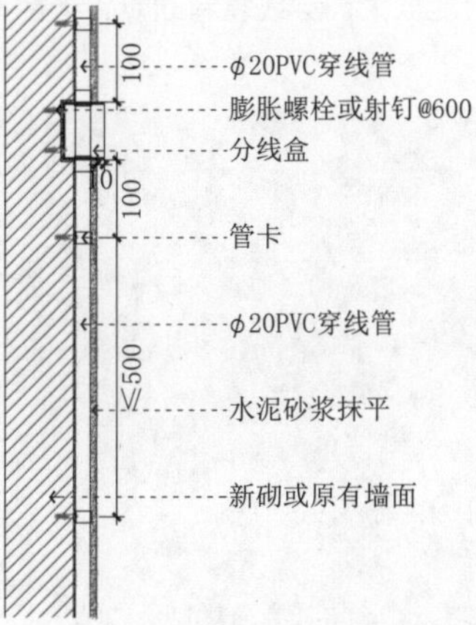

△ 墙面管线铺设剖面示意图

步骤5 布管

布管采用的线管一般有两种，一种是PVC线管，另一种是钢管。在家装中，多使用PVC线管；在一些对消防要求较高的公建中，则多采用钢管作为电线套管，因为钢管具有良好的抗冲击能力，强度高、抗高温、耐腐蚀，防火性能极佳，同时能屏蔽静电，保证信号的良好传输。布管的施工要点如下。

①布管排列要横平竖直，多管并列敷设的明管，管与管之间以及转弯处不得出现间隙。

②电线管路与天然气管、暖气、热水管道之间的平行间距应不小于300mm，这样可以防止电线因受热而发生绝缘层老化，从而缩短电线寿命。

③水平方向敷设多管（管径不一样的）并设的线路时，要求小规格穿线管靠左，依次排列。

④敷设直线穿线管时，以下几种情况需要加装线盒：直管段超过30m；含有一个弯头的管段每超过20m；含有两个弯头的管段每超过15m；含有三个弯头的管段每超过8m。

⑤弱电与强电相交时，需包裹锡箔纸隔开，以起到防干扰作用。

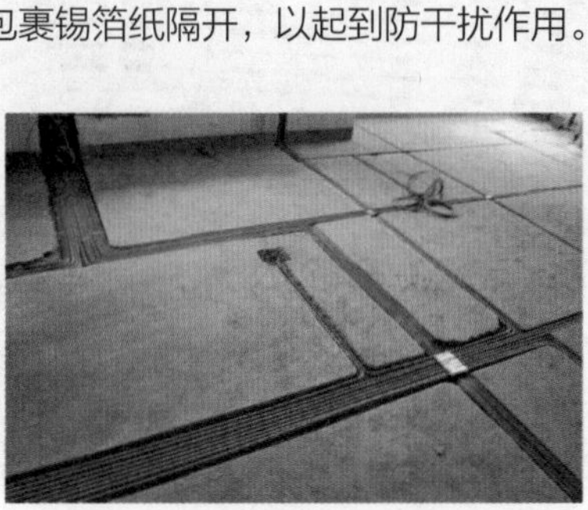

△ 强弱电交叉使用锡箔纸

⑥敷设转弯处穿线管。敷设转弯处穿线管时，要先用弯管弹簧将其弯曲，弯曲半径不宜过小；在管中部弯曲时，要将弹簧两端拴上铁丝，以便于拉动。为了保证不因为导管弯曲半径过小，而导致拉线困难，导管的弯曲半径应尽可能放大。穿线管弯曲时，半径不能小于管径的6倍。

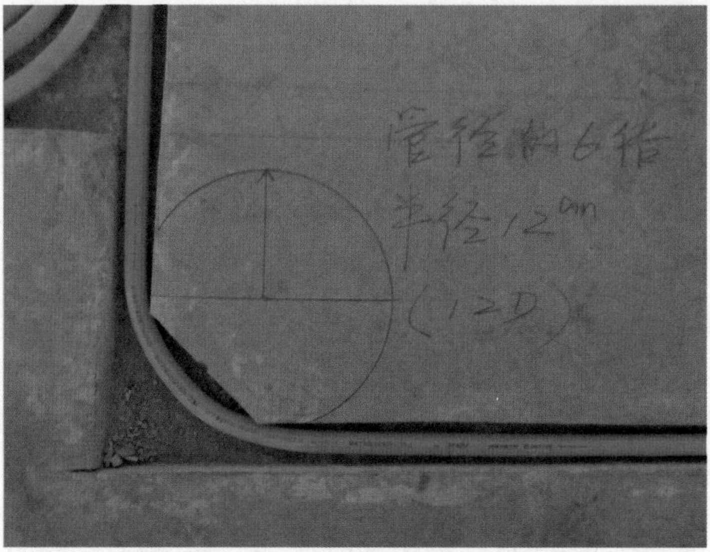

△弯管处工艺处理

⑦地面采用明管敷设时，应加固管卡，卡距不超过1m。需注意在预埋地热管线的区域内严禁打眼固定。管卡固定应“一管一个”，安装需要牢固，转弯处需要增设管卡。

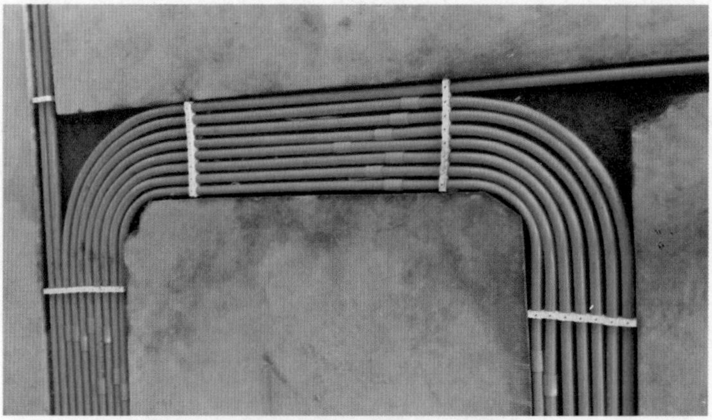

△转弯处增设管卡

扩展知识 吊顶、墙面机电管线与管卡安装

①PVC86 盒距管卡距离为 200mm，管卡与管卡的距离为 500mm，现场弯管时根据管径选择助弯弹簧弯曲，转弯半径不应小于管径的 6 倍。转弯处的管卡应≥ 200mm，管卡用 6mm 尼龙膨胀螺管固定，禁用木榫替代。

②PVC 接线盒与线管用胶水连接。从接线盒引出的导线应用金属软管保护至灯位，防止导线裸露在平顶内。

③PVC 接线盒盖板与金属软管需用尼龙接头连接，金属软管长度不得超过 1000 mm。

④线管敷设必须横平竖直，应尽可能减少弯曲次数。

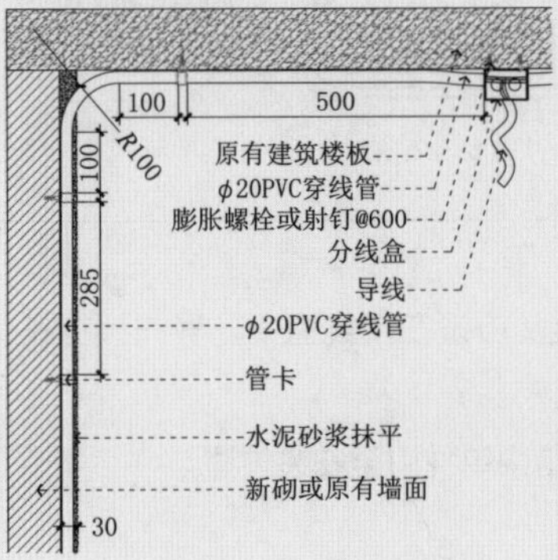

△ 管线与管卡安装示意图

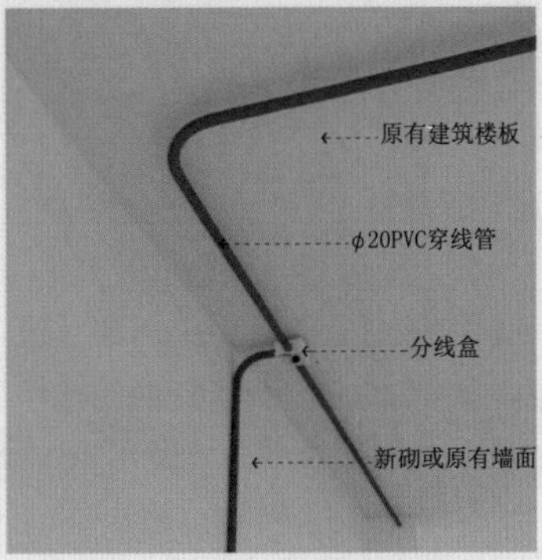

△ 管线与管卡安装三维示意图

步骤6 穿线

①正确选择电线颜色，三线制必须使用三种不同颜色的电线。一般情况下，红色为火线色标，蓝色为零线色标，黄色或黄绿双色线为接地线色标。

②根据家庭装修用电标准，照明用1.5mm^{2}电线；空调挂机插座用2.5mm^{2}电线；空调柜机用4mm^{2}电线；进户线为10mm^2。穿线管内事先穿入引线，然后将待装电线引入线管之中，利用引线将穿入管中的电线拉出，若管中的电线数量为2～5根，应一次穿入。将电线穿入相应的穿线管中时应注意，同一根穿线管内的电线数量不可超过8根。在通常情况下，Φ16mm的电线管不宜超过3根电线；Φ20mm的电线管不宜超过4根电线。

小贴士 穿线方法图解

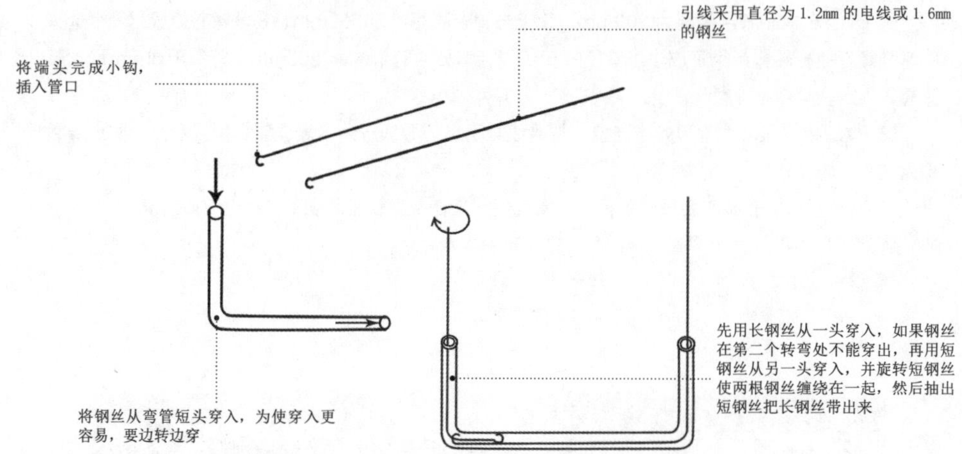

③穿线管内的线不能有接头，穿入管内的导线接头应设在接线盒中，导线预留长度不宜超过15cm。接头搭接要牢固，用绝缘胶带包缠，要均匀紧密。

④空调、浴霸、电热水器、冰箱的线路须从强电箱中单独引至安装位置。

扩展知识 分线盒管线安装

所有灯头线必须预留 50cm 并卷成弹簧状，确保后期灯具安装时有足够的电线长度，零相线必须使用压线帽，确保现场用电安全。顶面管线用管卡固定，管长与分线盒间距在 200mm 以内。

线路长度超过 15m，或转弯超过 3 处时应设置分线盒隐蔽线路，这样施工也是为了方便检修。

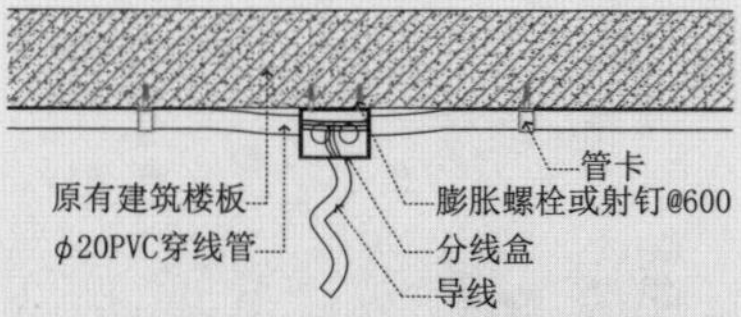

△ 分线盒管线剖面示意图

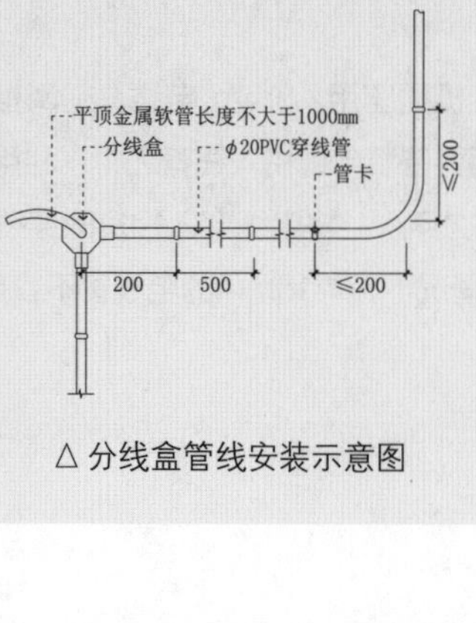

△ 分线盒管线安装示意图

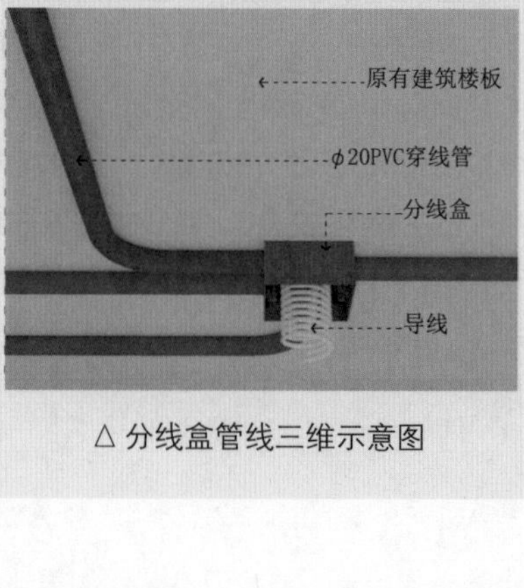

△ 分线盒管线三维示意图

步骤7 电路检测

①连接万用表。红色表笔接到红色接线柱或标有“+”极的插孔内；黑色表笔接到黑色接线柱或标有“-”极的插孔内。

②测试万用表。首先把量程选择开关旋转到相应的挡位与量程。然后红、黑表笔不接触断开，看指针是否位于“∞”刻度线上，如果不位于“∞”刻度线上，则需要调整。之后将两支表笔互相碰触短接，观察0刻度线，表针如果不在0刻度线，则需要机械调零。最后选择合适的量程挡位准备开始测量电路。

测试电路	
测试交流电压	将开关旋转到交流电压挡位，把万用表并联在被测电路中，若不知被测电压的大概数值，则需将开关旋转至交流电压最高量程上进行试探，然后根据情况调挡
测试直流电压	※ 进行机械调零，选择直流量程挡位。将万用表并联在被测电路中，注意正负极，测量时断开被测支路，将万用表红、黑表笔串接在被断开的两点之间 ※ 若不知被测电压的极性及数值，则需将开关旋转至直流电压最高量程上进行试探，然后根据情况调挡
测试直流电流	旋转开关选择好量程，根据电路的极性把万用表串联在被测电路中
测试电阻	把开关旋转到 Ω 挡位，将两根表笔短接进行调零，随后即可测试电阻

步骤8 封槽

检测成功后就可以进行封槽。封槽前先洒水润湿槽内，调配与原结构配比基本一致的水泥砂浆，从而确保其强度（不可采用腻子粉封槽）。将水泥砂浆均匀地填满水管凹槽，不可有空鼓。待封槽水泥快风干时，检查表面是否平整。若发现凹陷，应及时补封水泥。

五、电线管加工

电线管加工分为弯管加工和直线连接。弯管加工的工艺较为复杂，有冷煨法和热煨法两种不同的方式；直线连接工艺较为简单，主要依靠粘接工艺。

1.弯管加工

（1）冷煨法弯管

断管

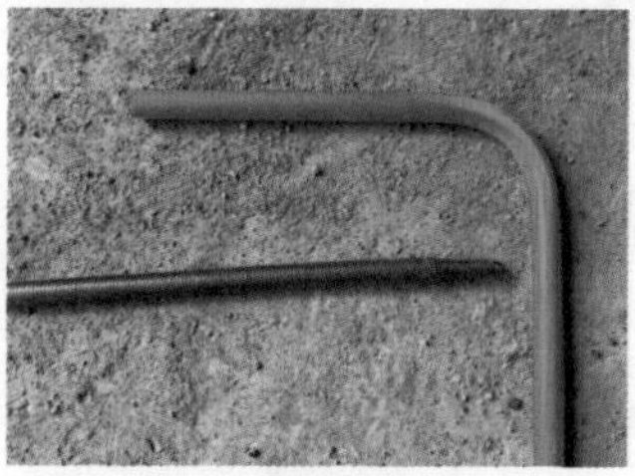
煨弯

步骤1 断管

冷煨法弯管通常适用于管径≤25mm的弯管加工。小管径可使用剪管器，大管径可使用钢锯断管。断管完成后，需要对断口做锉平、铣光等工艺处理。

步骤2 煨弯

将弯管弹簧插入穿线管内需要煨弯处，两手抓牢管子两头，将穿线管顶在膝盖上，用手扳，逐步煨出所需弯度，然后抽出弯管弹簧。

（2）热煨法弯管

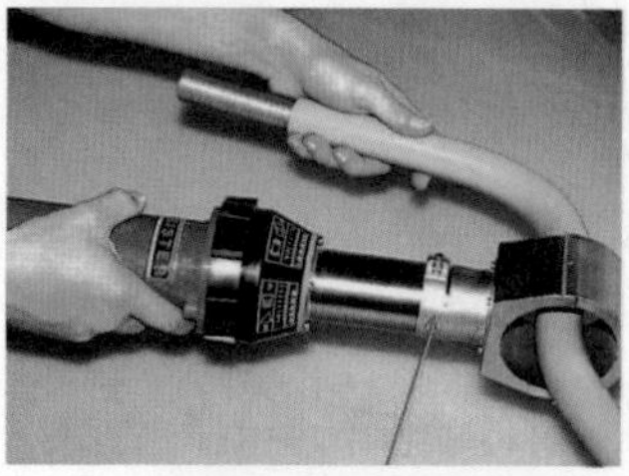
弯管部位加热

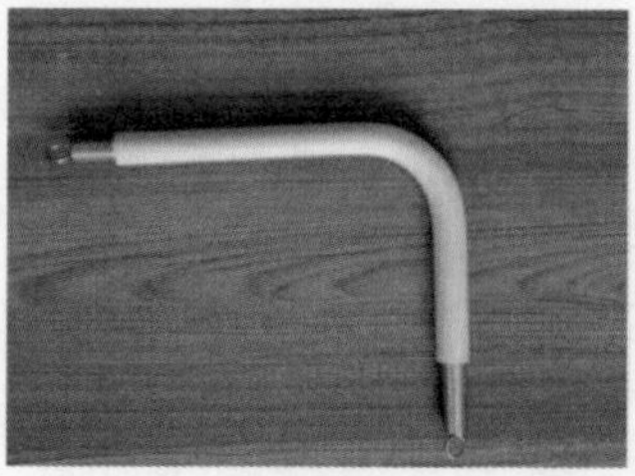
冷却定型

步骤1 弯管部位加热

首先将弯管弹簧插入管内，然后用电炉或热风机对需要弯曲的部位进行均匀加热，直到可以弯曲时为止。

步骤2 冷却定型

将管子的一端固定在平整的木板上，逐步煨出所需要的弯度，然后用湿布抹擦弯曲部位使其冷却定型。对规格较大的管路，没有配套的弯管弹簧时，可以把细砂灌入管内并振实，堵好两端管口。

2.直线连接

粘接穿线管

风干定型

步骤1 粘接穿线管

使用小刷子粘上配套的PVC胶黏剂均匀地涂抹在管子的外壁上。然后将管体直接插入接头，到达合适的位置。另一根管道做同样处理。

步骤2 风干定型

穿线管用胶黏剂连接后1min内不要移动，等待定型。牢固后才能移动。

六、电线加工

电线加工是水电施工项目中的重点之一，施工内容包括铜导线、网线、电话线的连接工艺和制作。铜导线又有单芯和多导线的区别，不同功能的线其加工方法各不相同。

1.单芯铜导线连接

（1）绞接法

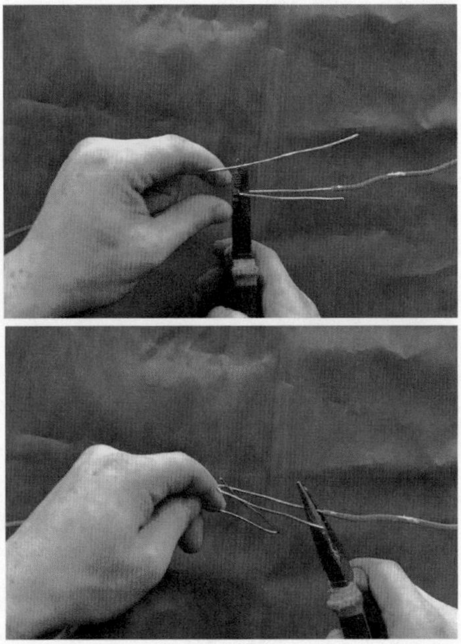

交叉

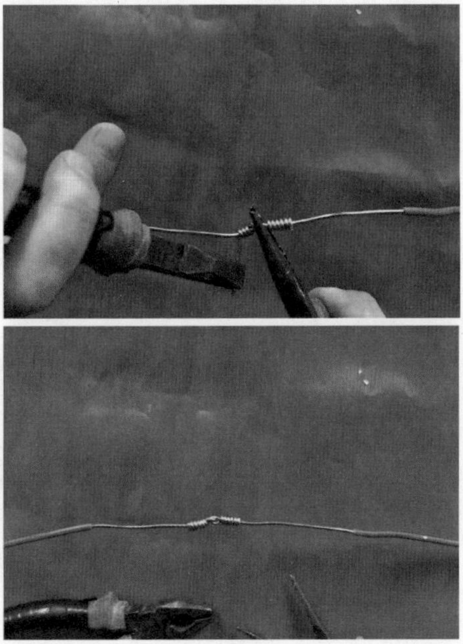

缠绕

步骤1 交叉

将两线互相交叉，用双手同时把两线芯互绞3圈。

步骤2 缠绕

将两个线芯分别在另一个芯线上缠绕5圈，剪掉余线，压紧导线。

（2）缠绕卷法连接

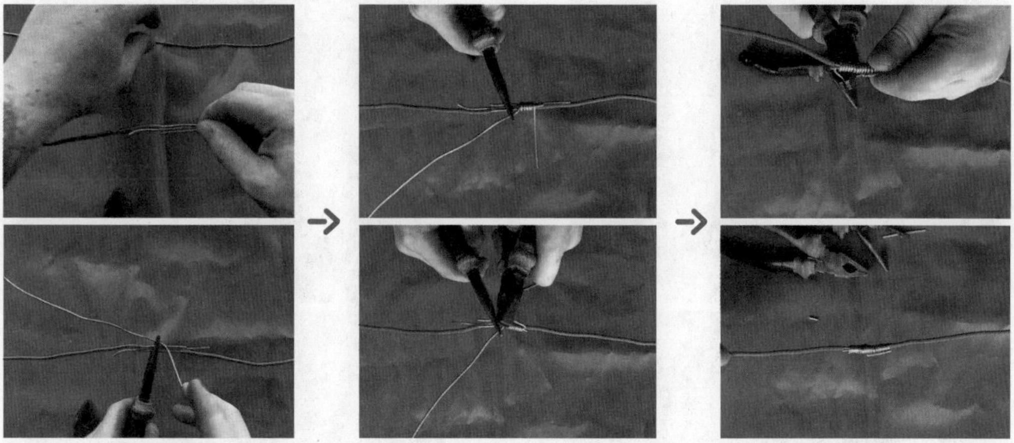

准备导线　　向右缠绕　　向左缠绕

步骤1 准备导线

先将要连接的两根导线接头对接，中间填入一根同直径的铜芯线，然后准备一根同直径的绑线，长度尽量长一些，准备缠绕。

步骤2 向右缠绕

将绑线围绕三根铜芯线缠绕。从中心的位置开始，分别向左、右两侧缠绕。先将绑线向右侧缠绕5~6圈，然后将多余的绑线线芯剪断。将中间填入的铜芯线向内侧折弯180°，并贴紧绑线。

步骤3 向左缠绕

采用上述同样的方法，将绑线向左侧缠绕5~6圈，将多余的绑线线芯剪断。将中间填入的铜芯线向内侧折弯180°，并贴紧绑线。这种单芯导线的连接方法可增加导线的接触面积，承载更大的电流。

（3）“T”字分支连接

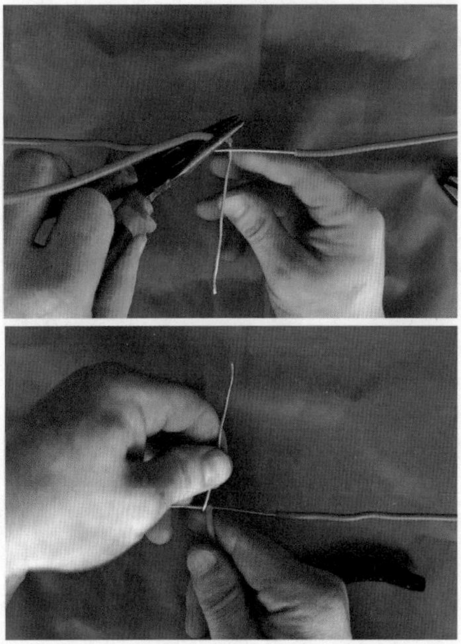

准备两根铜芯线，剥除绝缘皮

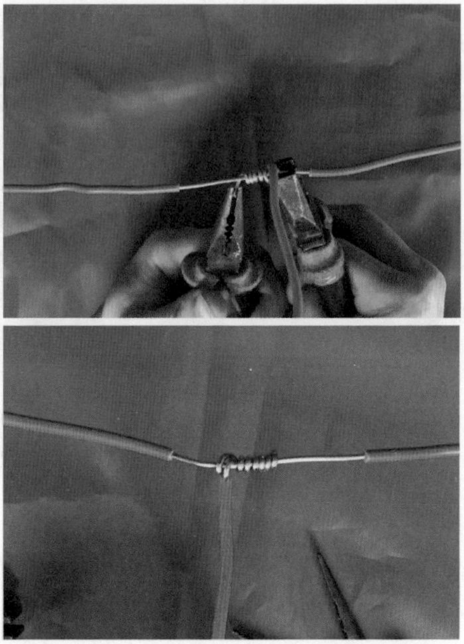

“T”字分支绕线

步骤1 准备两根铜芯线，剥除绝缘皮

准备两根铜芯线，一根从中间剥除绝缘皮，长度为4~5cm，露出的线芯需保护完好，不能断线，不能留有钳痕，防止断开。另一根从一端剥除绝缘皮，长度为3~4cm。将支路铜芯线围绕干路铜芯线缠绕。

步骤2 “T”字分支绕线

将支路铜芯线围绕干路铜芯线，先向左侧缠绕一圈，接着将铜芯线向右侧折弯，然后将铜芯线向右侧缠绕5~6圈，剪去多余的线芯。“T”字分支连接的重点是，先向一侧缠绕1圈，然后再向另一侧缠绕5~6圈。这种连接方式可使两股导线的连接更加紧实，不容易发生中心铜芯线向两侧移动的情况。

（4）十字分支连接

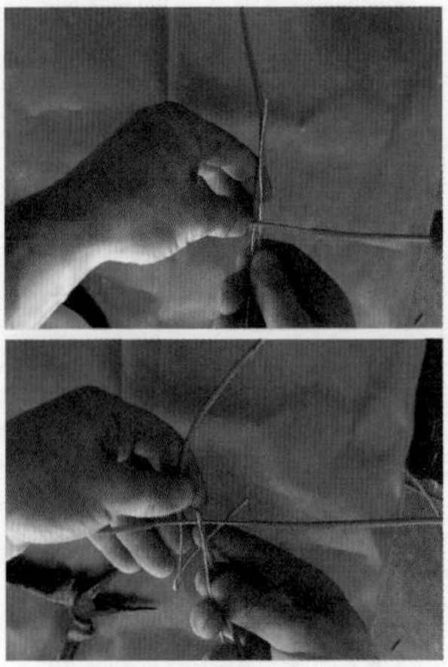

准备三根铜芯线，剥除绝缘皮

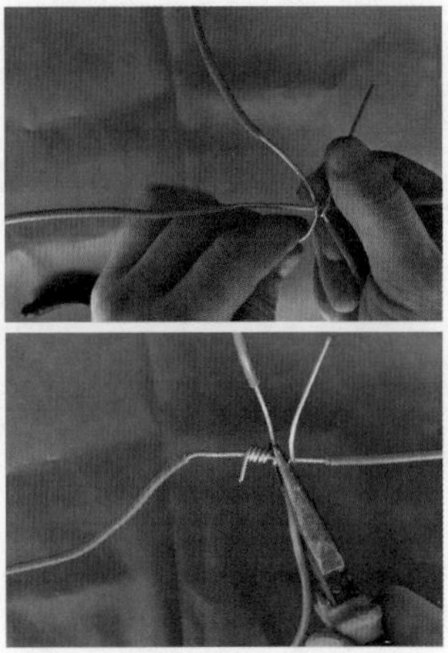

向左侧缠绕 5~6 圈

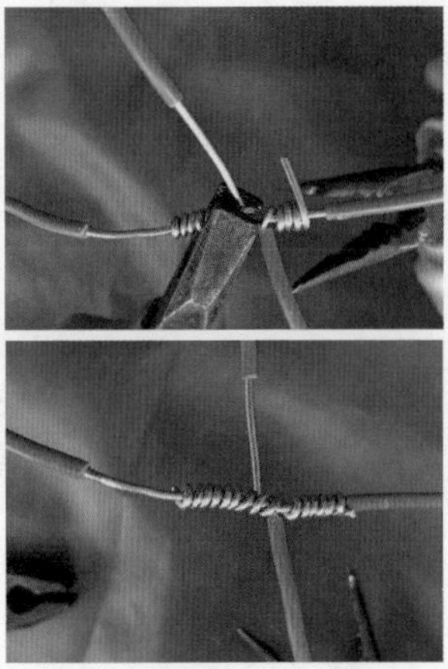

再向右侧缠绕 5~6 圈

步骤1 准备三根铜芯线，剥除绝缘皮

准备三根铜芯线，一根从中间剥除绝缘皮，长度为5~6cm。另两根分别从一端剥除绝缘皮，长度为3~4cm。三根铜芯线成十字摆放在一起。先将两根支路铜芯线折弯180°，然后与干路铜芯线交叉连接在一起。

步骤2 向左侧缠绕 5~6 圈

交叉好之后，准备将下侧的支路铜芯线向左侧弯曲缠绕，将上侧的支路铜芯线向右侧弯曲缠绕。将铜芯线向左侧缠绕5~6圈后，剪掉多余的线芯，并用电工钳拧紧，起到加固效果。

步骤3 再向右侧缠绕 5~6 圈

将铜芯线向右侧以同样的方法缠绕5~6圈，剪掉多余的线芯。在缠绕过程中，用钳子固定住左侧的线圈，防止缠绕过程中线圈移位。

(5）制作单芯铜导线的接线圈

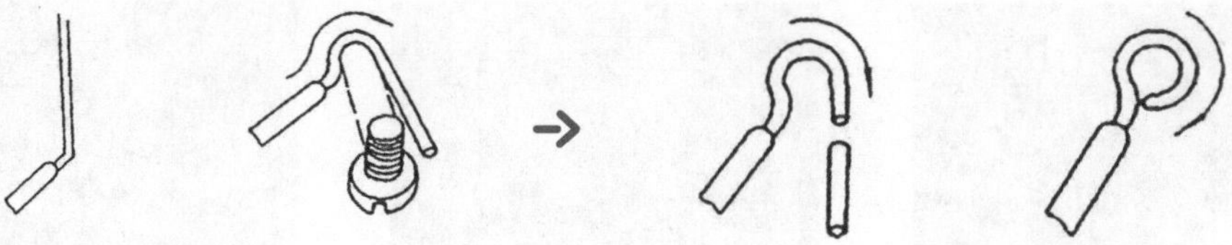

折角　　　　修角

采用平压式接线桩方法时，需要用螺钉加垫圈将线头压紧完成连接。家装用的单芯铜导线相对而言载流量小，有的需要将线头做成接线圈。

步骤1 折角

将绝缘层剥除，从距离绝缘层根部3mm处向外侧折角。

步骤2 修角

按照略大于螺钉直径的长度弯曲圆弧，再将多余的线芯剪掉，修正圆弧即可。

(6）制作单芯铜导线盒内封端

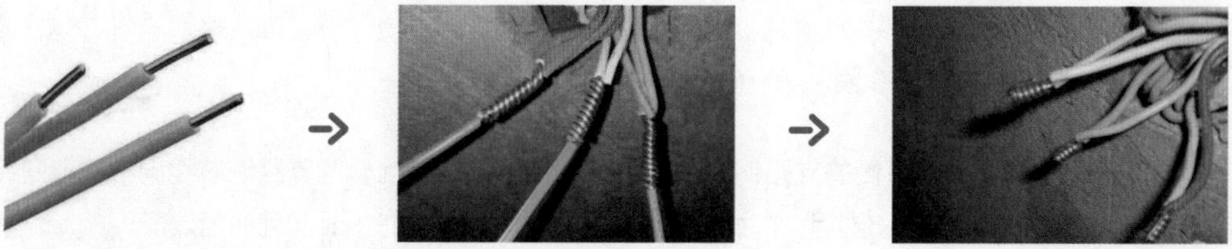

剥绝缘层　　　　连接导线　　　　折回压紧

步骤1 剥绝缘层

剥除需要连接的导线绝缘层。

步骤2 连接导线

将连接段并合，在距离绝缘层大于15mm的地方绞缠2圈。

步骤3 折回压紧

剩余的长度根据实际需要剪掉一些，然后把剩下的线折回压紧即可。

2.多股铜导线连接

（1）缠绕卷法连接

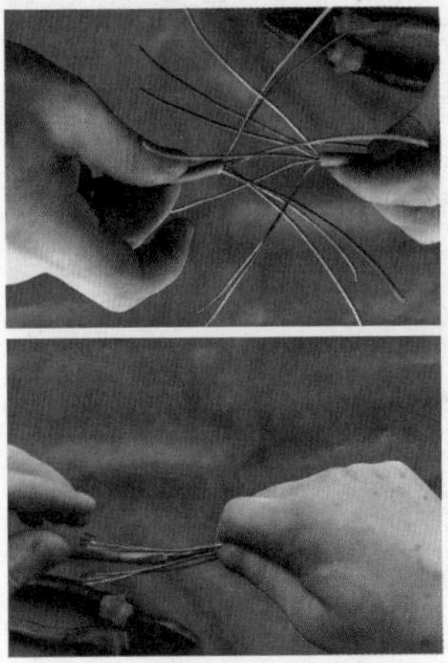

导线展现伞状，然后互相插嵌到一起

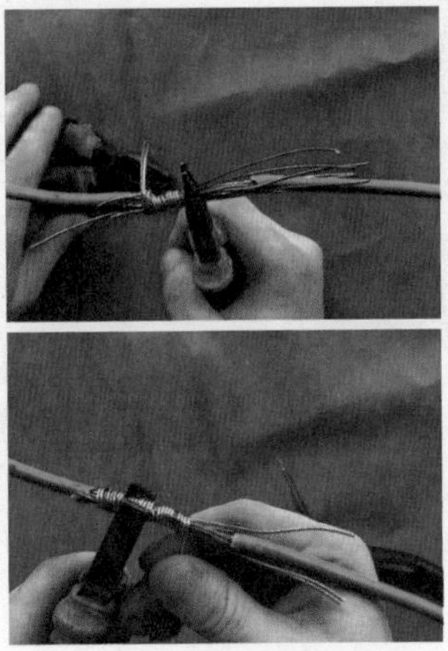

向左侧缠绕 5~6 圈

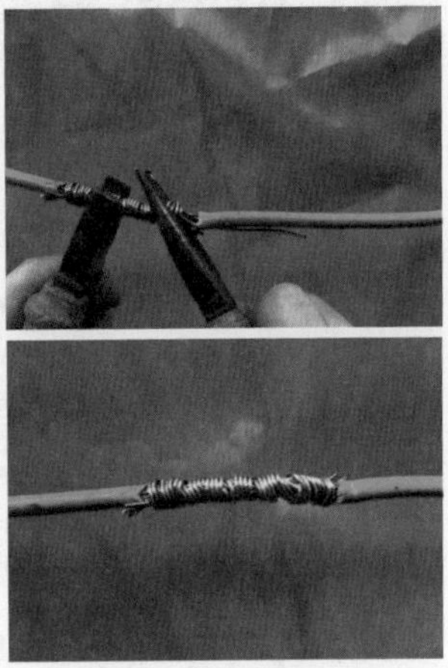

再向右侧缠绕 5~6 圈

步骤1 导线展现伞状，然后互相插嵌到一起

将多股导线顺次解开成30°伞状，将各自张开的线芯相互插嵌，插到每股线的中心完全接触。然后将张开的各线芯合拢、捋直。

步骤2 每两股缠绕 2~3 圈，直至所有铜芯线缠完

取任意两股向左侧同时缠绕2~3圈后，另换两股缠绕，把原有两股压在里面或把余线割掉，再缠绕2~3圈后采用同样的方法，调换两股缠绕。先用钳子将左侧缠绕好的线芯夹住，然后采用同样的方法缠绕右侧线芯，每两股一组。

步骤3 用钳子铰紧，增加稳固度

所有线芯缠绕好之后，使用电工钳铰紧线芯。铰紧时，电工钳要顺着线芯缠绕方向用力。

（2）“T”字分卷法连接

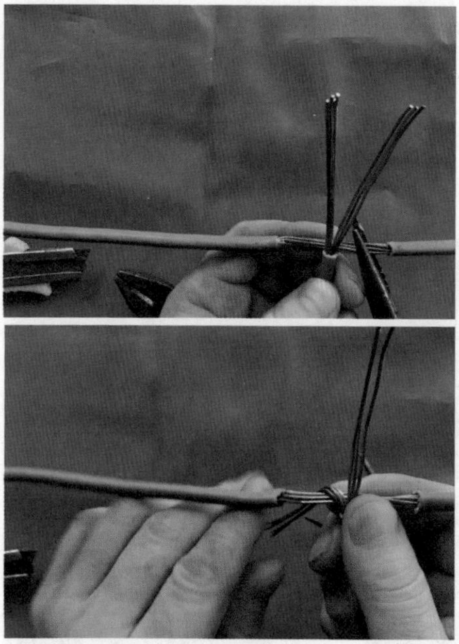

支路导线分成两股，捋直后开始缠绕

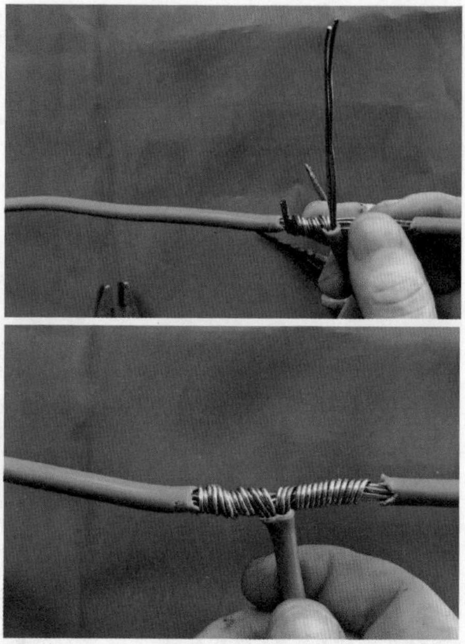

“T ”字分卷法缠绕

步骤1 支路导线分成两股，捋直后开始缠绕

将支路线芯分成左右两部分，擦干净之后捋直，各折弯90°，依附在干路线芯上。将左侧的几股线芯同时围绕干路线芯缠绕。

步骤2 “T ”字分卷法缠绕

先将几股线芯同时向左侧缠绕4~6圈，然后用电工钳剪去多余的线芯。采用同样方法将右侧几股线芯缠绕4~6圈，并剪去多余的线芯。连接完成后，先转动线芯查看连接的紧实度，然后用电工钳即时调整。

（3）“T”字缠绕卷法连接

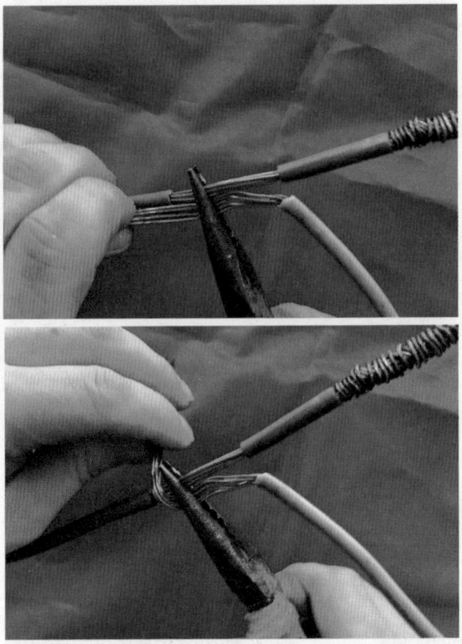

支路线芯贴近干路线芯，并围绕其缠绕

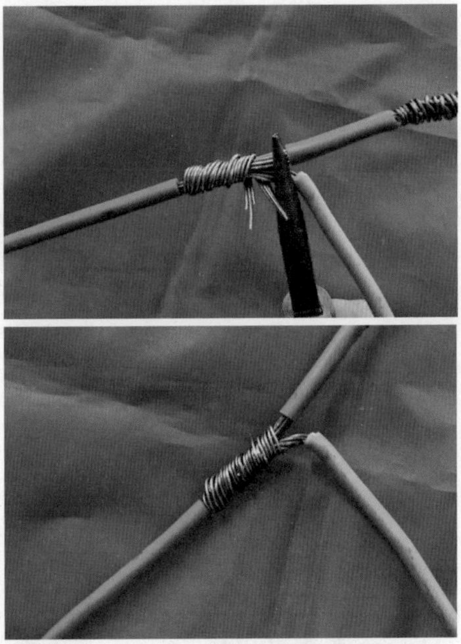

支路线芯缠绕 4~6 圈，用电工钳铰紧

步骤1 支路线芯贴近干路线芯，并围绕其缠绕

将支路线芯捋直，并折弯90°，与干路线芯贴紧摆放。从支路线芯的一端开始围绕干路线芯缠绕。注意，缠绕要从支路线芯的中间位置开始，而不是支路线芯的根部。

步骤2 支路线芯缠绕 4~6 圈，用电工钳铰紧

先将支路线芯一直缠绕导线根部，大约4~6圈，然后剪去多余的线芯。支路线芯缠绕好之后，使用电工钳铰紧线芯，增加紧实度。线芯缠绕好之后，调整支路导线，使其与干路导线呈90°直角。

（4）单、多股导线连接

先将多股导线的线芯拧成一股，再将它紧密地缠绕在单股导线的线芯上，缠绕5～8圈，最后将单股导线的线头部分向后折回即可。

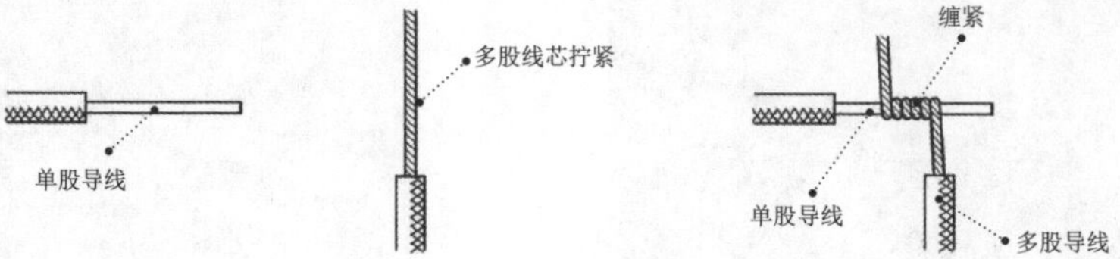

△ 单股与多股导线连接示意图

（5）多股导线出线端子制作

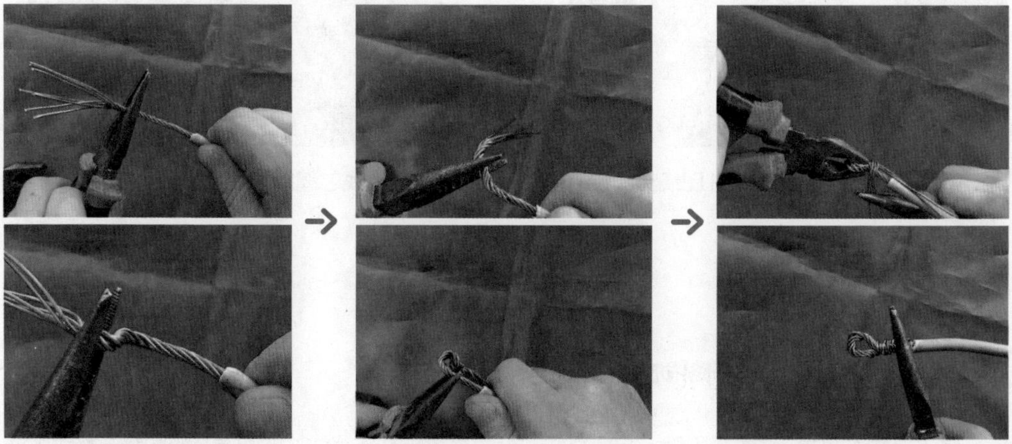

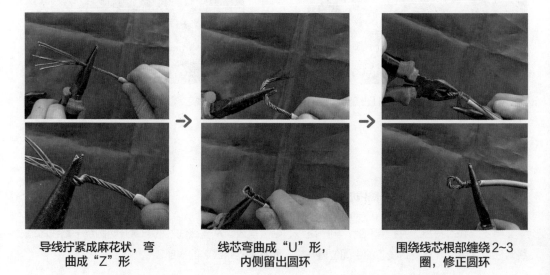

导线拧紧成麻花状，弯曲成“Z”形　　**线芯弯曲成“U”形，内侧留出圆环**　　**围绕线芯根部缠绕 2~3 圈，修正圆环**

步骤1　导线拧紧成麻花状，弯曲成“Z”形

将多股导线拧成麻花形状，并保持线芯的平直。选取线芯的两个支点，各弯曲90°，形状类似于“Z”形。

步骤2　线芯弯曲成“U”形，内侧留出圆环

以内侧支点为中心，将线芯向内弯曲成“U”形。将线芯的根部并拢在一起，并留出一个大小适当的圆环。

步骤3 围绕线芯根部缠绕 2~3 圈，修正圆环

用钳子夹住圆环，用电工钳将根部线芯分成两股，分别围绕干路线芯缠绕2~3圈，剪去多余的线芯。修正圆环的形状，直到没有明显的棱角。

七、电地暖施工

电地暖施工是比较常见的一种地暖形式，通过布置发热电缆达到升温的效果，而铺设的多层结构可以维持恒温，从而达到保持空间温度的效果。

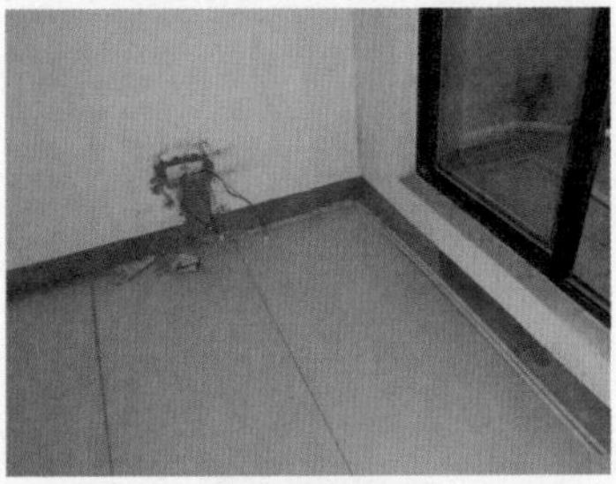

铺设保温板

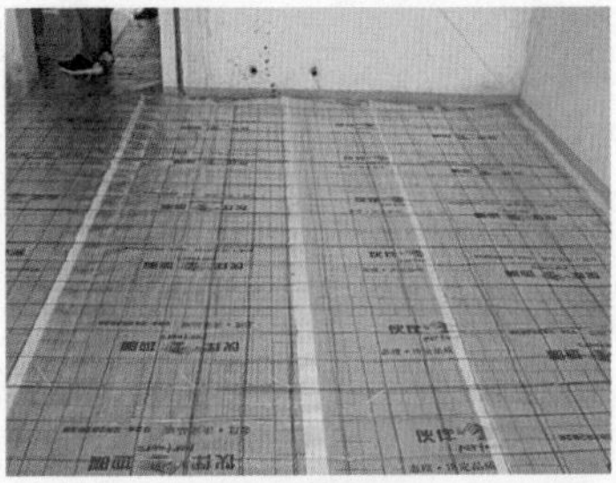

铺设反射膜

铺设硅晶网

铺设发热电缆

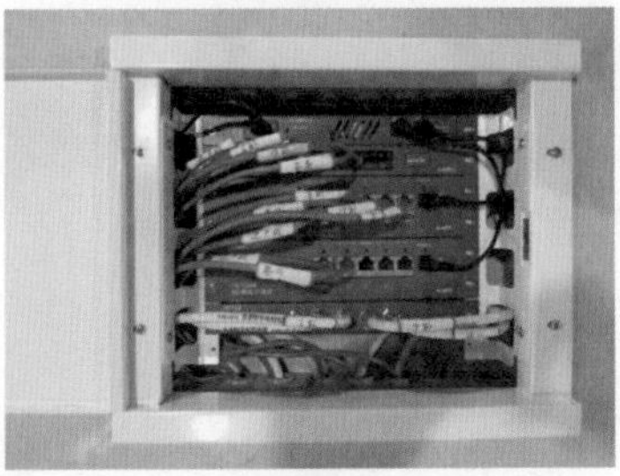

调试

步骤1 铺设保温板

在铺设保温板之前先清扫一下地面，然后铺设地暖保温板，防止热量向下传递。与水地暖中铺设保温板的步骤相同。

步骤2 铺设反射膜

保温板铺好后铺设地暖反射膜，反射膜的作用是将热量向上反射。

步骤3 铺设硅晶网

铺设硅晶网，头处应用绑扎带(或塑料卡钉)捆扎牢固，钢丝网之间应搭接并绑扎固定。其作用是防止发热电缆发热后陷入到保温层里面去，另外也能加强水泥层的牢固度。

步骤4 铺设发热电缆

发热电缆不能随意裁剪或拼接，必须整卷铺完，所以铺设之前一定要算好间距。间距计算方法是：铺设的面积/发热电缆的长度。这里的铺设面积是指发热电缆实际要铺的地方的面积。比如一个房间量出来是15m^2，但是衣柜下面不铺，那就要扣除衣柜的面积。假定衣柜面积是1m^2，那么实际铺设面积就是14m^2。然后再去除以电缆的长度。

小贴士　注意事项

发热电缆不能铺设在衣柜、书柜等与地面没有悬空的家具下面，否则热量散不出来会烧坏电缆。

步骤5 调试

等装修进入最后阶段，通电以后去装温控器及调试。

扩展知识 不同地板下的电暖

不同饰面材料会影响电暖的导热效果。

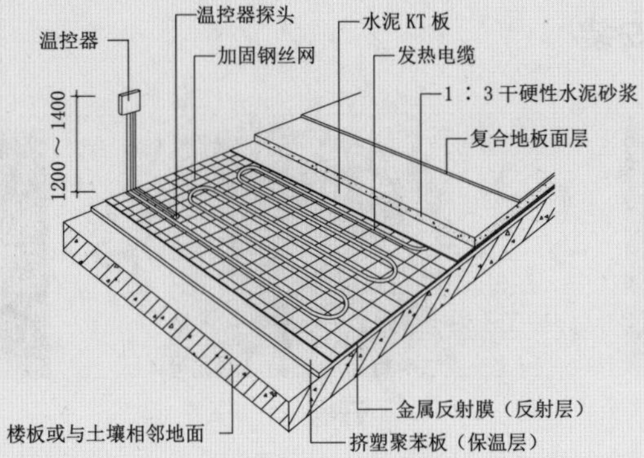

△ 复合地板下铺设电暖

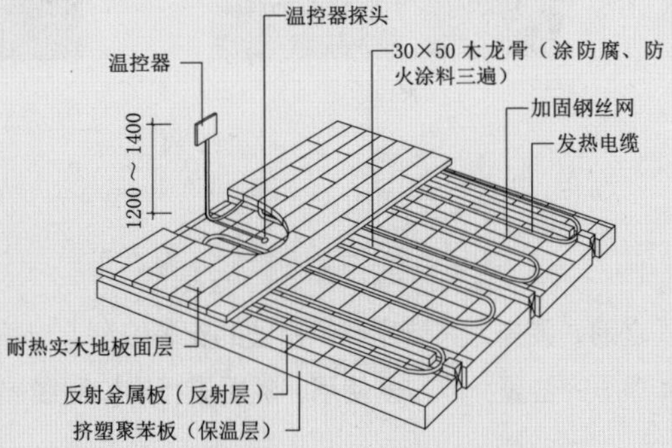

△ 实木地板下铺设电暖

八、强、弱电箱的安装

强、弱电箱的安装跟电路施工相关，其安装关系到电路是否可以正常运行。在安装过程中要注意安全用电。

1.强、弱电箱的安装

定位画线

开槽

预埋箱体

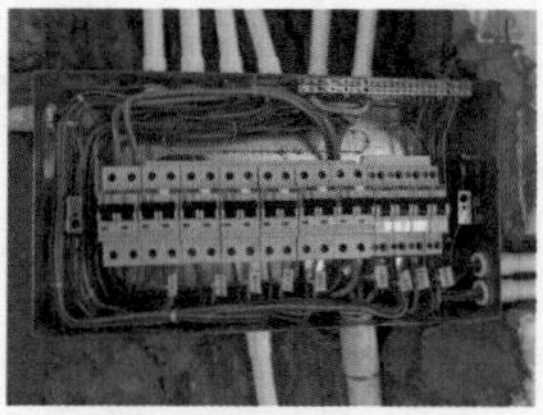

接线

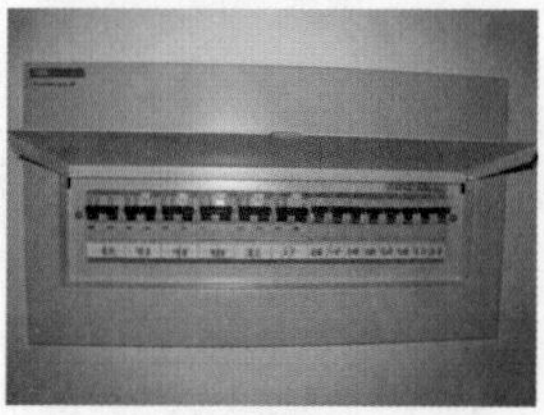

检测

步骤1 定位画线

在为强、弱电箱定位画线之前，要先为其选定一个合理的安装位置。一般选择在干燥、通风、方便使用处安装，尽量不选择潮湿的位置，以方便使用，然后进行定位画线操作。

步骤2 开槽

开槽剔洞口的位置不可选择在承重墙上。若剔洞时，墙内部有钢筋，则需要重新选择开槽的位置。

步骤3 预埋箱体

将强、弱电箱箱体放入预埋的洞口中。

步骤4 接线

将线路引进电箱内，安装断路器并接线。

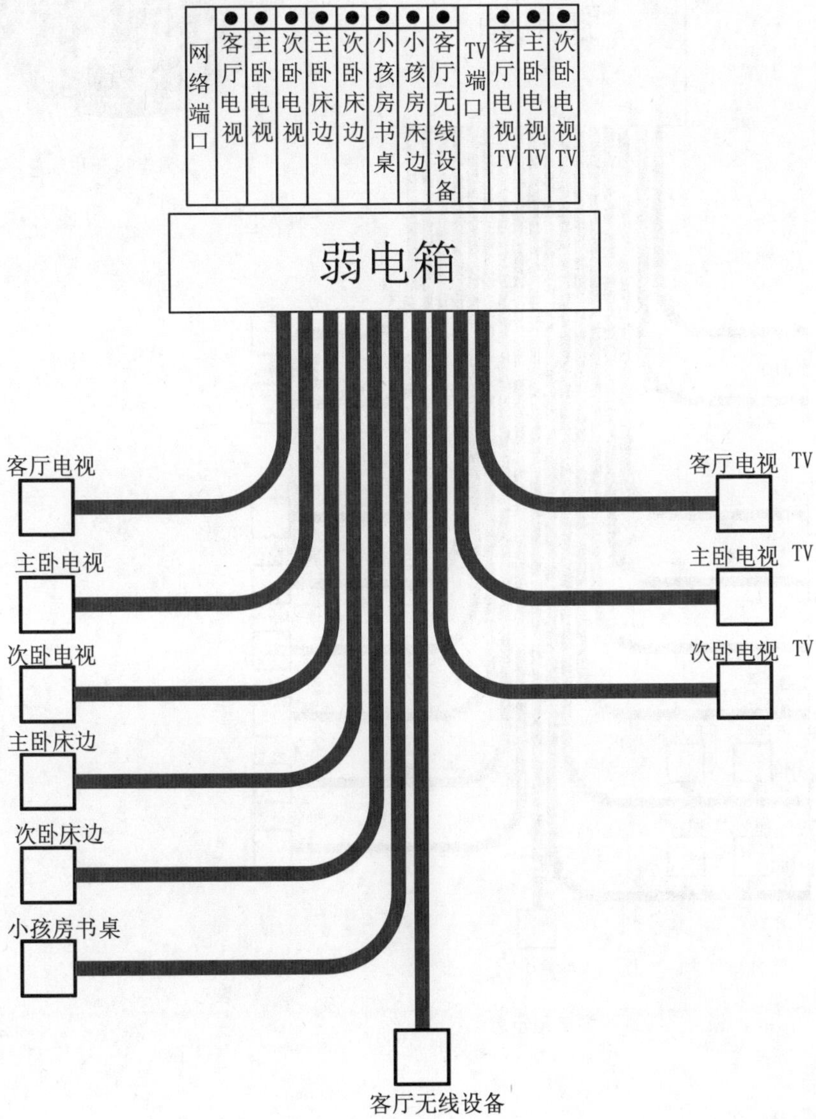

△ 弱电箱示意图

△ 强电箱开孔示意

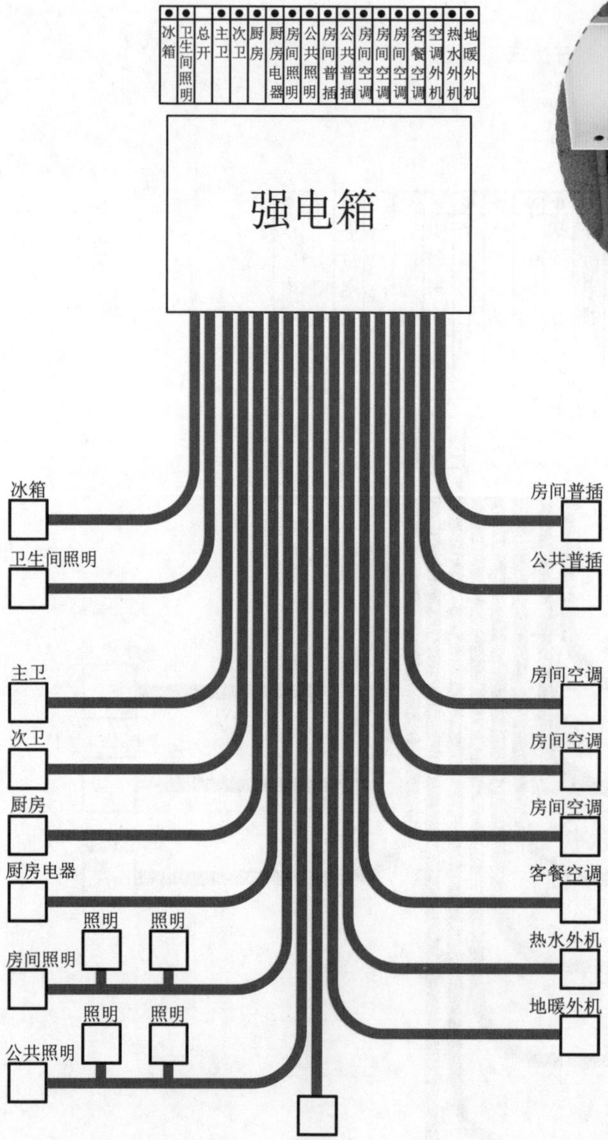

△ 强电箱示意图

步骤5 检测

检测电路，安装面板，并标明每个回路的名称。

九、开关插座安装

开关、插座包含了很多不同类型，其安装会根据不同的作用而不同。在后期出现问题时也可通过插座等位置来测试电路出现问题的原因。

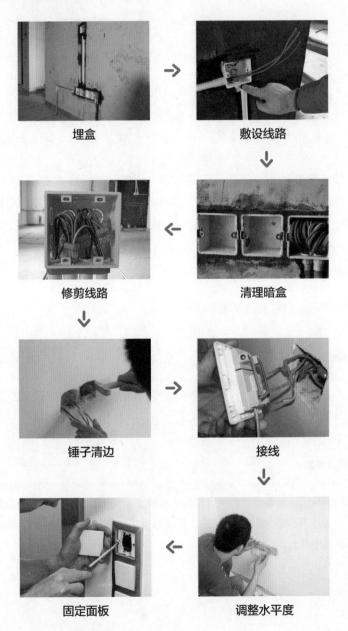

1.常见开关、插座安装

埋盒

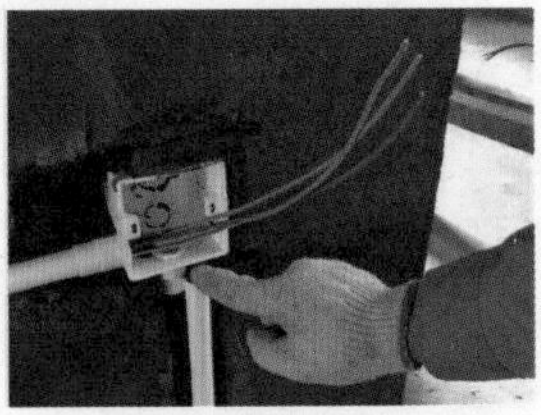

敷设线路

清理暗盒

修剪线路

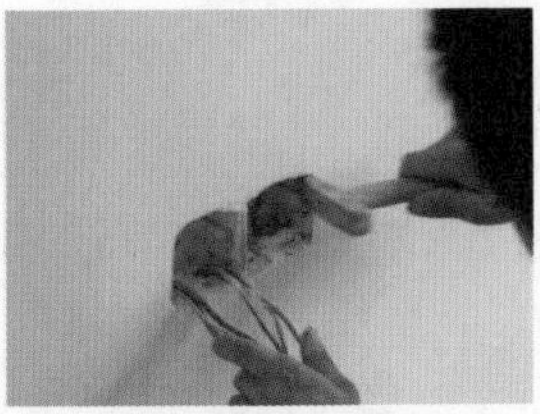

锤子清边

接线

调整水平度

固定面板

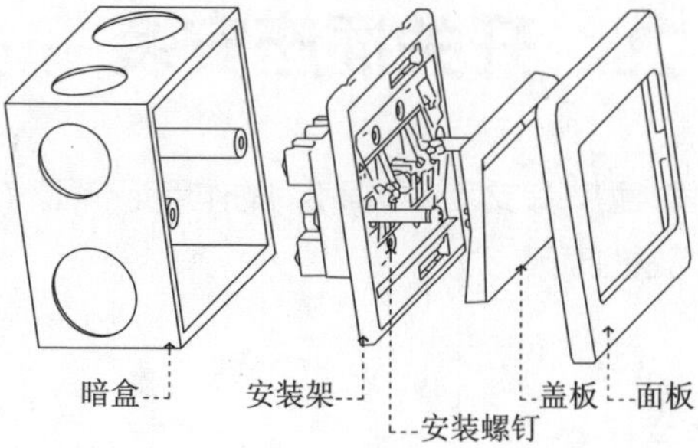

△开关示意图

步骤1 埋盒

①在建筑工程或各类装修施工中，接线暗盒是必需的电工辅助工具。暗盒主要用于各类开关及插座以及其他电器用接线面板的安装。为保持建筑墙面的整洁美观，暗盒一般都需要进行预埋安装。

②按照画线位置将暗盒预埋到位，初步完成后，用水平尺检验其是否平直，若不平直，则继续调整。当暗盒与另一个暗盒相邻时，它们中间需预留一定的间距，这个间距通常是指相邻两暗盒的螺孔间距，以27mm为宜。

步骤2 敷设线路

将管线按照布管与走线的正确方式敷设到位。

步骤3 清理暗盒

将盒内残存的灰块剔掉，同时将其他杂物一并清出盒外，再用湿布将盒内灰尘擦净。如导线上有污物也应一起清理干净。

步骤4 修剪线路

修剪暗盒内的导线，准备安装开关、插座。先将盒内甩出的导线留出15~20cm的维修长度，削去绝缘层，注意不要碰伤线芯。如开关、插座内为接线柱，则需将导线按顺时针方向盘绕在开关、插座对应的接线柱上，然后旋紧压头。

步骤5 锤子清边

准备安装开关前，需要用锤子清理边框。

步骤6 接线

将火线、零线等按照相关标准连接在开关上。

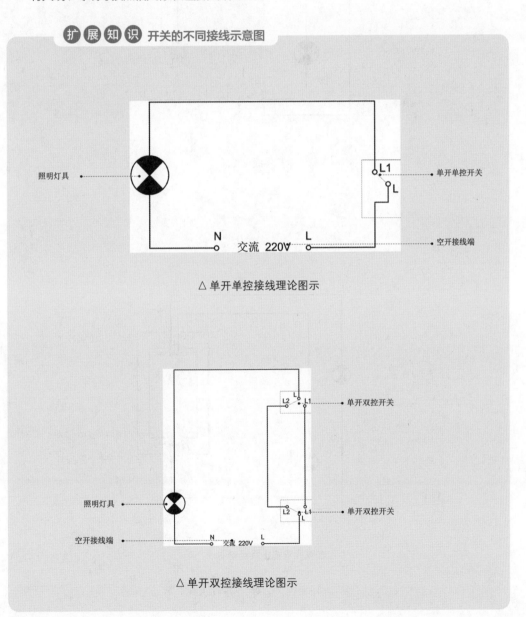

扩展知识 开关的不同接线示意图

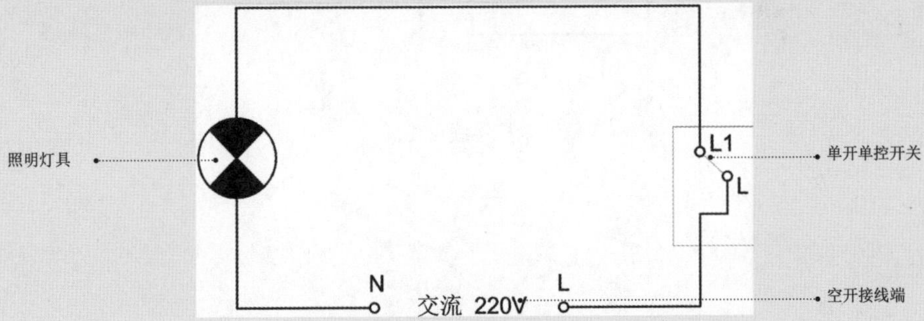

△ 单开单控接线理论图示

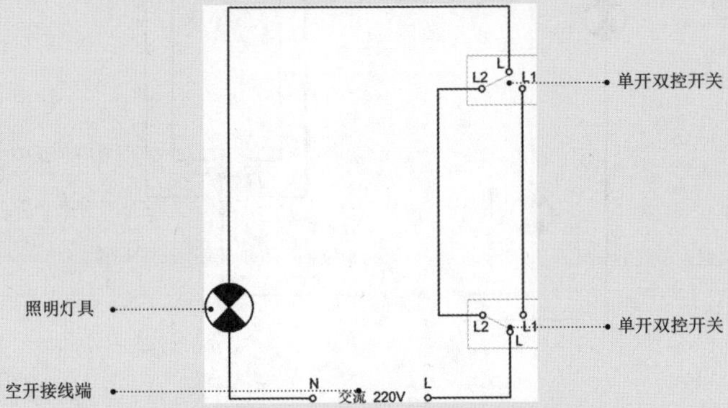

△ 单开双控接线理论图示

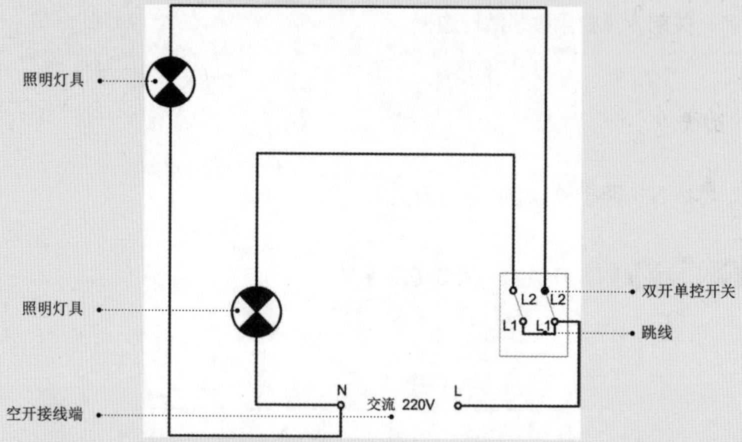

△ 双开单控接线理论图示

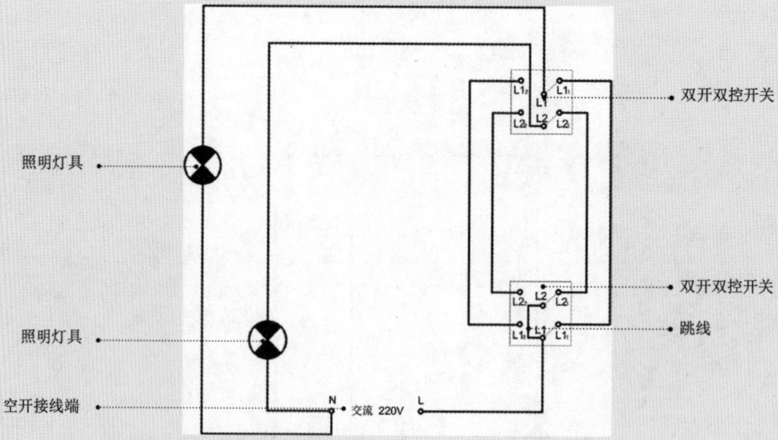

△ 双开双控接线理论图示

\小\贴\士\ 插座面板线路结构

插座面板的接线要求为“左零右火”，L 接火线，N 接零线。

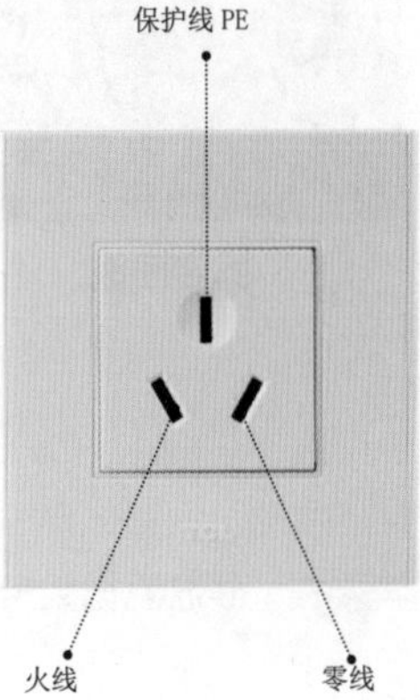

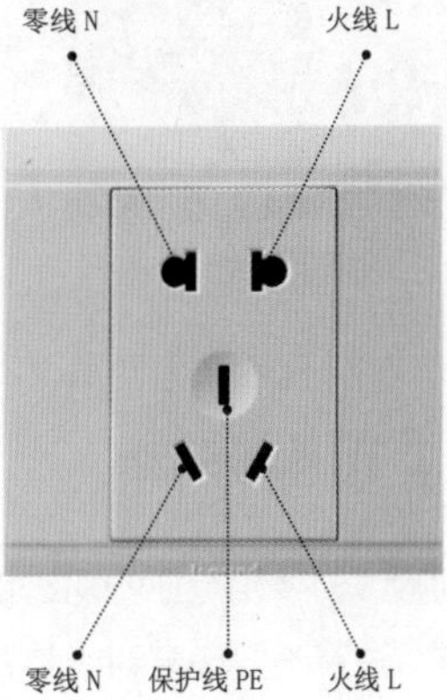

步骤7 调整水平度

用水平尺找平，及时调整开关、插座的水平度。

步骤8 固定面板

用螺丝钉固定后，盖上装饰面板。

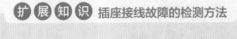

扩展知识 插座接线故障的检测方法

插座安装后无法使用时，可通过插座检测仪检测其接线是否正确。通过观察验电器上 N、PE、L 三盏灯的亮灯情况，判断插座接线故障。

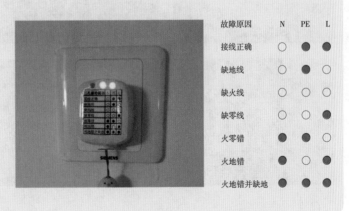

故障原因	N	PE	L
接线正确	○	●	●
缺地线	○	●	○
缺火线	○	○	○
缺零线	○	○	●
火零错	●	●	○
火地错	●	○	●
火地错并缺地	●	●	●

2.网线插座安装

处理网线

网线插座连接

固定面板

步骤1 处理网线

剥网线时要用专业的网线钳，将距离端头20mm处的网线外层塑料套剥去，线芯露出太短时不好操作。注意不要伤害到线芯，然后将网线散开。

步骤2 网线插座连接

连接时要将网线按照色标顺序卡入线槽，插线时每孔进2根线。色标下方有4个小方孔，分为A、B色标，之后打开色标盖，将网线按色标分好，注意将网线拉直。反复拉扯网线后，确保接触良好，合拢色标盖时，用力卡紧色标盖。

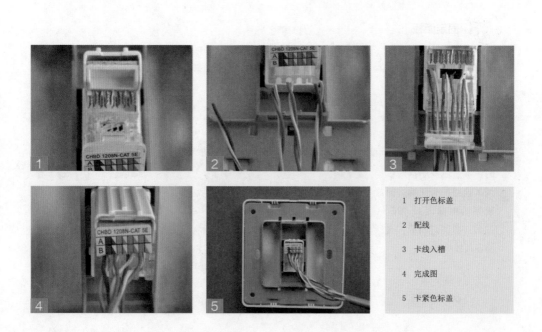

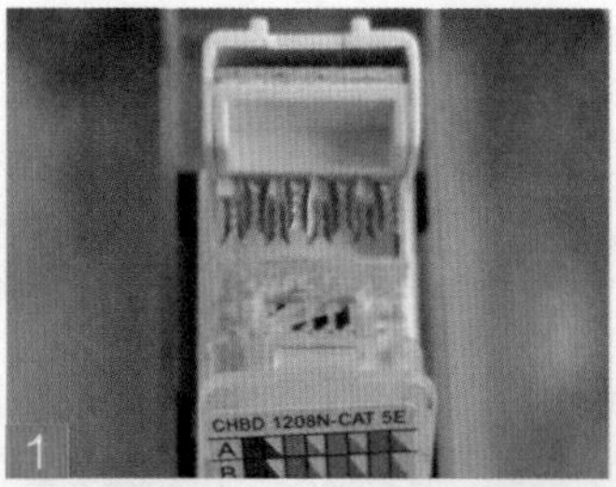

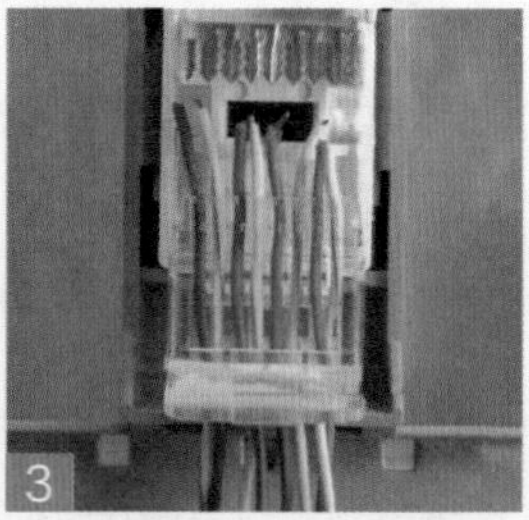

1 打开色标盖

2 配线

3 卡线入槽

4 完成图

5 卡紧色标盖

扩展知识 网线水晶头接法及配线

网线水晶头有两种接法，一种是直连互连法，一种是交叉互连法，两种接法的配线方式是不同的。平行线连法是相同设备之间的连接方式，交叉互连法是不同设备之间的连接方式。但目前随着科技的发展，有的设备可以自行识别连接方式，因而也可直接选用直连互连法。

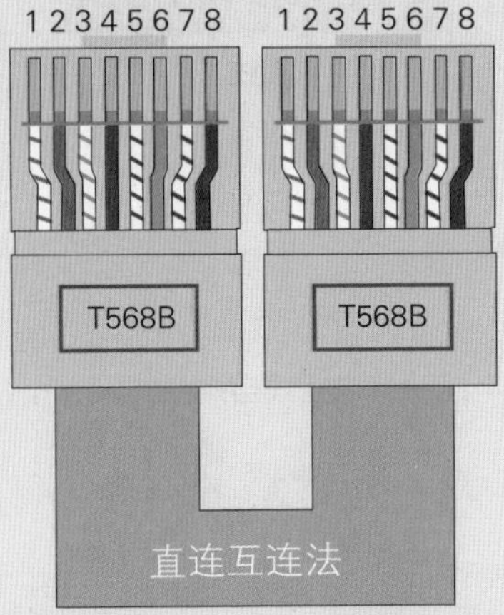

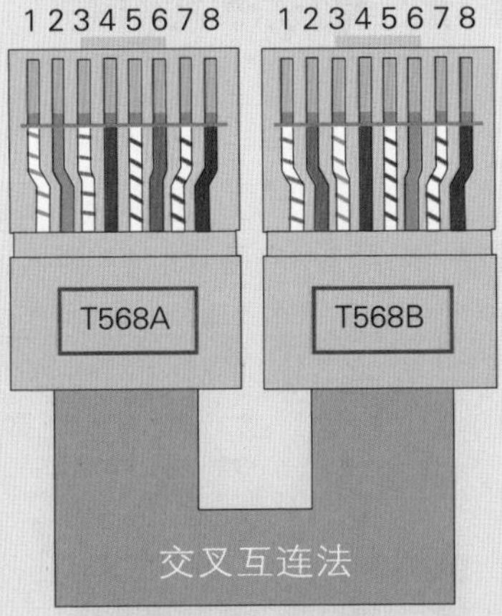

步骤3 固定面板

保证面板横平竖直，与墙面固定严密。

3.电话插座安装

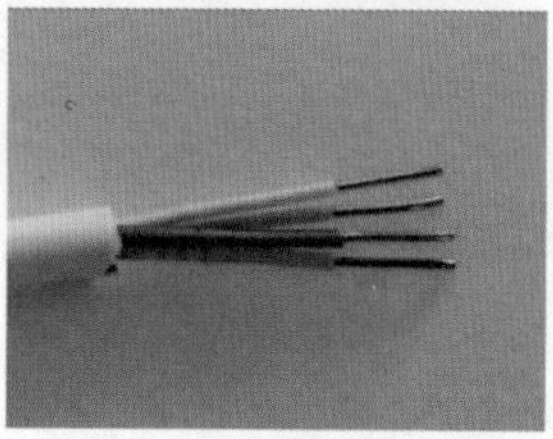
处理电缆

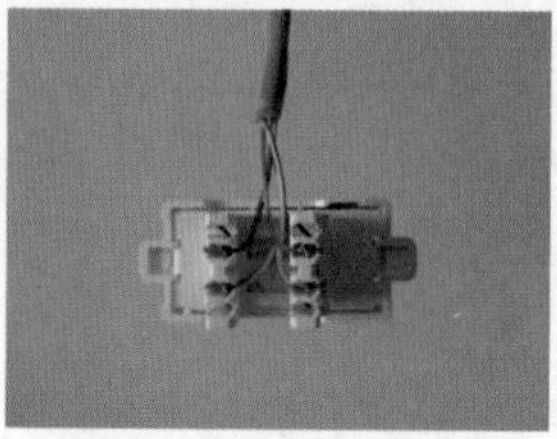
接线

固定面板

步骤1 处理电缆

以四芯线的电缆为例，处理电缆时将电话线自端头约20mm处去掉绝缘皮，注意不能损伤到线芯。

步骤2 接线

连接电话插座，将四根线芯按照盒上的接线示意连接到端子上，有卡槽的放入卡槽中固定好。

步骤3 固定面板

电话插座通常挨着普通插座设置，需要注意的是彼此顶部要平行，中间不能留有缝隙。

4.电视插座安装

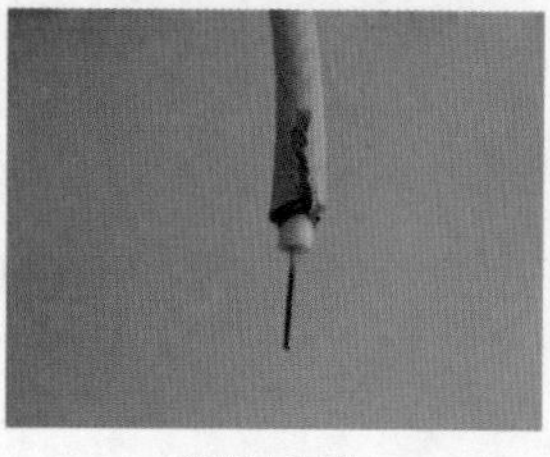
处理电缆

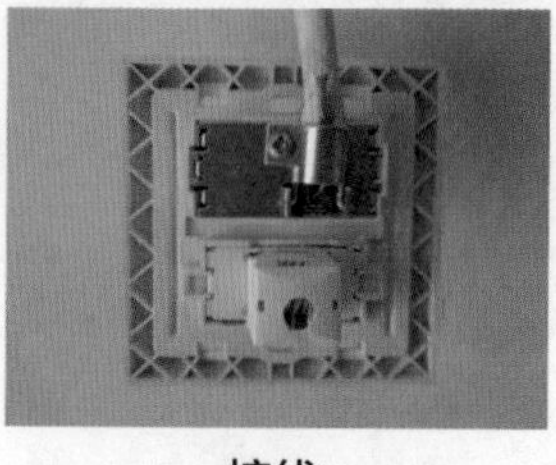
接线

固定面板

步骤1 处理电缆

剥开电缆端头的绝缘层，露出线芯约20mm，金属网屏蔽线露出约30mm。

步骤2 接线

连接插座面板，横向从金属压片穿过，芯线接中心，屏蔽网由压片压紧，拧紧螺钉。

步骤3 固定面板

螺丝拧紧的过程中，找好水平，然后盖上保护盖。

十、智能家居系统施工

智能家居系统逐渐普及，智能化系统的需求也逐渐增加。在具体的智能家居施工中，需要先设置系统主机，然后通过预埋在墙面内的网络线，将不同的要求传达到各个终端，实现家居的智能化使用。

1.智能家居系统主机

（1）智能家居主机的介绍

智能家居系统主机可通过计算机和手机远程监控家里的情况，若出现防火、失盗等，智能主机会第一时间通过短信告知家里情况，从而快速报警。智能家居主机采用国际标准的Z-Wave协议，全部采用无线传输方式，安装方便快捷。

△ 无线智能家居主机

智能家居主机的性能指标			
功能	指标	功能	指标
视频解码度	4 路 CIF，352×288	网络接口	100M 以太网
视频压缩格式	MPEG4	显示接口	VGA 与 VA 双显示
视频制式	PAL 制式	电话接口	PSTN 电话接口
最大帧率	4×25 帧全实时	16 路有线报警输入信号	无源开关量，常闭型，断开为报警
视频宽带	64K–2Mbit/s 可调	6 路有线输出信号	500mA 的 TTL 电平信号，可接继电器等
无线视频使用频率	2.4GHz	1 路有线警笛输出信号	2A/12V 开关信号，可直接接警笛等

（2）智能家居主机的安装

安装硬件前面板，主要包括键盘和指示灯。键盘各键的功能是根据菜单的变化而变化的

➡

安装硬件后面板，包括各种接线端口，主要有 VGA 接口、视频接口、网络接口以及电话接口等

⬇

安装摄像机，连接视频线到视频输入接口，最多可接 4 路图像，其中，第一、第二路有无线和有线两种接入方式，可任意选择一种

⬅

安装并连接有线接入的各种探头

⬇

连接视频输出到电视机或监视器上

➡

安装无线接入的各种探头。如是单独购买的无线探头，需要先录入到主机里，被主机识别认可后方可使用

⬇

安装智能家居无线控制开关。如是单独购买的开关设备，需要先录入到主机里，被主机识别认可后方可使用

2.智能开关

（1）智能开关的种类

①智能照明开关

智能照明开关可实现灯控与调光两种功能，配合智能家居主控设备实现了普通电器的无线遥控控制和智能化控制，能极大地改善人们的日常生活，为人们的生活带来极大的便利。

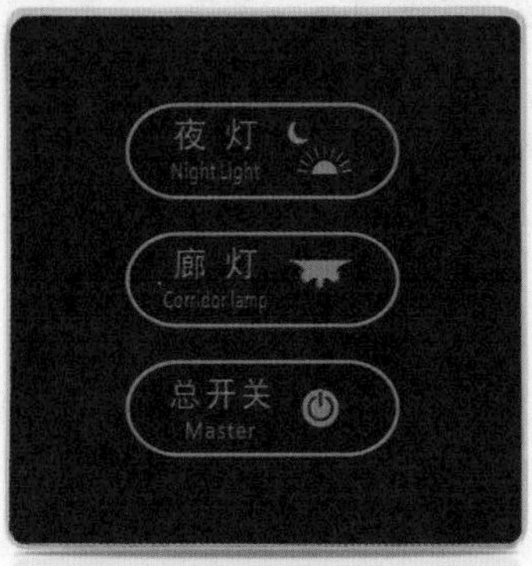

△ 智能照明开关

②智能空调开关

无线智能空调开关配合智能家居主控设备，实现了家用空调的无线遥控控制和智能化控制，为人们的生活带来了极大的便利。

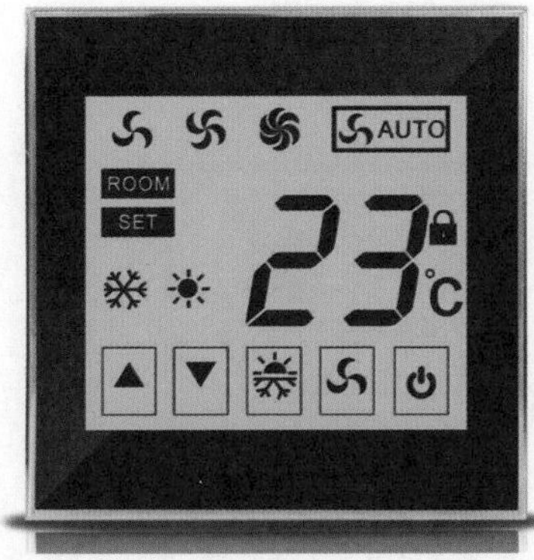

△ 智能空调开关

（2）智能开关的配置调试

智能开关的安装和普通开关的安装大致相同，但在安装过程中要对智能开关进行一定的配置调试。

①智能照明开关的配置调试

注册系统标识码。按任意单元按钮，相应指示灯立即闪烁，表示该设备已经进入设置状态。使用主控设备进行注册系统标识码操作，注册成功后指示灯停止闪烁。

注册单元码。按下欲配置单元的对应按钮，相应指示灯立即闪烁，表示设备已经进入设置状态。使用主控设备进行注册单元码操作，注册成功后指示灯停止闪烁。

根据系统实际需要，如果该设备需要打开中继功能，则功能开关拨到中继挡即可。

用智能手机或中控主机无线操作控制测试设备是否正常，主控设备能否显示该设备的状态变化。

直接在该设备的面板按钮上操作测试其是否能正常工作，并能把状态信息反映到主控设备上。

②智能空调开关的配置调试

长按空调控制器面板上的“学习”按钮3s后松开，进入“红外学习模式”。

按一下“确认”按钮，进入“等待红外码状态”。90s未学习到红外码，将超时退出。

将空调遥控器对准红外学习窗发出要学习的红外码。比如，要学习“开17℃”红外码，应先将空调遥控器打开到16℃，学习时按下空调原配遥控器上调温度按钮，发出“开17℃”红外码。

按下“确认”按钮完成红外码学习，进入正常操作模式。用面板“开/关”“上调”“下调”按钮测试其是否能正常操作。

（3）单联、双联、三联智能接线

①单联智能开关接线

L接入火线，单联智能开关只有一路（L1）输出。

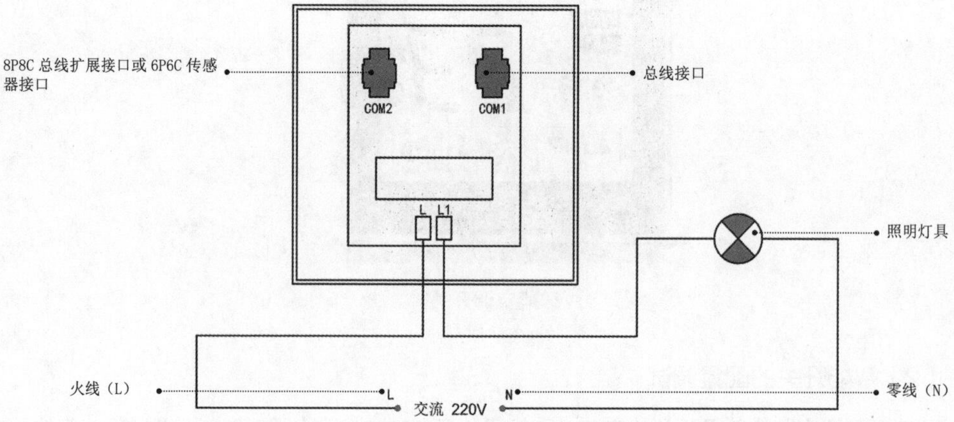

△ 单联智能开关接线示意图

②双联智能开关接线

L接入火线，双联智能开关有两路（L1、L2）输出。

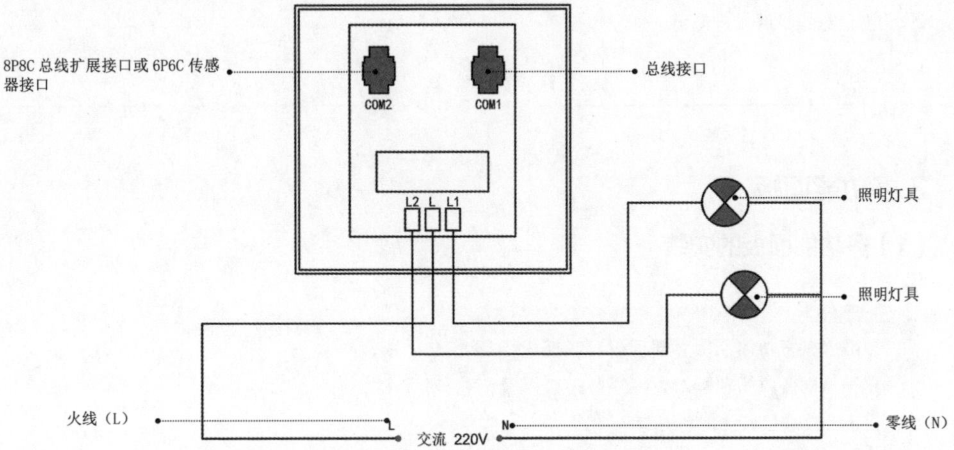

△ 双联智能开关接线示意图

③三联智能开关接线

L接入火线，三联智能开关有三路（L1、L2、L3）输出。

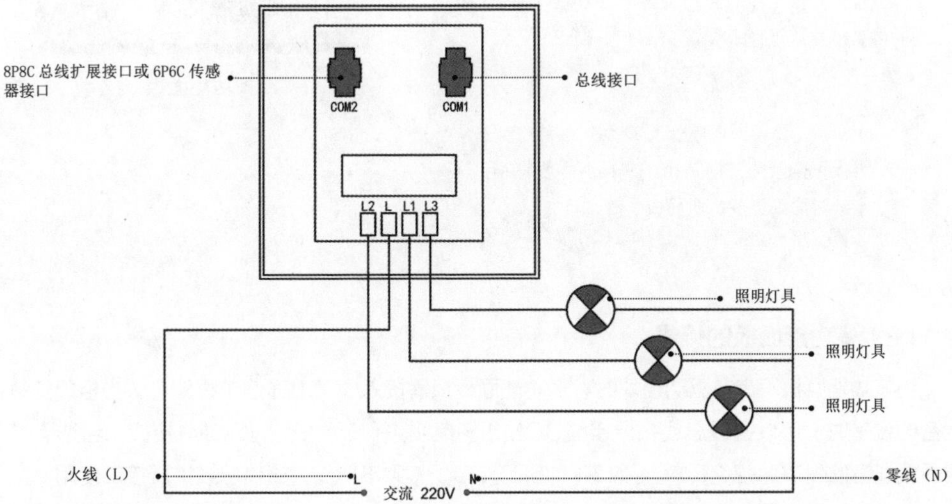

△ 三联智能开关接线示意图

\小\贴\士\ 接线指导

通信总线水晶头要求接入 COM1，当安装有其他智能设备时，可以通过总线拓展接口 COM2 连接到相邻智能设备的 COM1 接口中。若选购的智能开关规格指明 COM2 为传感器接口，则不能作为通信总线扩展接口使用。

2.多功能面板

（1）多功能面板的安装

要准确按多功能面板背部标识正确接线。接线端子与插座以颜色配对，传感器接口为橙色对橙色，总线接口为绿色对绿色。

↓

安装低压模块前要将面板组件，然后用两个 M4×25 规格螺钉，将低压模块安装并固定到墙面暗盒上

↓

检测面板组件是否安装到位，以磁铁吸合的声音作为判断的标准

↓

纸板可按箭头方向拔出，或插入面板侧面开槽（针对插纸型多功能面板）

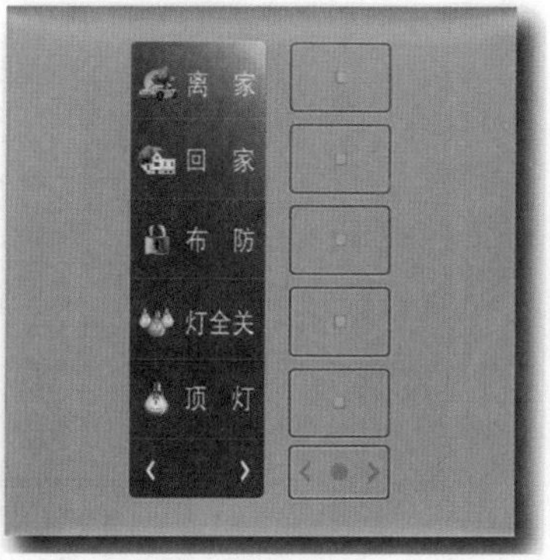

△ 多功能面板

（2）多功能面板的接线

当多功能面板不带有驱动模块时，多功能面板只需接入COM1通信总线即可。当相邻安装有其他智能设备时，可以通过总线拓展接线COM2连接到相邻智能设备的COM1接口。若选购的多功能面板规格指明COM2为传感器接口（即6P6接口），则不能作为通信总线扩展接口使用。

当多功能面板带有驱动模块时，驱动模块可控制灯光、风扇、电控锁以及大功率设备等，具体接线方式有如下几种情况。

①带单路驱动模块接线。L接入火线，单路驱动模块只有一路（L1）输出。

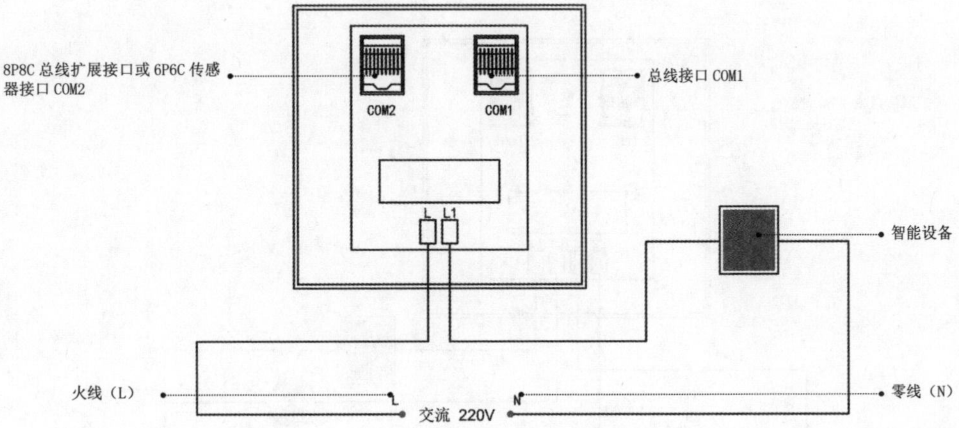

△ 带单路驱动模块接线

②带双路驱动模块接线。多功能面板带双路驱动模块时，有两路（L1、L2）输出，L接入火线。

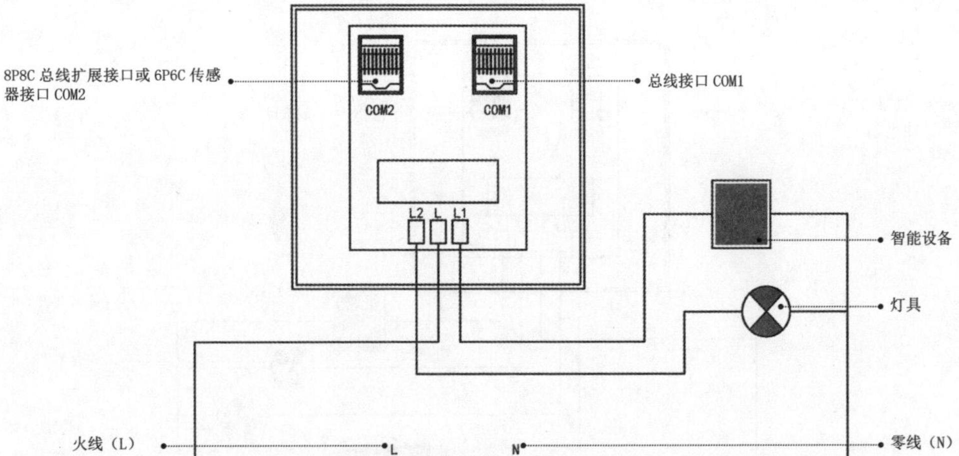

△ 带双路驱动模块接线

③带三路驱动模块接线。多功能面板带三路驱动模块时，有三路（L1、L2、L3）输出，L接入火线。

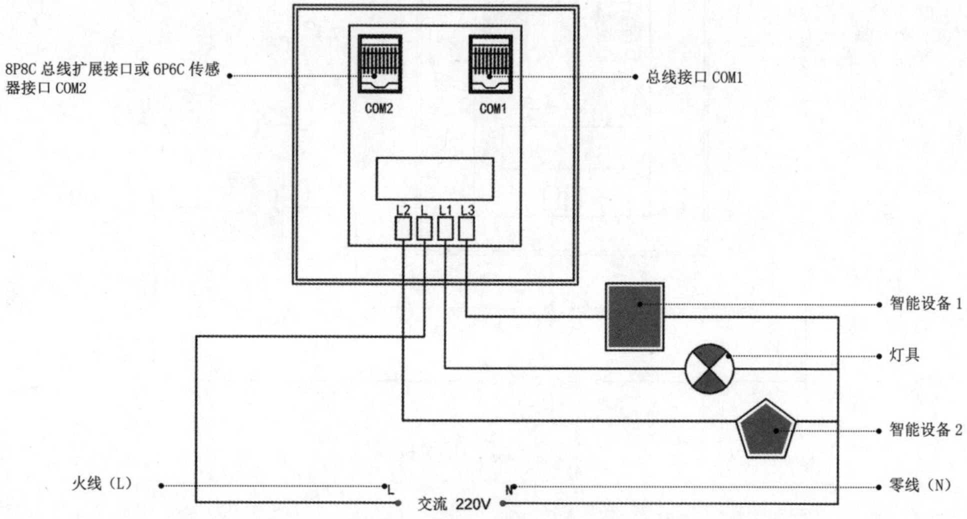

△ 带三路驱动模块接线

④带四路驱动模块接线。多功能面板带四路驱动模块时，有四路（L1、L2、L3、L4）输出，L接入火线。

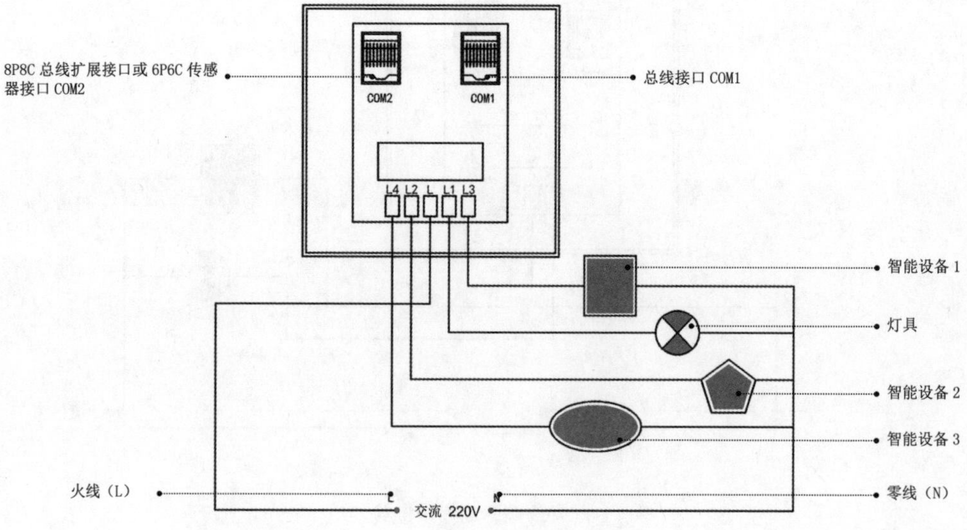

△ 带四路驱动模块接线

⑤控制超大功率设备的接线。当控制对象为大于1000W而小于2000W的大功率设备时，可选用智能插座控制；当控制对象为大于2000W的超大功率设备时，也可选用带继电器驱动模块的多功能面板驱动一个中间交流接触器，再由交流接触器转接驱动超大功率设备。

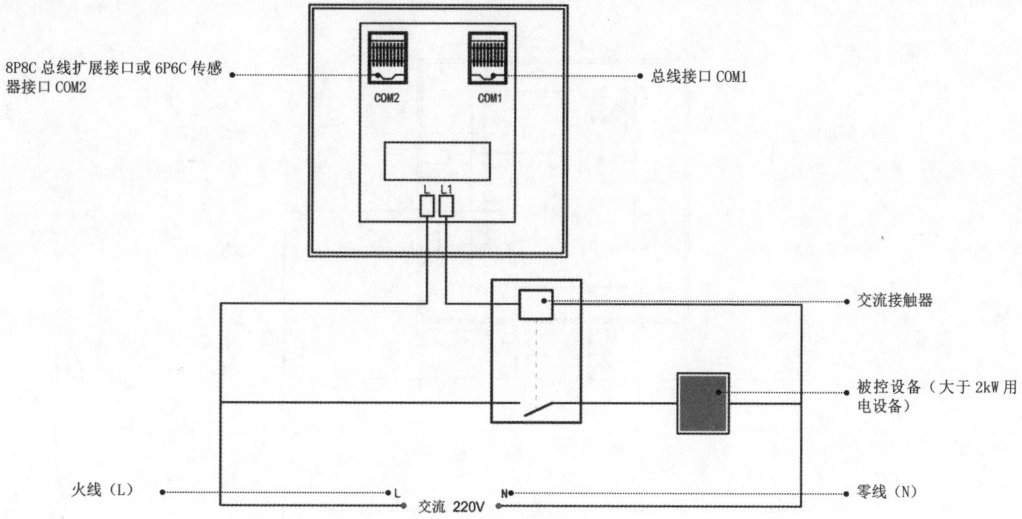

△控制超大功率设备的接线

3.智能插座

(1)智能插座的介绍

智能插座是节约用电量的一种插座，对被控家用电器、办公电器电源实施定时控制开通和关闭。高档的节能插座不但节电，还能保护电器（具备清除电力垃圾的功能）。此外，节能插座还具有防雷击、防短路、防过载、防漏电、消除开关电源和电器连接时产生电脉冲等功能。

智能插座的特点使其相较一般的插座更具有优势。它体积小，安装方便，可直接安装到86暗盒上。接收室内主控设备指令，实现对电器的遥控开关、定时开关、全开全关、延时关闭等功能。接收中心主控设备指令实现远程控制。主要用于控制电视机、音响、电饭煲、饮水机、热水器等电器设备。停电后再来电时为关闭状态。

△智能插座

（2）智能插座的接线

智能插座强电接线方式和传统插座的接线方式基本一致，不同的是多出一个通信总线接口COM。智能插座只有一个通信总线接口COM（8P8C），将水晶头插入通信总线接口COM即可。

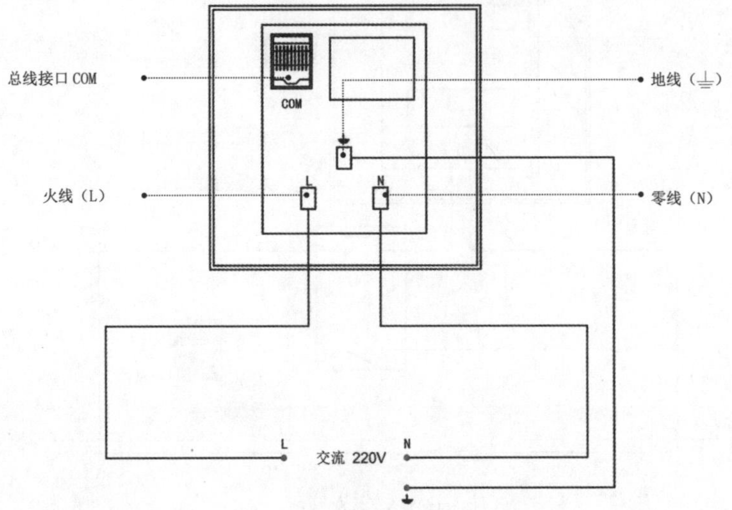

△ 智能插座的接线

4.智能窗帘控制器

（1）智能窗帘控制器的介绍

智能窗帘控制器可实现对窗帘的电动控制，控制器上有“开”“关”两个按钮和一个“指示灯”。同时，智能窗帘控制器可实现远程控制，利用智能手机等设备在远端控制窗帘的开合。

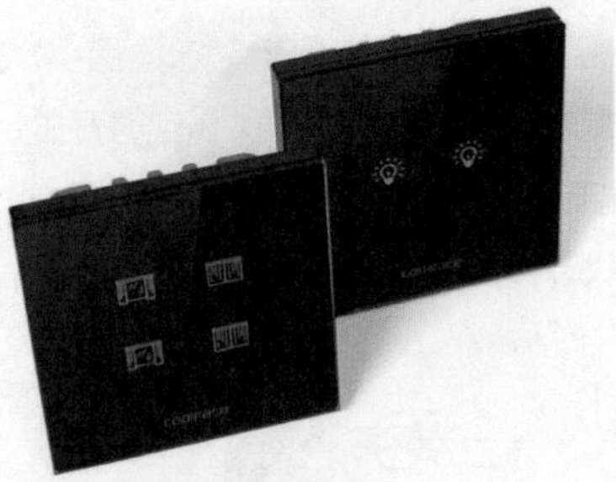

△ 智能窗帘控制器

智能窗帘控制器的特点很多，它体积小、安装方便，可直接安装在86暗盒上。可实现双重控制，能隔墙实施无线控制或使用面板上的触摸开关手动控制。当停电后再来电，窗帘仍保持停电前的状态。其具备校准功能，适合不同宽度（小于12m）的窗帘。

（2）智能窗帘控制器的接线

L输入电压为电动窗帘的交流电源输入端（火线），L1、L2分别为电动窗帘的左右或上下开闭输出控制端，若电动机转向相反，则将L1、L2接线端对调即可；电动机的公共端（N）接零线；COM1接入通信总线。

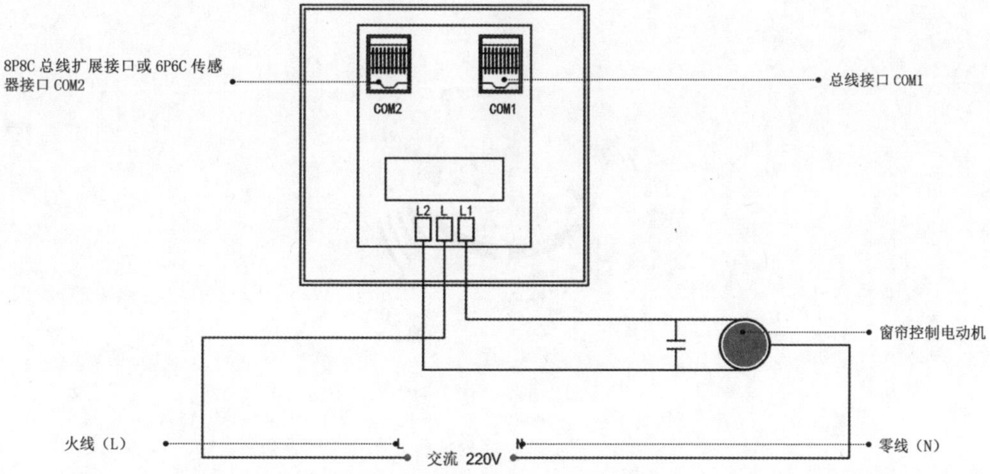

△智能窗帘控制器的接线

5.智能报警器

（1）无线红外报警器

无线红外报警器由有线红外探头+V8无线收发模块组成。无线红外报警器留有+12V（红色线）和地线（黑色线）两条电源线，只需要外给供DC+12V电源即可。

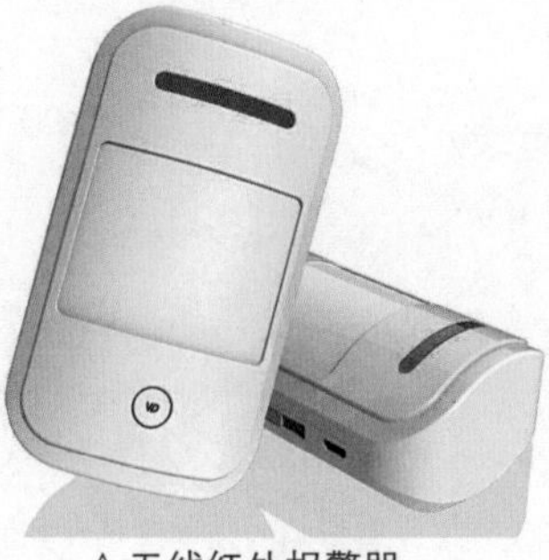

△无线红外报警器

使用时只需要注册到中控主机上就可以正常工作，无线红外报警器支持布防、撤防操作。在布防状态下，报警触发则会发出报警信号。报警时V8无线收发模块上的LED快速闪烁。

（2）无线瓦斯报警器

无线瓦斯报警器是工程上常用的俗称，其学名为CH4报警器、燃气探测器、可燃气体探测器等。无线瓦斯报警器的主要作用是探测可燃气体是否泄漏。可探测的燃气包括液化石油气、人工煤气、天然气、甲烷、丙烷等。

△ 无线瓦斯报警器

无线瓦斯报警器带有传感器漂移自动补偿功能，真正防止了误报和漏报。报警器具有故障提示功能，以方便用户更换或维修，防止报警器在用户不知情的情况下出现故障。MCU全程控制，工作温度在-10℃~60℃。其附加功能包括联动排气扇、联机械手、电磁阀。

扩展知识 安装要求

① 报警器的安装高度一般为 1600~1700mm，以便于维修人员进行日常维护。

② 报警器是声光仪表，有声、光显示功能，应安装在人员易看到和易听到的地方，以便及时消除隐患。

③ 报警器的周围不能有对仪表工作有影响的强电磁场，如大功率电机或变压器等。

④ 被探测气体的密度不同，室内探头的安装位置也应不同。被测气体密度小于空气密度时，探头应安装在距吊顶 300mm 以外，方向向下；反之，探头应安装在地面 300mm 以上，方向向上。

（3）无线紧急按钮

无线紧急按钮配合智能家居系统的主控设备，实现了家居在紧急情况下发出紧急报警信号，中控主机将处理的报警信号向警务管理中心求助。其体积小，安装方便，可以将紧急按钮直接安装在86暗盒内。并且低功率、低电耗，两节7号碱性电池可以使用2年；有欠电压指示功能，便于及时更换电池。适用于家庭居室、酒店客房等环境。

△ 无线紧急按钮

6.电话远程控制器

电话远程控制器是通过远程电话语音提示来控制远程电器的电源开关，具有工作稳定、控制可靠的特点，其分为两个部分：主控器和分控器。主控器通过外线电话拨入，通过语音提示、密码输入，验明主人身份后进入受控状态；分控器通过地址方式接收来自主控器的信号，并进行电器的通断操作。

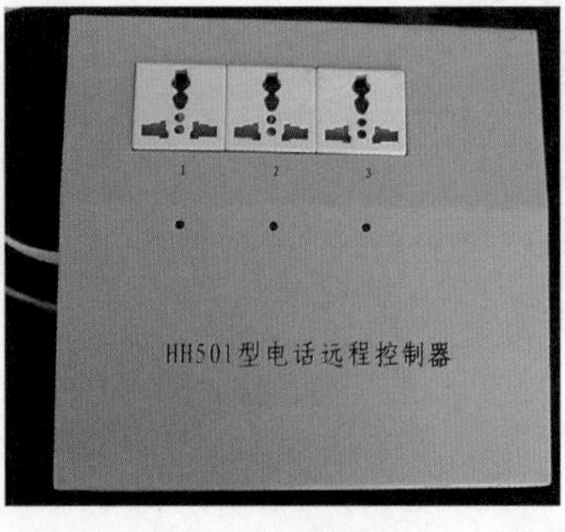

△ 电话远程控制器

（1）远程操作方式

①用手机或固定电话拨通与电话远程控制器相连接的电话。响铃五次后将出现提示音“请输入密码”；通过手机或固定电话上的键盘拨入六位密码，按“#”号结束。

②接着又出现提示音“请输入设备号”（指1、2、3三个电源插座上的电器设备），如操作1插座上的设备就拨“1#”，同样地，2、3上的插座就拨“2#”“3#”。

③出现提示音“0通电、1断电、2查询”。拨“0”该插座通电，同时相应的指示灯亮；拨“1”原通电状态将断电，同时指示灯熄灭；拨“2”语音会提示该插座目前是“通电状态”或“断电状态”。

④当操作正确无误时，会听到“操作成功”的语音提示，并出现“请输入设备号”的新一轮语音提示，以便继续操作。

（2）本地操作方式

①将电话摘机。

②按一下电话远程控制器右侧的本控按钮，听到提示音“请输入设备号”；输入“1#”“2#”“3#”，提示音“0通电、1断电、2查询”；输入“0”或“1”或“2”，操作三个设备的通、断状态，同时会看到指示灯的亮、灭，以判断相应的插座是通电状态还是断电状态。

③操作结束后，将听到提示音“请输入设备号”以进行下一轮操作，直到操作完全结束。

7.集中驱动器

集中驱动器属于系统中可选安装的集中驱动单元，便于将灯光、电器的电源集中布线安装和日后维修。集中驱动器适用于实施布线管理的小区别墅、单元式住宅以及娱乐场所等。其中，最常见的用途是和灯光场景触摸开关配合使用，构成智能灯光场景群控效果。

△集中驱动器

集中驱动器的安装接线方式。集中驱动器采用标准卡轨式安装，可提供4~6路驱动输出，驱动对象包括灯光、中央空调、电控锁、电动窗帘、新风系统、地暖等。集中驱动器还具有三路或六路干接点输入接口，可以接入任何第三方的普通开关面板，使普通开关面板发挥智能控制面板的功效。同时，集中驱动器还具有输出旁路应急手动操作和产品故障自诊断指示功能。

集中驱动器通过通信总线接受多功能面板的控制，使得多功能面板无须再带高压驱动模块，只需通过管理软件来定义多功能面板各界面的控制对象即可，实现面板操作和高压驱动的完全分离。

面对不同的驱动对象，集中驱动器的具体接线如下。

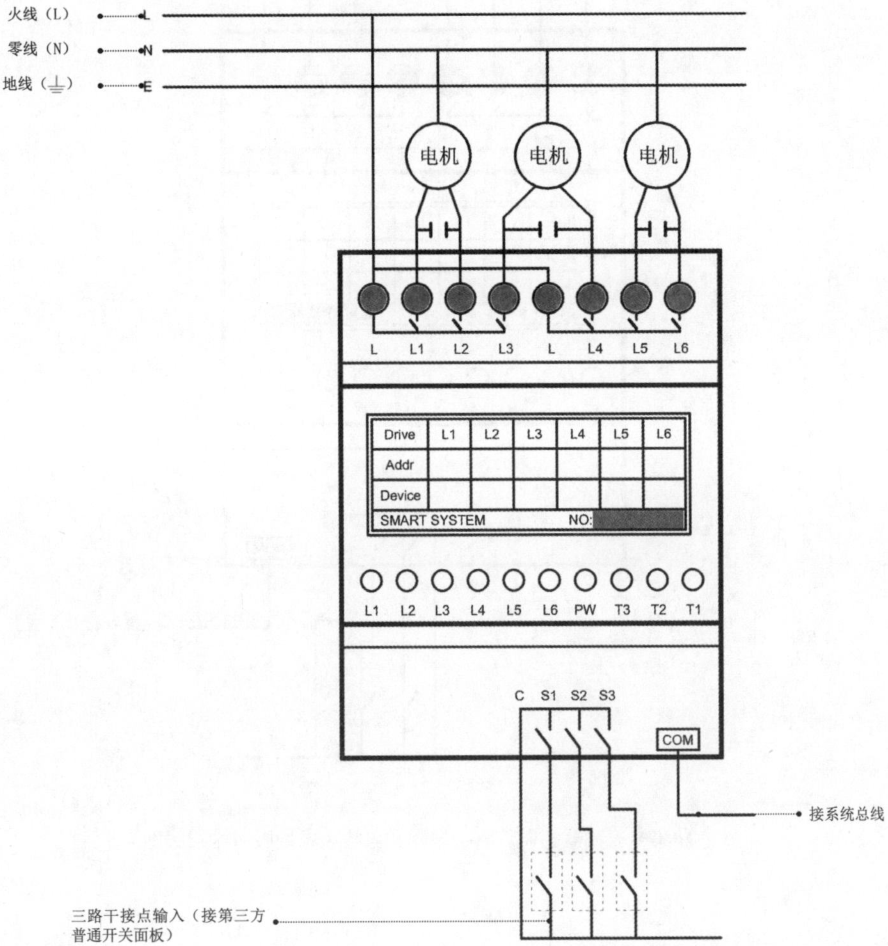

△ 六路集中驱动器控制电动窗帘时的接线图

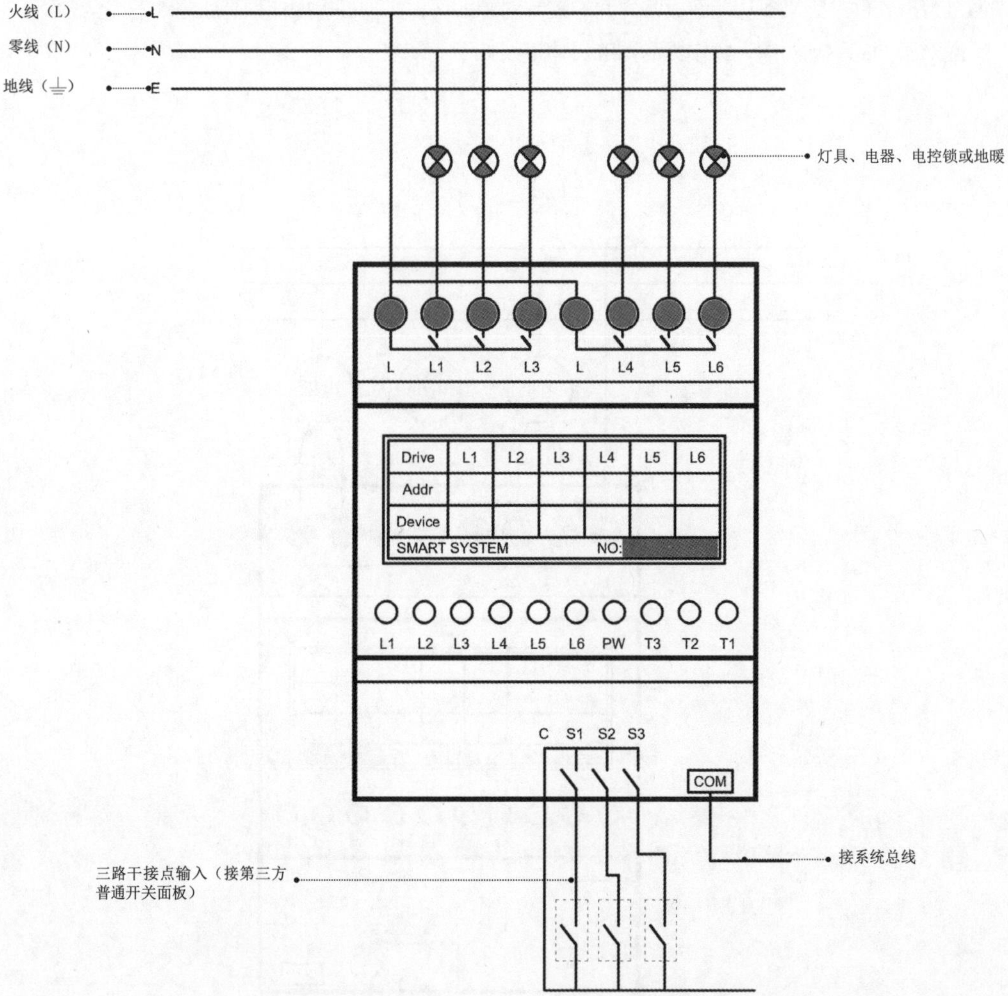

△ 六路集中驱动器控制灯具、电器、电控锁或地暖时的接线图

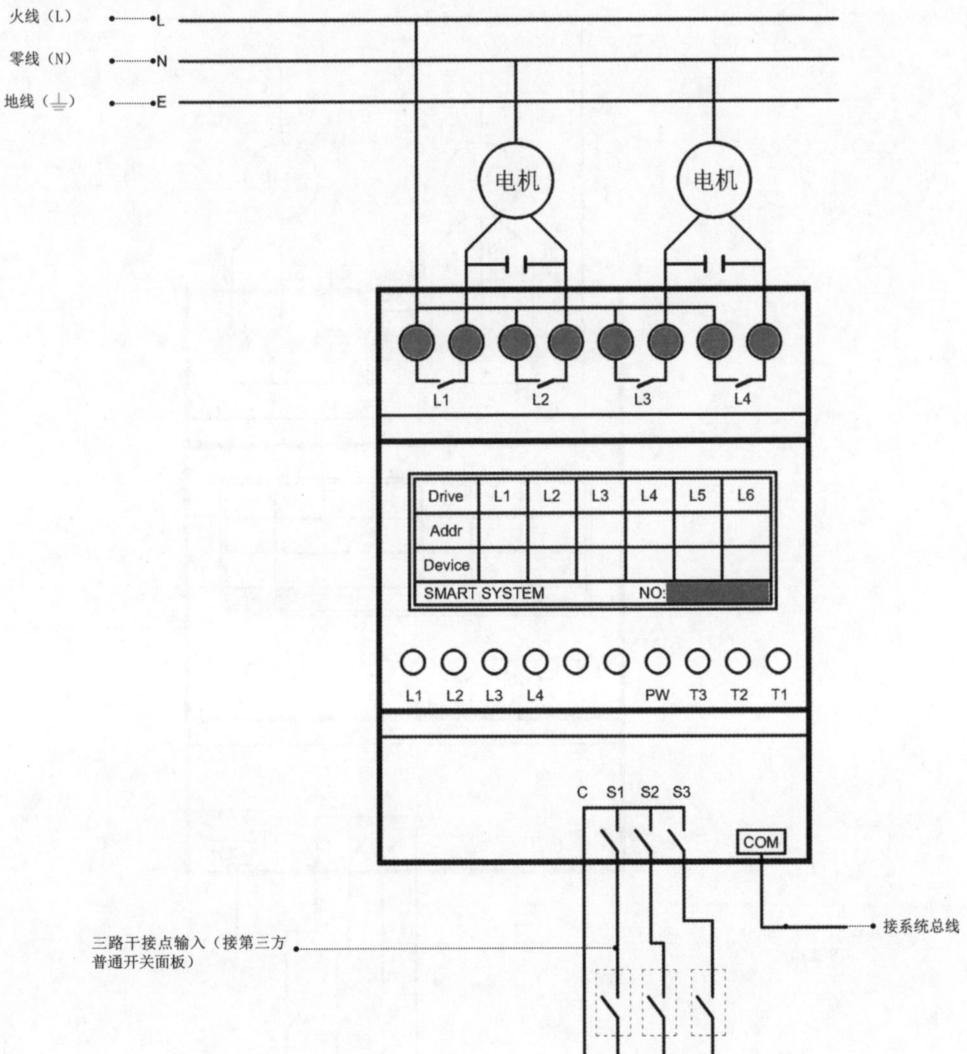

△六路集中驱动器控制中央空调时的接线图

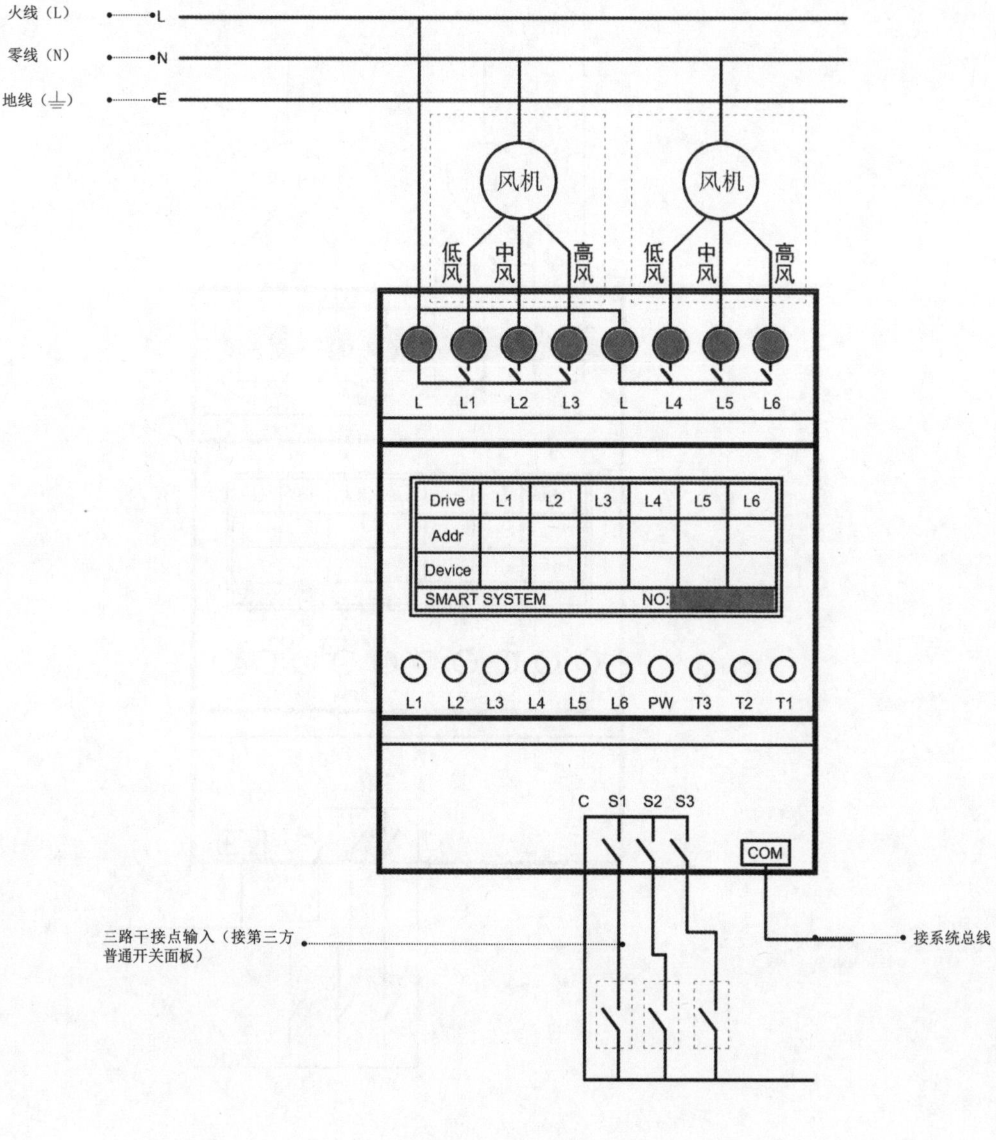

△ 六路集中驱动器控制新风系统时的接线图

8.智能转发器

智能转发器（无线红外转发器）可将ZigBee（一种短距离、低功耗的无线通信技术）无线信号与红外无线信号关联起来，通过移动智能终端来控制任何使用红外遥控器的设备，如电视机、空调器、电动窗帘等。

△ 智能转发器

智能转发器一般安装在顶面，也可以采用壁挂式安装。如果安装的是集成有人体移动感应探头的双功能或三功能智能转发器，则还要遵循以下原则。

①应安装在便于检测人活动的地方，探测范围内不得有屏障、大型盆景或其他隔离物。

②安装距离地面应保持在2~2.2m。

③远离空调器、电冰箱、电火炉等空气温度变化敏感的地方。

④安装位置不要直对窗口，会受到窗外的热气流扰动，瞬间强光照射以及人员走动会引起误报。

⑤安装在顶面的智能转发器和家电设备（如电视机、音响等设备）的红外接头不能垂直，至少保证有45°的夹角，否则可能无法控制家电设备。

十一、电路修缮

电路修缮一般是线路故障的修缮，需要使用试电笔检测故障位置，并对出问题的线路重新接线、修理。同时还包括一些插头、插座方面的检修。

1.照明开关是否接在火线上的检测

开关是否接在火线上对安全用电的影响很大。若开关安装到零线上，即使关闭开关，灯具上仍然带电，这样就会给检修或平常使用增加触电的危险性，因此接线必须正确。下面介绍用试电笔检测开关是否接在火线上的方法。

在以下的测试中灯泡不必拧下。测试可以在开关接线导线头上或者在灯座接线导线头上进行，视具体情况而定。

（1）在开关S 接线导线头上测试M、N 两点

①当S断开时，若有一点M亮，一点N不亮；而S闭合时，两点均亮，则说明开关S接在了火线上。

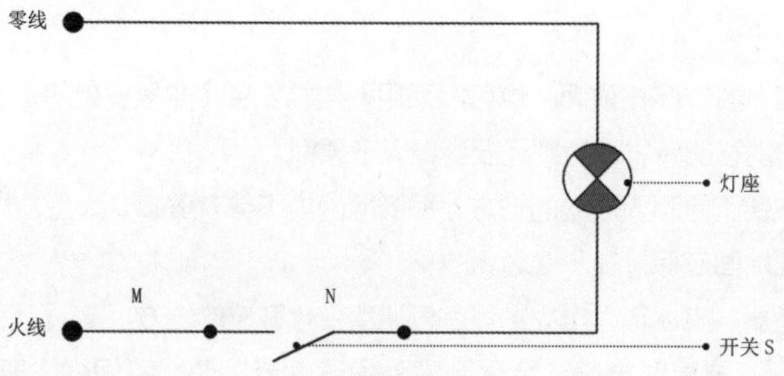

△ 开关 S 接火线检测图

②当S断开时，若有一点N亮，一点M不亮；而S闭合时，两点均不亮，则说明开关S接在了零线上。

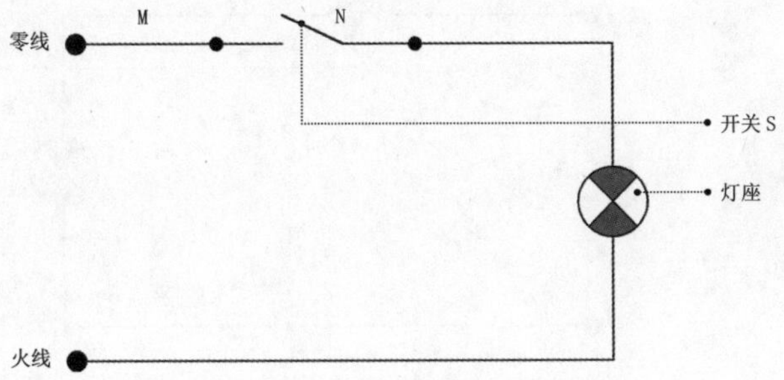

△ 开关 S 接零线检测图

（2）在灯座接线导线头上测量H、G 两点

①当S断开时，若H、G两点均不亮；而S闭合时，一点H亮，一点G不亮，则说明开关S接在了火线上。

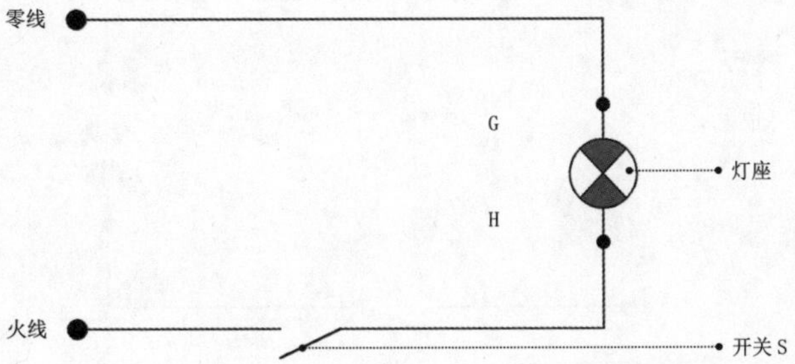

△ 开关 S 接火线检测图

②当S断开时，若H、G两点均亮；而S闭合时，一点H亮，一点G不亮，则说明开关S接在了零线上。

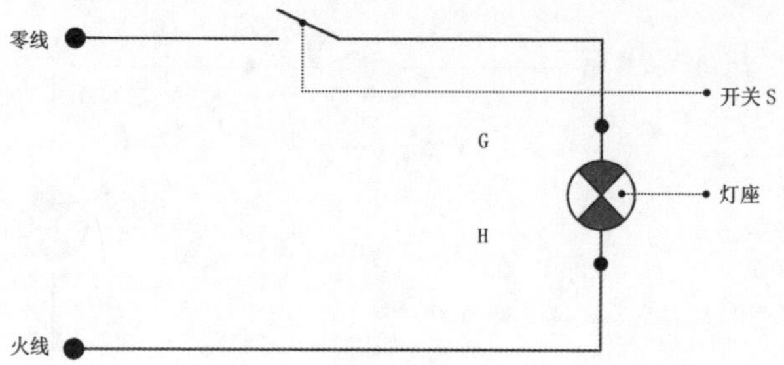

△ 开关 S 接零线检测图

2.试电笔检测线路断路故障

线路断路故障在家庭中经常碰到，最常发生在照明回路中，如接线头导线松脱，铜铝接头腐蚀造成开路等。

假设开关接线正确，即接在火线上，测试时灯泡不拧下，具体情况如下。

①开关S断开时，用试电笔测试灯座接线头H和G，若氖泡均不亮，而S闭合时，氖泡均亮，则断路点在零线上。

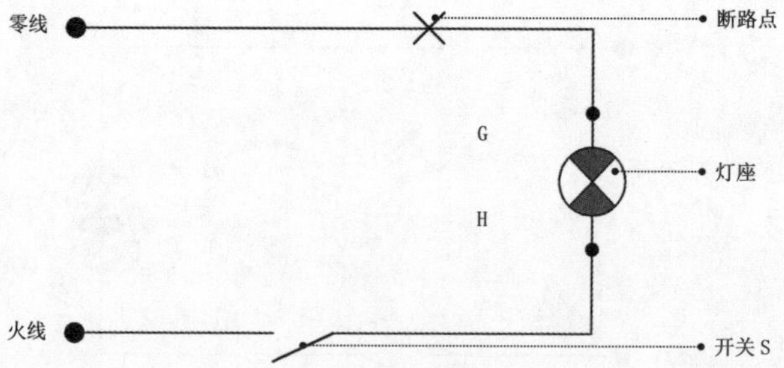

△ 零线断路点检测图

②若开关S不论处在断开还是闭合状态，氖泡在H和G点测试均不亮，则断路点在火线上。

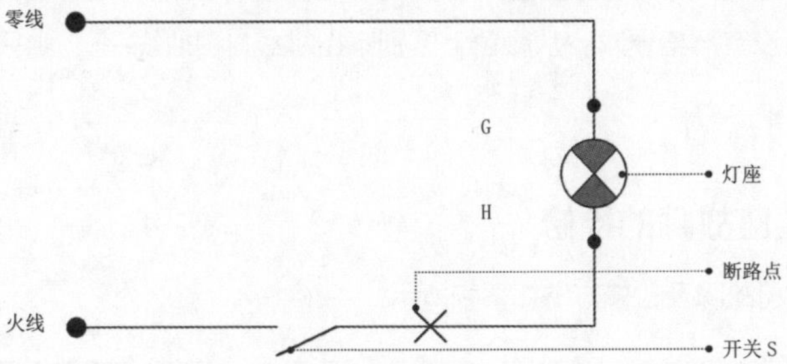

△ 火线断路点检测图

在实际检测时，并不需要知道哪点是H、哪点是G，也不一定需要知道开关S是合还是断，只要拉几次开关S，然后试电笔在灯座两侧接线头上测试几下，再对照以上各图，即能判断出断路点是在火线上还是零线上。

3.插座接线是否正确的检测

试电笔检测插座接线是否正确的方法如下。

①对于单相二极插座，用试电笔分别测试右边（或上边）插头，氖泡亮；测试左边（或下边）插头，氖泡不亮，则说明接线正确。如果测试结果相反，则说明接线不正确，应改接过来。如果不改接过来，在一般情况下对用电影响不大，但从规范接线、方便维修的角度看，改正过来无疑是有益的。

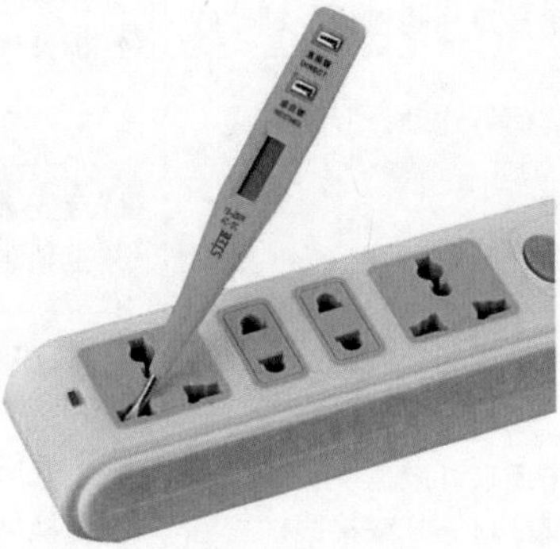

△ 试电笔检测插座

②对于单相三极插座，用试电笔分别测试3个插头，当测到右侧插头时氖泡亮，则火线接线是正确的。测得另外2个插头时氖泡不亮，尚不能确定哪根是零线N，哪根是地线PE。为此，可打开插座盖查看，零线N的颜色为蓝色，地线PE的颜色是绿黄双色线，很容易判断。如果施工中对插座接线的颜色没有严格要求，从颜色上区别不出零线N和地线PE，则只能用专用插座检查器检测。

4.插头、插座故障的检修

插头、插座常见故障及检修方法如下表所示。

故障现象	可能原因	检修方法
接触不良	① 插头压接螺钉松动或焊点虚焊 ② 插头根部电源引线内部折断（但有时又有接触） ③ 插座导线连接处螺钉松动或导线腐蚀 ④ 插座插口过松 ⑤ 插座质量差	① 拧紧螺钉或重新焊接 ② 剪去这段导线，重新焊接 ③ 清洁并拧紧螺钉 ④ 停电，打开插座盖，用尖嘴钳将铜片钳紧些 ⑤ 更换插座
电路不通	① 插座插口过松，插头未接触到 ② 插座导线连接处导线掉落 ③ 电源引线断路（尤其在端头处） ④ 插头压接螺钉松脱或焊点脱开，导线受力使线头脱落	① 停电，打开插座盖，用尖嘴钳将铜片钳紧些 ② 拧紧螺钉 ③ 剪去这段导线，重新连接 ④ 接好线头，压紧螺钉或重新焊接，压紧压板
短路	① 导线头在插座或插头内裸露过长或有毛刺 ② 导线头脱离插座或插头的压接螺钉 ③ 插座的两个插口相距过近，导致碰连 ④ 插头内接线螺钉松动，互相碰线	① 重新处理好接头 ② 重新连接好接头 ③ 停电，打开盖修理 ④ 拆开修理
漏电	① 受潮或水淋 ② 插头端部有导线裸露 ③ 破损 ④ 保护接地或接零的接线错误	① 应安装在干燥、避雨处，经常清洁 ② 重新连接 ③ 更换 ④ 按正确方法改正
破损	① 受外力冲击而损坏胶盖 ② 因短路烧损插口铜片或接线柱 ③ 插销使用日久老化	① 更换胶盖 ② 更换插口铜片、接线柱或整个更换 ③ 更换

第四章

瓦工工程

瓦工工程是指针对瓦工工种的施工项目，也是施工中较为基础的项目，主要包含石材、砖材等在地面、墙面上的施工工艺。根据材料和工艺的不同，其呈现的效果也不同。

一、样式形式

瓦工工程中会考虑到地砖、墙砖的拼贴样式，以及是否增加腰线、花片等问题，此部分能够提升施工人员的设计和审美能力。

1.砖材、石材拼贴样式设计

（1）方格式拼贴

方格形拼贴样式是最常见的设计图案，对施工复杂度的要求相对较低，可适用于任何面积、形状的空间中。方格形拼贴设计对砖材尺寸没有要求，可以是300mm×300mm、600mm×600mm、800mm×800mm等多种尺寸。

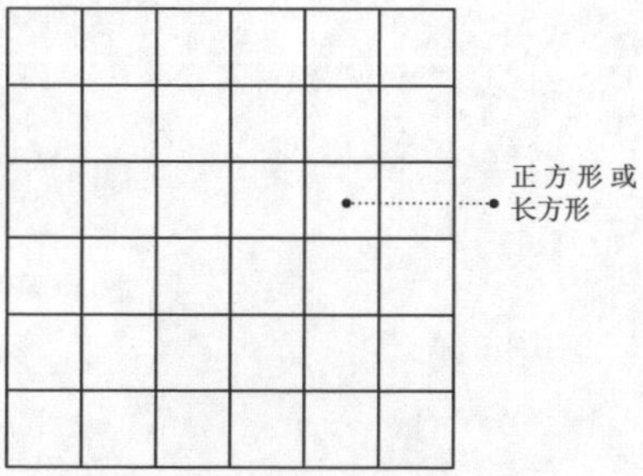

△方格形拼贴样式及平面方案

（2）菱形拼贴

客厅地面中采用的是菱形拼贴设计，这种设计方式可起到扩大空间面积的效果，适合面积较为方正的空间。这种拼贴设计对砖材尺寸的唯一要求是，必须为正方形材料，尺寸可以是300mm×300mm、600mm×600mm、800mm×800mm等多种类型。

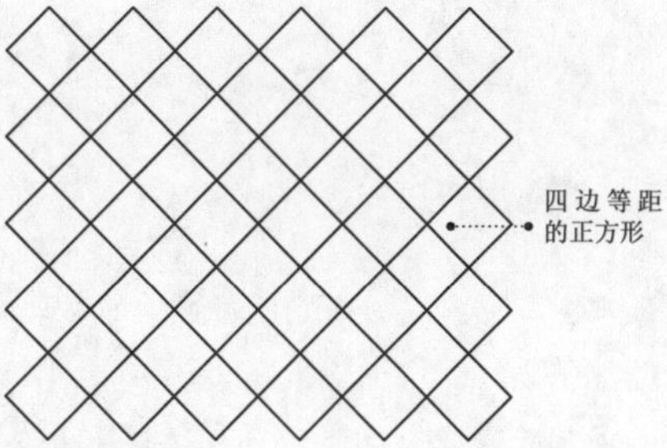

△菱形拼贴样式及平面方案

（3）错砖形拼贴

餐厅的地面采用了错砖的拼贴设计，当空间内采用错砖形式设计时，样式通常是仿照地板尺寸切割的。错砖形砖材尺寸通常为450mm×60mm、500mm×60mm、750mm×90mm以及900mm×90mm等多种类型。

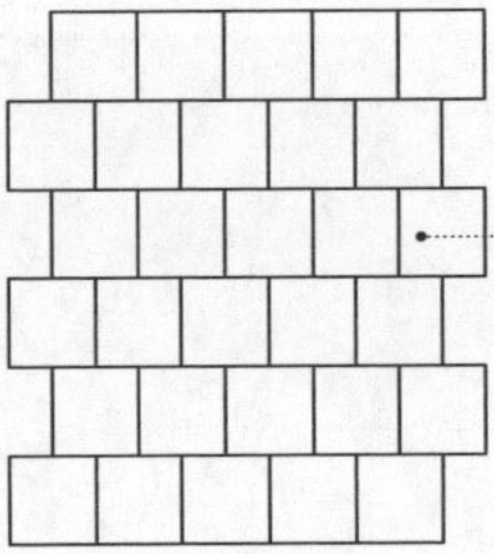

△ 错砖形拼贴样式及平面方案

（4）跳房子形拼贴

其中的拼贴方式采用了两种不同尺寸的砖材，正方形大尺寸的砖材为600mm×600mm，小尺寸的正方形砖材为300mm×300mm。通过两种不同尺寸砖材的错落铺贴，形成了跳房子样式的效果，适合设计在面积较小的客餐厅空间中。

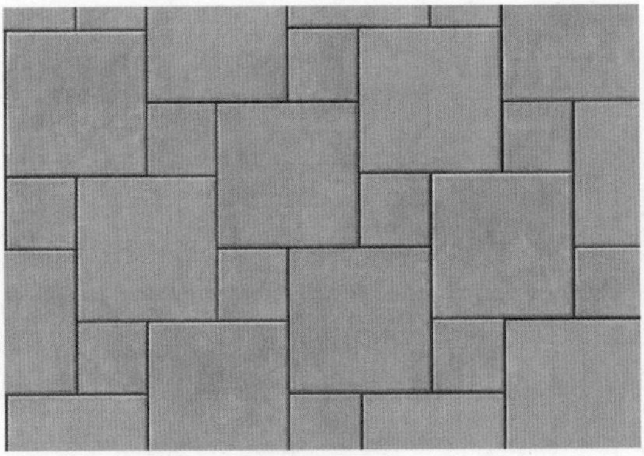

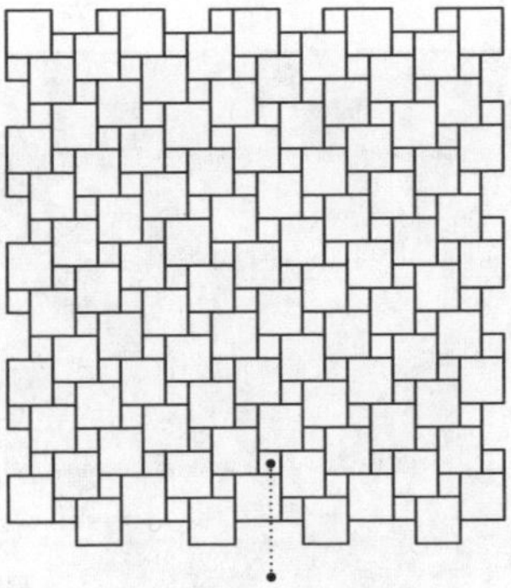

△ 跳房子形拼贴样式及平面方案

（5）阶段形拼贴

阶段形拼贴是指砖材中心采用大尺寸砖材铺贴，四周围绕小尺寸砖材的方式设计。通常中心的砖材尺寸要大于或等于600mm×600mm，才会呈现出较为美观的装饰效果。设计施工的过程中，大尺寸砖材不需要切割，而围绕四周的小尺寸砖材需切割为大小一致的尺寸。

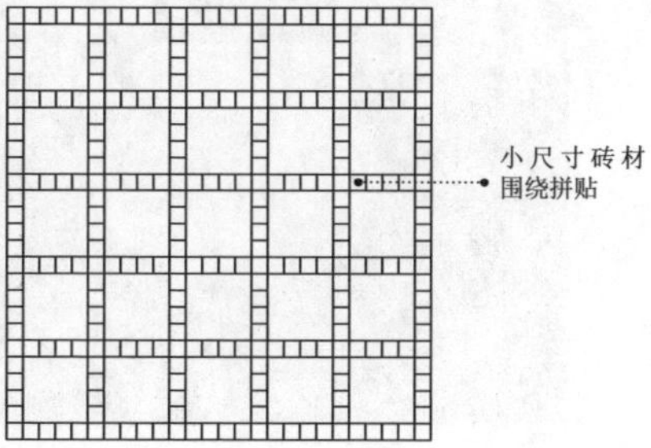

△ 阶段形拼贴样式及平面方案

（6）除四边形拼贴

除四边形拼贴样式最常见的是设计在马赛克中，用四块小尺寸的砖材合成一块大尺寸的砖材，相邻着错落拼贴，形成丰富的装饰效果。这种拼贴样式也可以设计在小面积的客厅中，采用砖材切割拼贴设计而成。

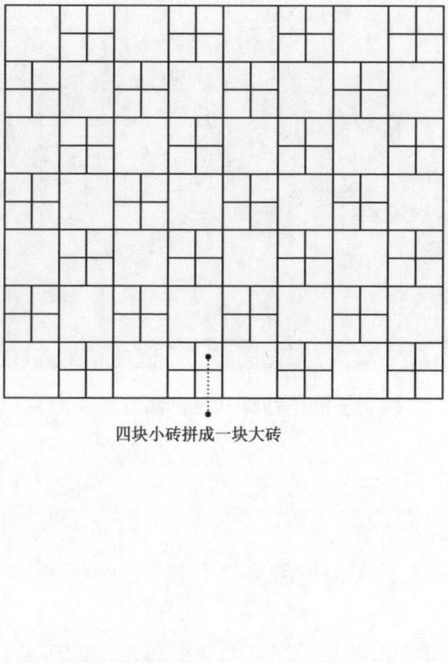

△ 除四边形拼贴样式及平面方案

（7）走道形拼贴

走道形拼贴是采用两块小尺寸的砖材拼贴成一块长方形砖材，与大尺寸的砖材错落拼贴而成，这种设计样式富有一种规律的节奏美感，如其名字，适合设计铺设在走道、门厅等面积较小、空间狭长的地面中。

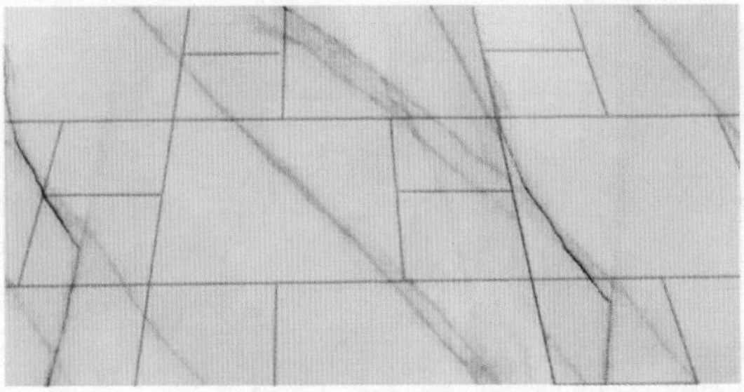

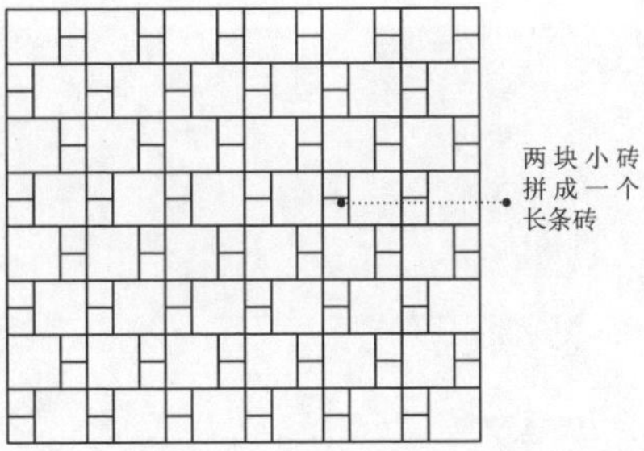

△ 走道形拼贴样式及平面方案

（8）网点形拼贴

网点形拼贴即是俗称为地砖角花的设计样式，这种设计形式多设计在仿古砖中，中间的菱形拼花采用精致的凹凸纹理制作而成，形状透着浓郁的装饰美感。这种拼贴样式不需要切割砖材，可在市场中购买到相应的砖材样式，按照砖材样式铺贴即可。

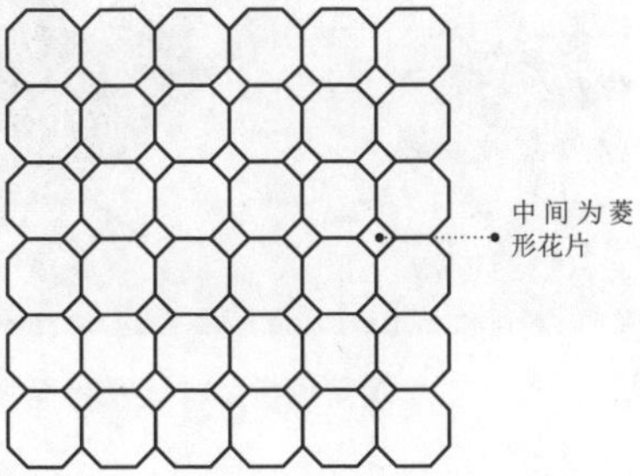

△ 网点形拼贴样式及平面方案

(9) 六边形拼贴

六边形拼贴设计是将一块正方形的砖材切割掉两个对角制作而成，对施工技术的要求较高，因为要保证两角的大小一致。这种设计样式适合设计在不规矩的空间中，通过地砖的设计变化，来转化空间中因不规则而带来的不适感。

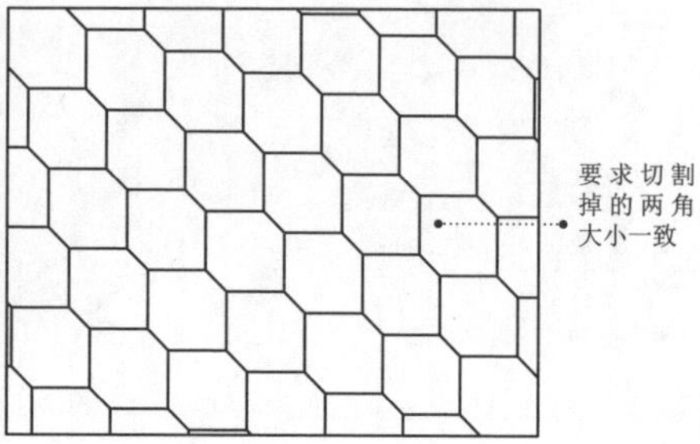

△六边形拼贴样式及平面方案

(10) 编篮形拼贴

编篮形拼贴是将一块正方形的砖材从中间切割开，分成两个竖条，在纵横错落拼贴而成的设计样式。这种设计样式可突出地砖设计的理性线条感，增加空间中的律动效果。砖材适合采用的尺寸为600mm×600mm、800mm×800mm两种类型。

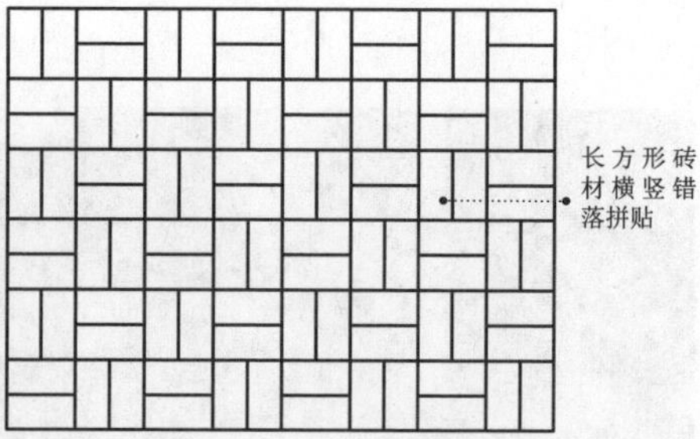

△编篮形拼贴样式及平面方案

（11）补位形拼贴

补位形拼贴设计是采用三种尺寸的砖材拼贴设计而成，分别为小尺寸正方形砖材、小尺寸长方形砖材以及大尺寸正方形砖材。砖材拼贴的方式是采用从左上至右下的方式错落拼贴而成，形成复杂有趣的装饰图案。

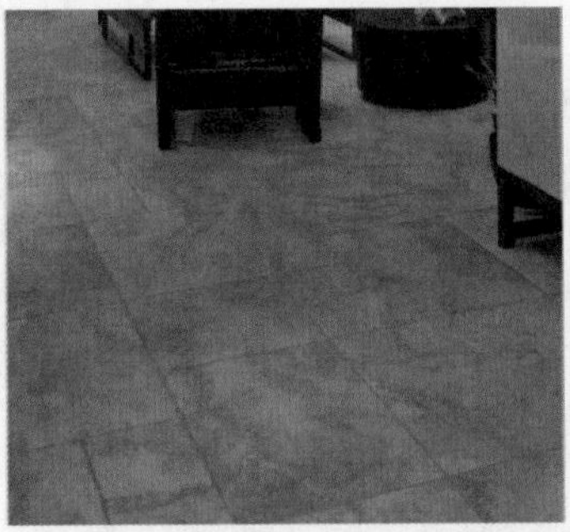
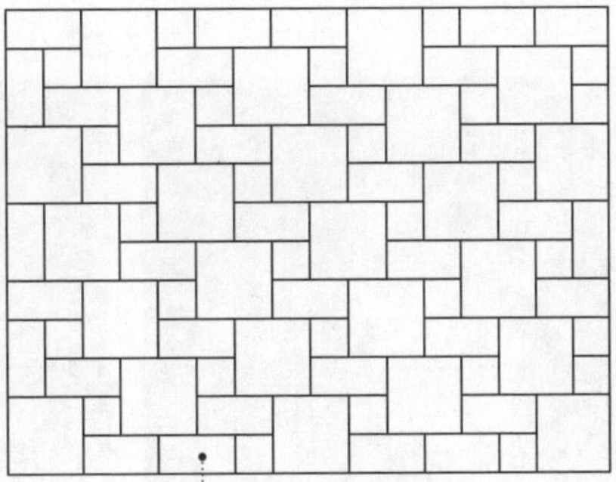

△ 补位形拼贴样式及平面方案

需三种不同尺寸的砖材拼贴而成

（12）风车形拼贴

风车形拼贴出的图案似一个顺时针旋转的风轮，采用四块大小一致的长方形砖材和一块正方形砖材拼贴而成。这种拼贴样式适合设计在墙面的造型中，并用小尺寸的砖材设计，不适合设计在地面中，尤其是面积较大的客厅。

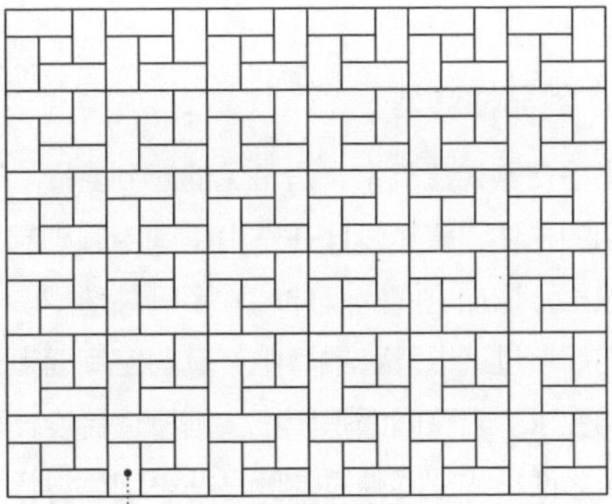

△ 风车形拼贴样式及平面方案

四块长方形砖材围绕正方形砖材拼贴而成

2.墙面石材造型设计

（1）欧式雕花造型

欧式雕花造型是将石材制作成雕花的样式，结合欧式造型设计在墙面中，具有大气、奢华、高贵的装饰效果。欧式雕花造型墙面通常设计在电视墙中，中间摆放电视和欧式柜，背景则是欧式的石材造型墙。

雕刻角花

△ 角花雕花是典型的欧式雕花造型，搭配弧形的石材设计，形成欧式的拱门样式，尊贵典雅、奢华大气

忍冬草雕花

△ 雕花采用长方形的石材雕刻而成，设计在背景墙的顶部起到画龙点睛的装饰效果，为原本平淡的电视背景墙增添了忍冬草雕花设计元素

（2）罗马柱造型

罗马柱在欧式建筑中，是常见的起到支撑、承重作用的柱体，将其设计在室内空间中，则起到装饰效果，增加空间的延伸感。罗马柱造型多设计在门厅、过道以及背景墙中，其对空间面积有一定的要求，若空间面积较小，则不适合设计罗马柱；大面积的空间则需要罗马柱来增添设计的丰富变化。

▷ 带底座罗马柱适合设计在空间较为宽敞的区域，方形底座和罗马柱采用同种石材雕刻而成，有统一的和谐美

带底座罗马柱

无底座罗马柱

△无底座罗马柱可直接固定在地面上，两侧对称设计，将上面的拱形托起来，形成典型的欧式出入门厅，尽显奢华

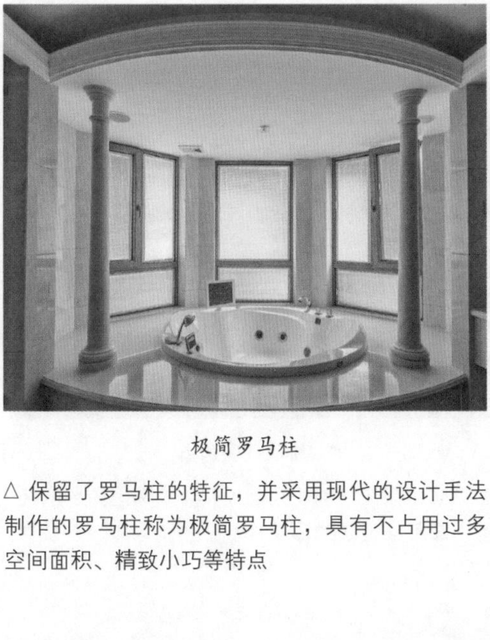

极简罗马柱

△保留了罗马柱的特征，并采用现代的设计手法制作的罗马柱称为极简罗马柱，具有不占用过多空间面积、精致小巧等特点

方形罗马柱

△罗马柱采用方形设计，形成半嵌入墙面的设计效果，与背景墙融合为一个整体。罗马柱凸出的部分不仅起到装饰作用，而且分割了主题墙与两侧的装饰墙

（3）壁炉造型

壁炉是石材造型中最常出现的样式，通常会设计在客厅的电视背景墙中、会客厅以及餐厅等空间。壁炉的高度通常在950~1200mm之间，可根据层高的高低进行比例的适配。

欧式风壁炉

△ 半嵌入式的欧式风壁炉采用了凸起的大平台台面，使得上面可以摆放多种装饰品。其不仅是装饰造型，同时也具备了实用功能

法式风壁炉

△ 法式风壁炉是最典型的壁炉样式，采用大量的雕花和欧式线条制作而成，拥有丰富的装饰美感

现代风壁炉

△ 通过几何线条勾勒出的现代风壁炉，造型简单又充满细节，突破了传统壁炉的造型局限，设计在现代风格的住宅中毫无违和感

简欧风壁炉

△ 壁炉采用天然爵士白为原料，勾勒出简约的线条，却不失壁炉的形状样貌，典雅大方，符合当代的审美观

（4）平面纹理造型

平面纹理造型是指在一整面背景墙中，采用带有延续性纹理的平面石材铺设而成，不采用多余的造型变化，只突出石材自然的装饰纹理。这种对石材的设计运用，多设计在现代、简欧等风格中。

爵士白平面纹理

△ 爵士白天然石材的纹理充满律动感，整块石材铺设在背景墙中，延续了纹理的自然变化。在石材中间增加黑色竖条纹，可增加现代感

对称人造石平面纹理

△ 人造石设计背景墙有一个好处是，既可自行制作纹理，并使纹理自然对称，又可扩大纹理的变化效果，使背景墙的主题设计凸显出来

（5）石材线条造型

石材线条的设计样式多种多样，通过石材线条形状、宽窄的变化，加上特殊的造型，可形成丰富的装饰效果，彰显出设计的变化性。石材线条多设计在电视背景墙、沙发背景墙以及过道、门厅等墙面中，展现出丰富多样的装饰效果。

◁ 单线条设计在背景墙中，可将内外分隔开来，实现在内外两侧粘贴不同的壁纸的设计效果，从而突出主题墙

单线条

◁ 宽线条即采用宽度、厚度均较大的石材制作成的线条。通常背景墙的中间设计宽度最大的线条，而两侧则设计宽度较窄的线条

宽线条

细线条

△ 细石材线条的运用较为广泛，可设计在背景墙中，也可设计在过道等狭窄的空间，作为墙面的装饰石材

▷ 弧形线条通过特殊加工制作而成，通常设计在墙面的顶部，形状类似拱门，通过优美的弧度来烘托出欧式装饰效果

弧形线条

二、材料选择

瓦工工程中常用多为砖材、石材等饰面材料，熟知材料的特性，根据空间的需求，材料的特性以及色彩、纹理等特点，选择合适的材料，将其运用到空间中去。

1.玻化砖

玻化砖是瓷质抛光砖的俗称，属于通体砖的一种，色彩较为柔和。它具有表面光洁、易清洁保养、耐磨耐腐蚀、强度高、用途广等特点。玻化砖可分为微晶石瓷砖、超微粉砖、渗花型玻化砖和多管布料玻化砖。

△ 微晶石瓷砖

△ 超微粉砖

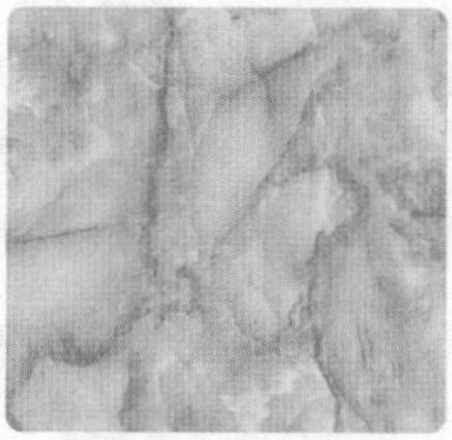
△ 渗花型玻化砖

△ 多管布料玻化砖

2.釉面砖

釉面砖又称为陶瓷砖、瓷片或釉面陶土砖，是一种传统的卫浴墙面砖。釉面砖色彩图案丰富、规格多、防渗，可无缝拼接、任意造型，韧度非常好，基本不会发生断裂现象，但耐磨性不如抛光砖。根据表面的光亮程度可分为亚光和亮光两类，亚光砖表面无光亮感，更时尚；亮光砖表面光亮，更便于清洁。

3.抛釉砖

抛釉砖又叫做釉面抛光砖。常规的釉面是不能抛光的，但抛釉砖表面使用的是一种可以在釉面进行抛光工序的特殊配方釉，目前一般为透明面釉或透明凸状花釉。其釉料特点是透明，不遮盖底下的面釉和各道花釉，抛光时只抛掉透明釉的薄薄一层。

△ 亚光釉面砖

△ 亮光釉面砖

△ 抛釉砖

4.仿古砖

仿古砖严格来说属于釉面砖的一种，与普通的釉面砖相比，差别主要体现在釉料的色彩上面。所谓仿古指的是砖的效果，实际上应该叫仿古效果的瓷砖，通过样式、颜色、图案，营造出怀旧的氛围。仿古砖品种、花色较多，规格齐全，而且还有适合厨卫等区域使用的小规格砖，可以说是抛光砖和瓷片的合体。

5.微晶石

微晶石的学名为微晶玻璃复合板材，是玻璃与陶瓷的结合体，本质是一种陶瓷玻璃，性能优于天然和人造石材，不需要特别的养护，装饰效果华丽、独特。微晶石热膨胀系数很小，也具有硬度高、耐磨的机械性能，密度大，抗压、抗弯性能好，耐酸碱，耐腐蚀，且没有容易藏污纳垢的问题。

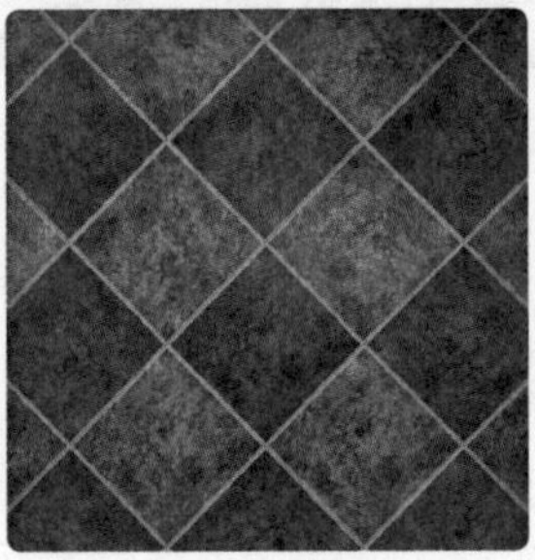

△ 仿古砖

△ 微晶石

6.马赛克

马赛克又称锦砖或纸皮砖，主要用于铺地或内墙装饰，也可用于外墙饰面。其款式多样，常见的有陶瓷马赛克、金属马赛克、贝壳马赛克、玻璃马赛克以及夜光马赛克等，装饰效果突出。

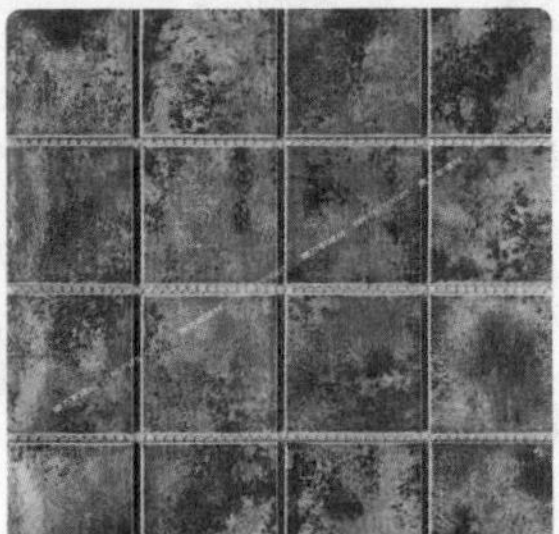

△ 陶瓷马赛克

△ 金属马赛克

△ 玻璃马赛克

7.天然大理石

天然大理石的纹路和色泽浑然天成、层次丰富，非常适合用来营造华丽风格的家居。大理石的莫氏硬度虽然只有3，但不易受到磨损，在家居空间中适合用在墙面、地面、台面等处作为装饰。若应用面积大，还可采用拼花，使其更显大气。

△ 天然大理石

8.人造石

人造石通常是指人造石实体面材，包括人造石英石、人造花岗石等。与传统建材相比，人造石不但功能多样、颜色丰富，且应用范围也更广泛。其特点为无毒、无放射性、阻燃、不渗污、抗菌防霉、耐磨、耐冲击、易保养、无缝拼接、造型百变等。

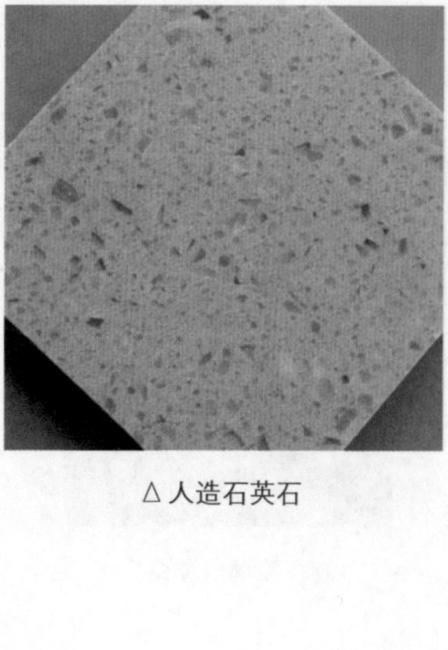

△ 人造石英石

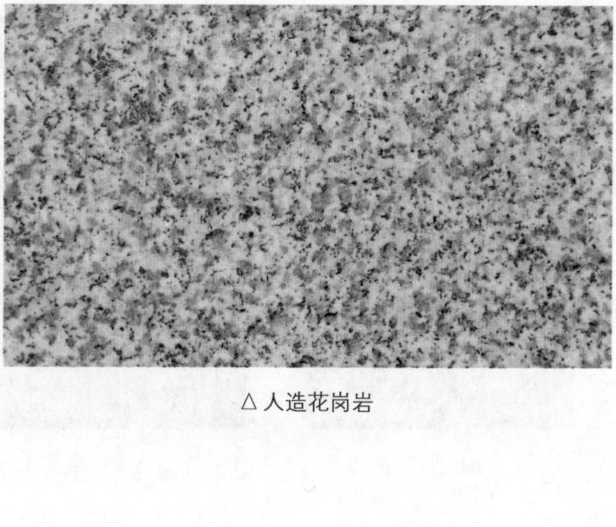

△ 人造花岗岩

三、施工质量要求

瓦工工程包含着砌墙施工、墙砖铺贴、地砖铺贴等不同工艺，不同的工艺其施工环节不同，对其质量也有着不同的要求。总体上，施工人员按照规范完成施工，即可保证施工质量。

1.砌墙施工质量要求

①施工前先用墨斗弹出统一的水平线、房间地面整体的纵横直角线、墙体垂直线。

②砖、水泥、沙子等材料应尽量分散堆放在施工时方便可取之处，避免二次搬运，绝对不能全部堆放在一个地方，同时水泥应做好防水防潮措施。砖应提前1～2天浇水润湿，以阴湿进砖表面5mm为佳。

③应拉线砌砖，以保证每排砖缝水平、主体垂直，不得有漏缝砖，每天砌砖的高度不得超过2m。砖墙不能一天内直接砌到顶，必须间隔1～2天，到顶后原顶白灰必须预先铲除后方可施工，最顶上一排砖必须按45°斜砌，并按照反向安装收口，墙壁面应保持整洁。

④组砌方法应正确。砌筑时要“对孔、错缝反砌”；砌筑操作时要采用“三一”砌法，即“一铲灰、一块砖、一挤揉”。

⑤新旧墙连接处，每砌60cm应插入1根ϕ6mm的L形钢筋，其长度不得少于40cm。钢筋入墙体或柱内须用植筋胶固定。新旧墙表面的水平或直角连接必须用钢丝网加强防裂处理，两边宽度不得少于15cm，并应牢固固定。

⑥卫生间及厨房必须设地梁，地梁处必须清除原有的防水层，不能在原有的防水层或者砂浆层上直接砌筑。地梁的高度不得低于15cm，宽度一般与砖的宽度相同即可。浇筑地梁前应先冲洗地面，并用素水泥浆做结合处理。

⑦砖砌体要上下错缝、内外搭接。实心砖砌体一般采用“一顺一丁”的砌筑形式，不得“游丁走缝”，不应有小于三分头的砖渣。砌体砖水平灰缝的砂浆要饱满，实心砌体砖砂浆饱满度不得低于80%。

⑧竖向灰缝宜采用挤浆或加浆的方法，使其砂浆饱满。砖砌体的水平灰缝宽度一般为9～11mm，立缝为6～8mm。

⑨砖砌体的转角处和交接处应同时砌筑，临时间断处砌成踏步槎（不允许全部留直槎）。

接槎时，必须将接槎处的表面清洗干净、浇水湿润、填实砂浆，保持灰缝平直。抗震地区按设计要求应有墙压筋500mm一道，组合柱处按“5出5进”留马牙槎。

⑩框架结构房屋的填充墙与框架中预埋的拉结筋应相互连接。

⑪每层承重墙的最上一皮砖、梁或梁垫的下面、砌体的台阶水平面，以及砖砌体的挑出层（挑檐、腰线等）应为整砖丁砌层。

2.墙砖铺贴施工质量要求

①墙面砖在铺贴前应浸水0.5～2h，以砖体不冒泡为准，然后取出晾干待用。

②铺贴前应选好基准点，进行放线、定位和排砖，非整砖应排放在次要部位或阴角处。每面墙不宜有两列非整砖，非整砖的宽度不宜小于整砖的1/3。

③铺贴墙砖时，必须提前进行预排，自上而下计算尺寸。非整砖应放在最下层，排列中横、竖向都不允许出现两行以上的非整砖。

④铺贴墙砖时，平整度若用1m靠尺检查，误差≤1mm；若用2m靠尺检查，平整度误差≤2mm。相邻墙砖间缝隙宽度≤2mm，平直度误差≤3mm，接缝高低差≤1mm。

⑤铺贴墙砖时，横、竖缝隙宽度要控制在1～1.5mm范围内（允许偏差为0.5mm）。

⑥烟道等突出墙面部位的墙砖，不准裁割拼接，应用整砖套割。施工中若发现铺贴不密实的面砖，必须及时取下重贴，严禁向砖口内塞灰。

⑦墙砖铺贴顺序为自下而上分层铺贴。阴角处不得使用宽度小于50mm的窄条；阴角相接处应做到光边压毛边，大面压小面。

⑧铺贴阳角砖时，要求牢固无松动，采用45°拼角时应做到平直无爆口。

⑨墙砖铺贴过程中遇到开关面板或水管的出水孔在墙砖中间时，墙砖不允许断开，应用切割机掏孔，掏孔应严密。

3.地砖铺贴施工质量要求

①根据设计要求确定地面标高线和平面定位线，按定位线的位置铺贴地砖。清理基层后满铺一层1：3.5的水泥砂浆结合层，厚度应小于40mm。

②铺贴陶瓷地面砖前，应先将陶瓷地面砖浸泡2h以上，以砖体不冒泡为准，然后取出晾干待用，以免影响其凝结硬化，发生空鼓、起壳等问题。

③根据定位线在地面按瓷砖缝，用施工线在面砖外皮上口拉水平通线作为镶贴的标准。一般按图纸在门口处为整砖，由边缘的整砖开始向另一边进行铺贴。

④用水泥和陶瓷黏合剂混合拌浆打底抹在地面砖背面，然后将地面砖粘贴在地面上，并用橡皮锤敲击地面砖，使其与地面紧密结合，并且高度与地面标高线吻合，并随时用水平尺检查平整度。表面平整度允许偏差不大于2mm；地面砖之间接缝高差不得大于0.5mm。

⑤铺贴时应注意地面坡向，安装地漏的部位标高应最低，其余部位按1%的坡度坡向地漏，淋浴房部位坡度可适当加大。安装地漏时应注意，排水管切割时不能与结构地面平齐或低于结构地面；应测量好结构面与完成面的距离，结合地漏自身的深度，对排水管进行切割。尽量保证地漏与排水管的紧密连接，以防止地漏处的水向地面下其他地方流动，以及在铺设时水泥砂浆顺着接合部位掉入排水管。

⑥地砖铺贴完成后应进行泼水试验，检查地砖坡向是否正确。由于基础层、粘接层与面砖本身的热胀冷缩系数差异很大，因此经过1～2年的热冷张力破坏，过密的铺贴易造成面砖鼓起、断裂等问题。在铺贴面砖时，接缝可在2～3mm范围内调整。同时，为避免浪费材料，可先随机抽取若干

选好的产品放在地面进行不黏合试铺，若发现有明显色差、尺寸偏差、砖与砖之间缝隙不平直、倒角不均匀等情况，且在进行砖位调整后仍未达到满意效果的，应当及时停止铺设，并与材料商联系进行调换。

四、地面基础施工

地面基础施工有四种工艺，其中的水泥砂浆找平和自流平找平都是属于地面找平，而水泥砂浆粉光和磐多魔地坪则是地面的一种饰面工程，可以适应空间的多种不同变化，是在最近几年较为流行的地面形式之一。

1.水泥砂浆找平

施工准备

→

基层清理

→

墙面标记

↓

铺设水泥砂浆

←

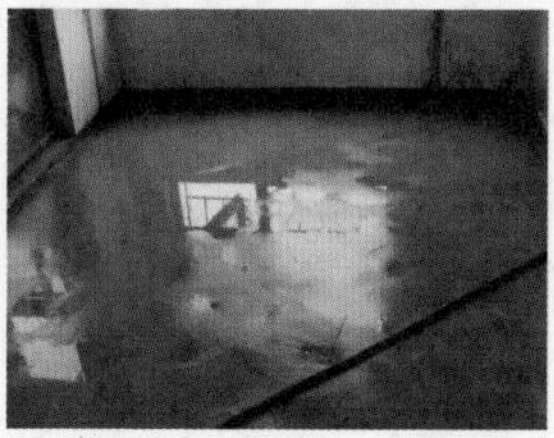

养护

步骤1 施工准备

对水泥的要求：必须是强度等级为32.5的普通硅酸盐水泥。

对砂的要求：必须为中砂，并且含沙量不应大于3%，不得含有有机杂质。

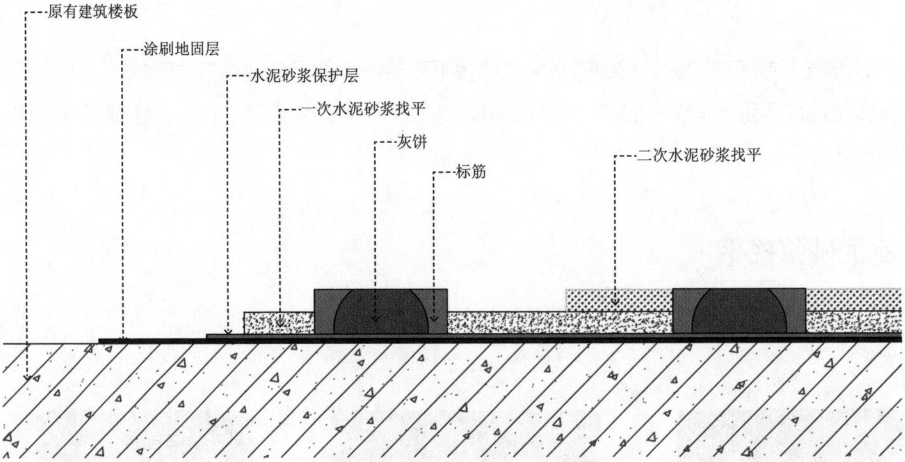

△ 地面找平剖面图

步骤2 基层清理

①在水泥砂浆找平前要先清理基层。首先要将结构表面的松散杂物清扫；然后用钢丝刷将基层表面突出的混凝土渣和灰浆皮等杂物刷掉，同时局部过高的地方要适当剔凿；最后如果有油污，可用10%的火碱水溶液清除，并用清水及时把碱液冲洗干净。以上操作完成后，用喷壶在地面基层上均匀地洒一遍水。

②抹水泥砂浆前，应适当在基层上面洒水浸润，以保证基层与找平层之间接触面的黏合度。

步骤3 墙面标记

①从墙上1m处水平线向下量出面层的标高，并弹在墙面上。

②根据房间四周墙上弹出的面层标高水平线，确定面层抹灰的厚度，然后拉水平线。

一般找平厚度			
项目	砂浆厚度 /mm	材料厚度 /mm	总计 /mm
铺贴地面砖	20	8~10	28~30
铺贴地面大理石	25~30	20	45~50

步骤4 铺设水泥砂浆

①在铺设水泥砂浆前，要涂刷一层水泥浆，涂刷面积不要太大。涂刷水泥浆后要紧跟着铺设水泥砂浆，在灰饼之间把砂浆铺设均匀即可。

②用木刮杠刮平之后，要立即用木抹子搓平，并随时用2m靠尺检查平整度。用木抹子刮平之后，立即用铁抹子压第一遍，直到出浆为止。待浮水下沉后，以人踏上去有脚印但不下陷为准，再用铁抹子压完第二遍即可。找平层的铺设厚度要均匀到位，以免找平层空鼓、开裂，水泥要稳定，抹压程度适当。

△ 靠尺检查平整度

步骤5 养护

地面压光完工24h以后，要铺锯末或者其他的材料进行覆盖洒水养护，保持湿润，养护时间不少于7天。养护要准时，不得过人踩踏，以防止起砂。

2.自流平找平

地面测量

基层表面处理

浇自流平

涂刷界面剂

辊筒渗入

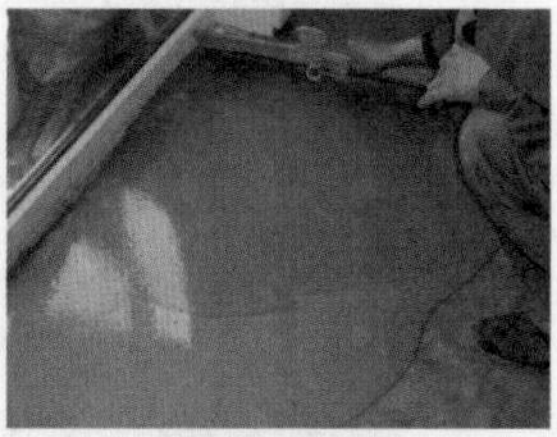
完工养护

步骤1 地面测量

用卷尺对地面进行准确的面积测量，以核定产品的使用量。用2m靠尺和楔形尺对地面进行随机检测，并在测绘图及地面上标注出地面平整度、混凝土强度，以及起砂、裂缝等情况，进一步完善施工方案。

步骤2 基层表面处理

一般毛坯地面上会有凸起的地方，需要将其打磨掉。一般需要用到打磨机，采用旋转平磨的方式将凸块磨平。对整体地面进行拉毛处理，增加水泥自流平与地面的接触面积，以防空鼓。基层表面处理完毕后，用大型工业吸尘器吸尘。

步骤3 涂刷界面剂

基层表面处理完毕后，需要在地面上涂刷界面剂。涂刷界面剂的目的是让自流平水泥更好地与地面衔接，最大限度地避免出现空鼓或者脱落的情况。

①用自流平底涂剂按1：3的比例兑水稀释封闭地面，混凝土或水泥砂浆地面一般涂刷2~3遍。

②如果地面轻度起砂，可以将乳液稀释到5倍，连续涂刷3～4遍，直到地面不再吸收水分即可施工自流平。

步骤4 浇自流平

①通常自流平中水泥和水的比例是1：2，这样可以确保水泥能够流动但又不会太稀，以保证地面的强度，否则干燥后强度不够，容易起灰。

②倒自流平水泥时，观察其流出约500mm宽范围后，由手持长杆齿形刮板、脚穿钉鞋的操作工人在自流平水泥表面轻缓地进行第一遍梳理，导出自流平水泥内部气泡并辅助流平。当自流平流出约1000mm宽范围后，由手持长杆针形辊筒、脚穿钉鞋的操作工人在自流平水泥表面轻缓地进行第二遍梳理和滚压，提高自流平水泥的密实度。

步骤5 辊筒渗入

推干的过程中会有一定凹凸，这时就需要用辊筒将水泥压匀。如果缺少这一步，就很容易导致地面出现局部的不平整，以及后期局部的小块翘空等问题。

步骤6 完工养护

施工完成后需要及时对成品进行养护，必须要封闭现场24h。在这段时间内需要避免行走或者冲击等情况出现，从而保证地面的质量不会受到影响。

3.水泥砂浆粉光

涂刷界面黏合剂

筛沙，搅拌水泥砂浆

涂抹水泥砂浆在墙地面中

进行磨砂处理

涂刷保护剂

步骤1 涂刷界面黏合剂

界面黏合剂用于增加墙地面和水泥砂浆粘接的牢固度。黏合剂采用益胶泥，益胶泥粘结力大、抗渗性好、耐水、耐裂，施工适应性好，能在立面和潮湿基面上进行操作。先将益胶泥均匀地涂刷在墙地面中，然后准备涂抹水泥砂浆。

步骤2 筛沙，搅拌水泥砂浆

①将买来的沙子进行2次筛除，将里面的大颗粒全部筛除出去，留下细沙。

②将细沙与水泥搅拌在一起，既可直接在地面中搅拌，也可在桶中搅拌，便于施工。

步骤3 涂抹水泥砂浆在墙地面中

涂抹在墙面中的水泥砂浆厚度应保持在15mm，涂抹在地面中的水泥砂浆应保持在25mm。一边涂抹水泥砂浆，一边找平。全部涂抹完成后，使用水平尺检测水平度和垂直度。

步骤4 进行磨砂处理

①表面磨砂处理需等待水泥砂浆完全干燥和硬化之后再进行磨砂施工，一般需要等待12~24h。

②使用磨砂机对水泥砂浆的表面进行打磨，将表面研磨至细腻光滑，没有明显的颗粒为止。对于转角处或面积较小的区域，则使用砂纸打磨，持续2~3次才能将表面研磨至细腻光滑。

步骤5 涂刷保护剂

磨砂处理完成后，需对墙地面养护7~14天。养护期过后，对表面进行处理，涂刷保护剂。墙面选择涂刷泼水剂，地面涂刷硬化剂，以起到保护作用。

4.磐多魔地坪

基层处理

涂刷两遍树脂漆

洒上石英砂

涂刷磐多魔骨材

干燥，打磨表面

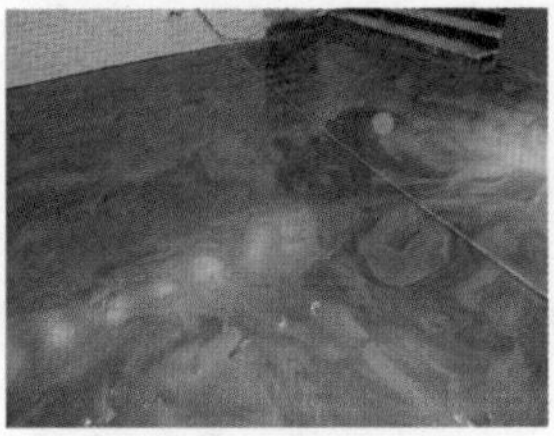

涂刷保护油

步骤1 基层处理

①磐多魔地坪施工对地面的平整度要求较高，若表面凹凸不平，则需要对地面进行找平工艺处理。

②将浮在地面的灰尘以及细小颗粒清扫干净，并洒少量的水进行清洗。

步骤2 涂刷两遍树脂漆

①第1遍涂刷树脂漆。待地面完全干燥后，涂刷第1遍树脂漆，厚度在1.5mm左右，只需要薄薄的一层即可。要求涂刷均匀，薄厚一致。

②第2遍涂刷树脂漆。过24h之后，开始涂刷第2遍树脂漆，厚度同样保持在1.5mm左右，要求涂刷均匀，薄厚一致。

步骤3 洒上石英砂

在第2遍树脂漆涂刷完成，且没有硬化之前，均匀地洒上石英砂，起到增强结构的作用。石英砂可增加涂层的厚度、硬度以及面漆的咬合度。

步骤4 涂刷磐多魔骨材

①先加入染色水改变磐多魔的颜色，然后充分均匀地搅拌。搅拌过程中容易产生气泡，须注意待磐多魔骨材没有起泡后才可进行涂刷。

②将磐多魔骨材均匀地涂刷到地面中，厚度保持在5mm左右。涂抹过程中，应不断进行找平。

步骤5 干燥，打磨表面

磐多魔骨材一般需要经过24h后才可干燥和硬化。待磐多魔骨材干燥后，即可使用打磨机对磐多魔骨材进行打磨，也可以使用砂纸打磨。

步骤6 涂刷保护油

打磨完成后，开始涂刷保护油，要求薄厚一致，均匀涂刷。待表面干燥和硬化后，使用打蜡机进行抛光处理。此工序需要重复两遍，起到加强防护的作用。

五、包 立 管

包立管即包管道井，是指给所有上下水管做好防结露、保温以及隔音处理。其目的一是美观，二是隔音。

基层处理

浇筑止水梁

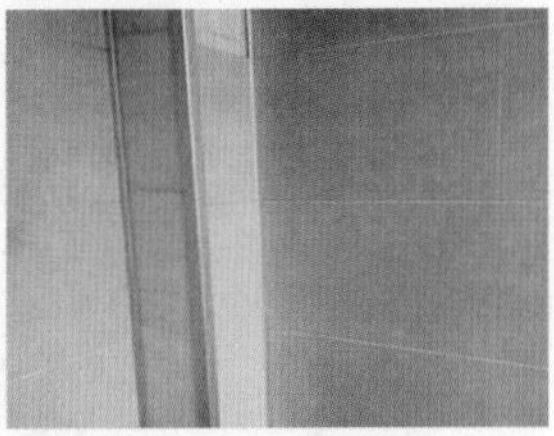
包消音棉

砌筑砖墙

定位固定钢筋

固定钢丝网

粉刷砂浆

铺贴饰面材料

步骤1 基层处理

包立管前要先清理基层，保证基层整洁。同时，基层和砌筑用的砖体需要提前润湿。

步骤2 浇筑止水梁

根据墙体厚度和位置用水泥砂浆浇筑反梁并进行维护。

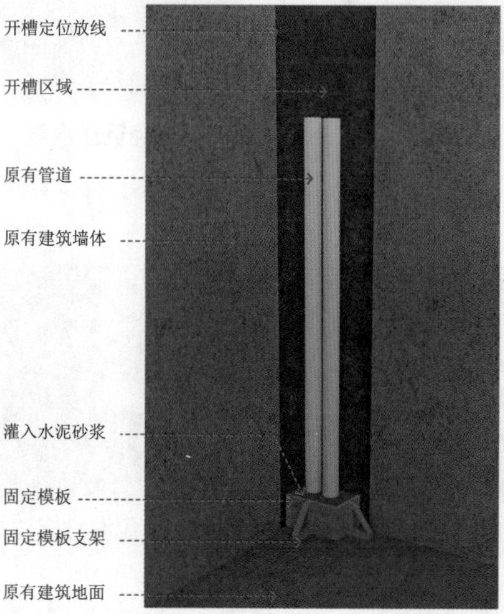

△ 浇筑止水梁三维示意图

\小\贴\士\ 包立管施工顺序

包立管的施工应该在房间地面、吊顶、墙面施工前完成，否则会对其他工序产生影响。

步骤3 包消音棉

将上下水管用消音棉包裹，保留水管检修口，然后使用柔性绷带再次包缠已进行隔音处理的水管，固定好消音棉，防止日久脱落。这种组合方式的吸声降噪效果较好，同时能够缓和水管内外的温差，降低管壁表面结露的概率，具有较好的防潮功能。

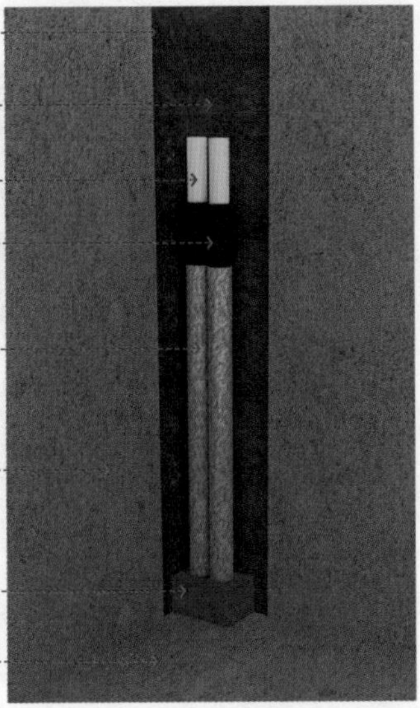

△包消音棉（高分子降噪层）三维示意图

扩展知识 包横管的施工方法

立管包完之后，顶面的横管同样需要包管，而且横管产生噪声的可能性更大，更容易有结露现象。如果卫生间安装了吊顶，那么横管产生的结露还容易在吊顶的面层和龙骨架下形成水滴，从而引起霉变和腐蚀。

步骤4 砌筑砖墙

严禁使用将碎砖块与水泥砂浆直接填塞缝隙的方式包管道。砌筑方式为砖体内侧贴管道错缝砌筑，直角处轻体砖槎接；各交界面灰浆填充饱满；管道应预留检修口。

步骤5 定位固定钢筋

拉墙筋要隐藏在砖体之中，每500mm的距离需加固一道，防止砖体收缩伤害到管道，并且保证砖体与管道之间保持10mm的收缩缝。

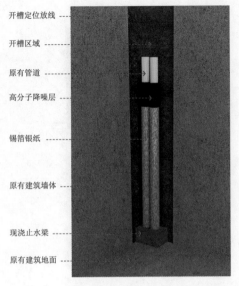

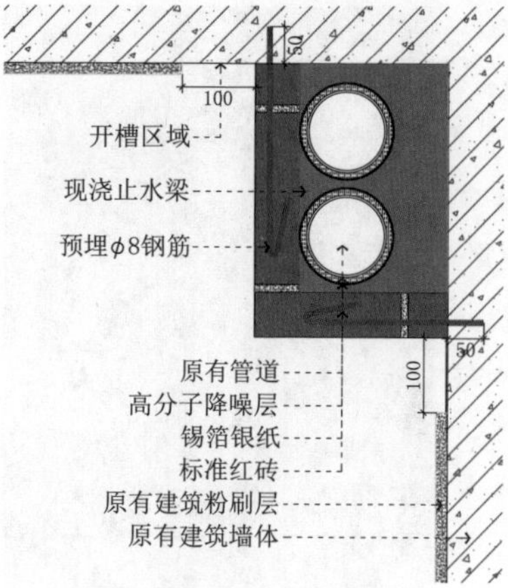

△ 定位固定钢筋剖面图

步骤6 固定钢丝网

钢丝网要满挂，按照从上到下、从阳角到两边的顺序施工；要一边挂网，一边固定，防止钢丝网脱落。需要注意的是，砌体与原墙交接处或阴角处的钢网搭接宽度不得小于100mm。

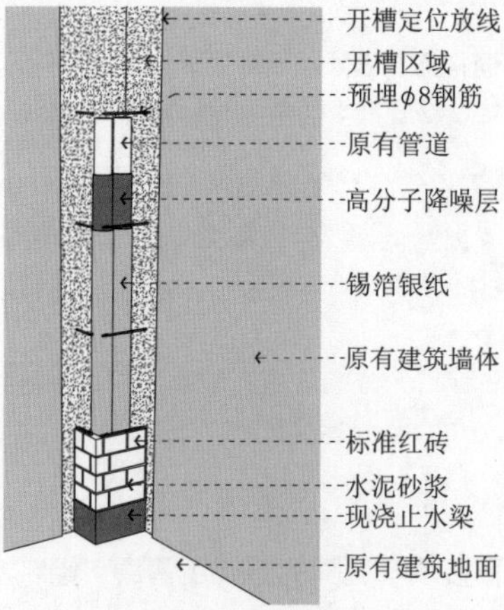

△ 固定钢丝网透视图

步骤7 粉刷砂浆

包立管时，粉刷砂浆需要分层进行。在固定好钢丝网后，需要先粉刷一层水泥砂浆，之后还需涂抹防水层（防水层要刷两遍），最后涂刷一层水泥砂浆以便进行后续施工。

步骤8 铺贴饰面材料

在粉刷完砂浆之后，要先阴干，然后可进行饰面处理操作。饰面处理既可以铺贴墙砖，也可以刷乳胶漆。刷乳胶漆时要先做石膏找平处理。

\小\贴\士\ 砌砖法包立管的优点

采用砌砖法包立管具有隔音性能好、不易变形等特点，但同时也存在着结构层较厚、占用空间较多的问题。

六、墙砖铺贴

墙砖的铺贴由于不同的砖材其特性不同，因此其铺贴方式也是多种多样的，根据现场实际情况以及需求来选择不同的施工方式。

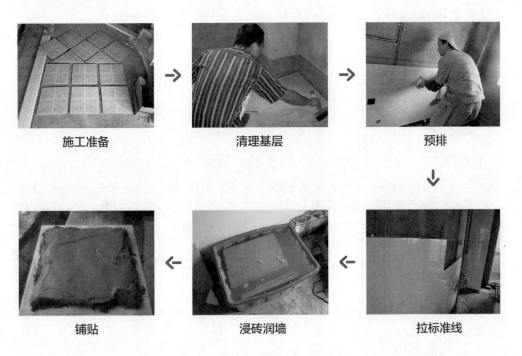

1.水泥砂浆找平

施工准备

→

清理基层

→

预排

↓

拉标准线

←

浸砖润墙

←

铺贴

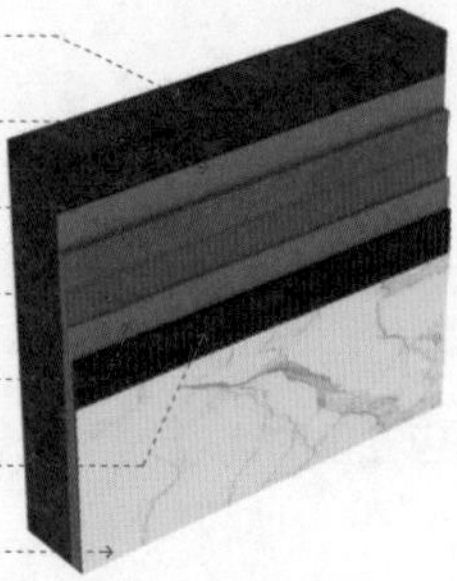

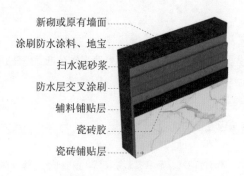

△ 墙面瓷砖铺贴工艺三维示意图

步骤1 施工准备

①对垂直度及平整度较差的原墙面以及不正的阴阳角，必须事先进行抹灰修正处理；对空鼓、裂缝的原墙面应予以铲除补灰；对原墙面为石灰砂浆墙面的，应全部铲除重新抹灰。阴阳角的方正误差用直角尺测量，误差不应大于3mm。

②铺贴前必须对墙砖的品牌、型号、色号进行核对，严禁使用有几何尺寸偏差太大、翘曲、缺楞、掉角、釉面损伤、隐裂、色差等缺陷的墙砖。

步骤2 清理基层

贴砖前必须清除墙面的浮砂及油污。如果墙面较光滑，则须进行凿毛处理，并用素灰浆扫浆一遍。

步骤3 预排

①预排施工时，要自上而下计算尺寸，排列中横、竖向都不允许出现两行以上的非整砖。非整砖应排在次要部位或阴角处，排砖时可用调整砖缝宽度的方法解决。

②如无设计规定时，接缝宽度可在1～1.5mm之间进行调整。在管线、灯具、卫生设备支撑等部位，应用整砖套割，不得用非整砖拼凑镶贴，以保证效果美观。

步骤4 拉标准线

①根据室内标准水平线找出地面标高，按贴砖的面积计算出纵横的皮数，用水平尺找平，并弹出墙面砖的水平和垂直控制线。

②横向不足整砖的部分，留在最下一皮与地面连接处。

步骤5 浸砖润墙

①浸砖：面砖铺贴前应放入清水中浸泡2h以上，然后取出晾干，用手按砖背无水迹时方可粘贴；冬季宜在浓度为2%的温盐水中浸泡。

②润墙：砖墙面要提前1天湿润好；混凝土墙面可以提前3～4天湿润，以免吸走黏结砂浆中的水分。

步骤6 铺贴

①在墙面均匀涂刷界面剂。

②在正式铺砖前要先试贴。将拌制好的水泥砂浆均匀地涂抹在墙砖背面，将其贴在墙上，并用橡皮锤轻轻敲击，使其与墙面黏合。之后取下检查，看是否有缺浆及不合之处。试贴能够有效避免空鼓和脱落的问题。

③正式铺贴时，要在墙面砖背面抹满灰浆，四周刮成斜面，厚度应在5mm左右，注意边角要满浆。当墙砖贴在墙面时，应用力按压，并用橡皮锤敲击砖面，使墙面砖紧密粘于墙面。

④贴好第一块砖后，需要用靠尺和线坠检查水平度和垂直度，如有不平整之处，应用锤子轻轻敲击砖面进行调整。

⑤铺贴面砖要先贴左端和右端，再贴中间。为了避免墙砖铺贴完成后受温度和湿度的影响而变形，在贴砖时要适当留下空隙，可塞入小木片留缝，并对欠浆亏浆的位置进行填充，保证粘贴牢固。墙面砖的规格尺寸或几何尺寸形状不等时，应在铺贴时随时调整，使缝隙宽窄一致。当贴到最上一行时，要求上口成一直线。若最上层面砖外露，则需要安装压条，反之则不需要。

⑥墙砖铺贴完成后，需要用填缝剂勾缝。首先将墙面清理干净，再用扁铲清理砖缝，最后将填缝剂填入缝中，等其稍干后压实勾平即可。

扩展知识

特殊位置的墙砖处理：阳角

在贴墙面瓷砖的时候会遇到一些 90° 的凸角，这个角被称为阳角。阳角一般有两种处理方法：一种是将两块瓷砖背面倒 45° 拼成 90°，即碰角；另一种是使用阳角线。

① 碰角：是一种比较传统的阳角处理方式，就是将两块瓷砖都磨成 45°，然后将瓷砖对角贴上。这种方式看似简单却非常考验工人的手艺，可以有效地使整体墙面协调统一，具有很强的装饰性。

② 阳角线：是一种用于瓷砖 90° 凸角包角处理的装饰线条。由于阳角线施工简单方便，且可以很好地保护瓷砖，因而阳角线被广泛应用在室内装修中。阳角线的常见材质有 PVC、铝合金、不锈钢等。阳角线可以很好地保护瓷砖边角，更加安全，可以减少碰撞产生的危害。

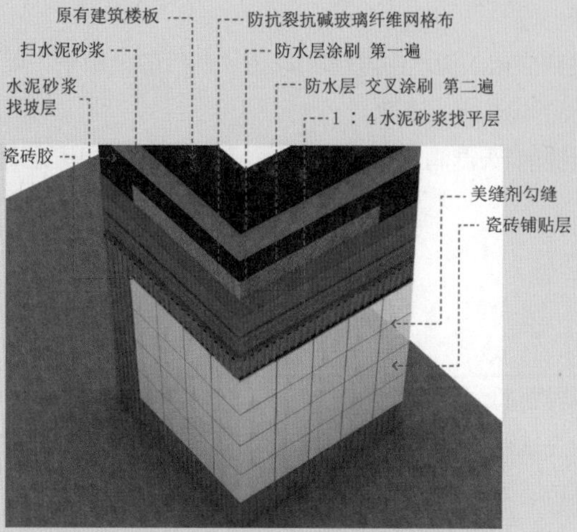

△ 碰角

特殊位置的墙砖处理：底盒处

特殊位置的墙砖处理：进水管安装底盒需要在面饰材料上开孔时，必须定位放线，以确保安装后的美观度。安装时有以下几点注意事项。

① 所安装的底盒要与瓷砖面取平，也就是说贴完瓷砖以后，底盒和瓷砖的面是相平的。这样安装开关或者插座面板的螺丝就不需要额外配置安装螺丝。

② 墙面预埋底盒必须分开布置，底盒与底盒之间的间距要大于 1cm；强电底盒与弱电底盒间距要大于 20cm，且高度必须一致。

③ 水电线和安装验收：同一房间线盒高差不大于 5mm；线盒并列安装高差不大于 3mm；面板安装高差不大于 1mm。

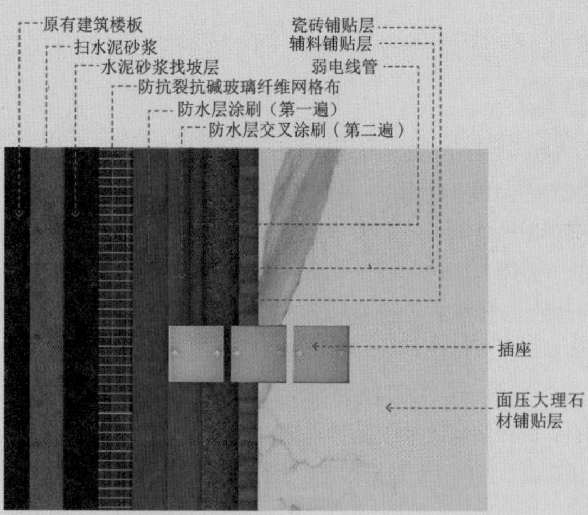

△ 底盒位置处理

特殊位置的墙砖处理：进水管

无论是安装锅炉还是热水器等设备，需要在瓷砖上开孔时，都必须使用开孔器开孔，以确保安装后的美观度。安装时有以下几点注意事项。

① 装龙头处开孔必须开成圆孔，不能开成方孔，而且也不能开成 U 形孔。开孔的大小不能超过管径 2mm 以上，并且出水口边也必须与瓷砖平齐。

② 暗铺水管的刨沟深度应为水管敷设完成后管壁距粉刷层 15mm，并标注固定点。固定点间距不大于 600mm，终端固定点与出水口的距离不大于 100mm。

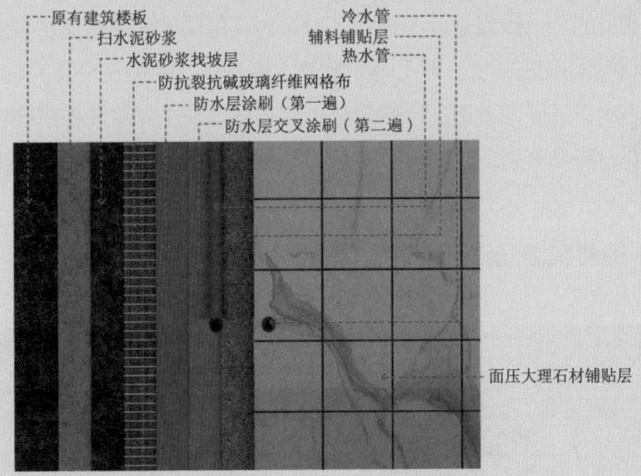

△ 进水管开孔

2.马赛克铺贴

（1）软贴法

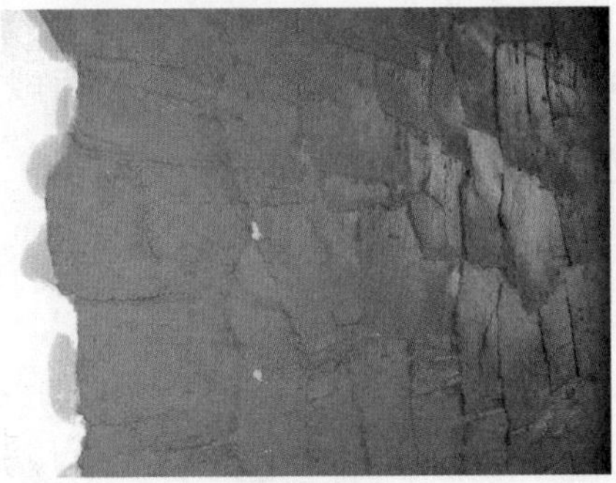

抹黏结层

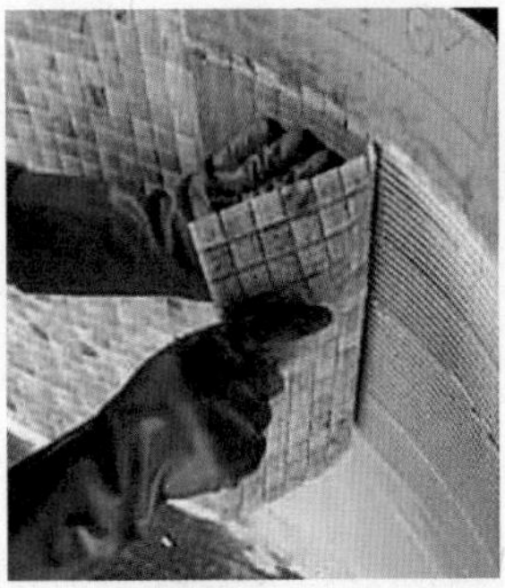

粘贴马赛克

步骤1 抹黏结层

在抹黏结层之前，应在湿润的找平层上刷素水泥浆一遍，然后抹3mm厚的1：1：2纸筋石灰膏水泥混合浆黏结层。待黏结层用手按压无坑印时，在其上弹线分格。由于此时灰浆仍稍软，故称为软贴法。

步骤2 粘贴马赛克

粘贴马赛克时，一般自上而下进行。操作为将每联马赛克铺在木板上（底面朝上），用湿棉纱将马赛克的粘贴面擦拭干净，再用小刷蘸清水刷一道。随后在马赛克粘贴面上刮一层2mm厚的水泥浆，边刮边用铁抹子向下挤压，并轻敲木板振捣，使水泥浆充盈拼缝内，排出气泡。然后在黏结层上刷水湿润，将马赛克按线或靠尺粘贴在墙面上，并用木锤轻轻敲拍按压，使其更加牢固。

（2）干缝撒灰湿润法

洒水泥干灰

→

铺贴马赛克

步骤1 洒水泥干灰

在马赛克背面满撒1：1细砂水泥干灰（混合搅拌应均匀）充盈拼缝，然后用灰刀刮平，并洒水使缝内干灰湿润成水泥砂浆，再按软贴法贴于墙面。

步骤2 铺贴马赛克

铺贴时应注意缝格内的干砂浆应撒填饱满，水湿润应适宜。太干易使缝内部分干灰在提纸时漏出，造成缝内无灰；太湿则马赛克无法提起不能镶贴。此法由于缝内充盈良好，可省去擦缝工序，揭纸后只需稍加擦拭即可。

七、地砖铺贴

地砖的铺贴一般包含瓷砖、马赛克以及拼花的铺贴。瓷砖和马赛克的铺贴相对简单，顺着空间进行铺贴即可，但地面拼花要注意提前预排地砖，才能达到设计师在施工图纸上展现的效果。

1.地面瓷砖铺贴

基层处理

浸砖

弹线分格

铺砂浆

铺地砖

压平、调缝

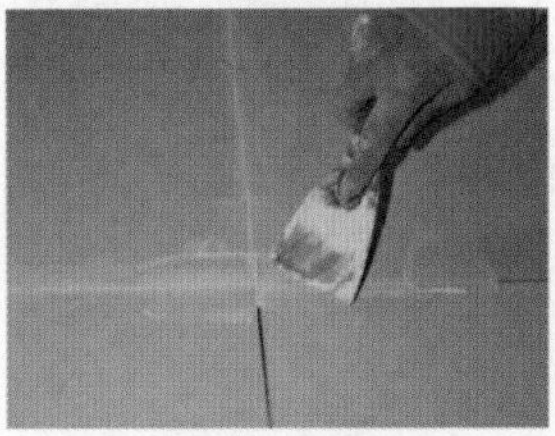

勾缝、清理

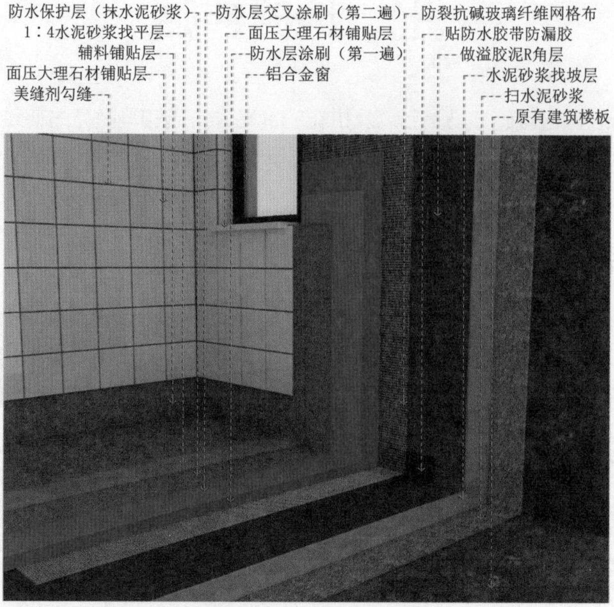

△ 墙地面瓷砖铺贴三维示意图

步骤1 基层处理

铺贴地面瓷砖通常是在原楼板地面或垫高地面上施工。较光滑的地面要进行凿毛处理，基层表面残留的砂浆、尘土和油渍等要用钢丝刷刷洗干净，并用水冲洗地面。

步骤2 浸砖

地砖应浸水湿润，以保证铺贴后不会因吸走灰浆中的水分而粘贴不牢。将浸水后的地砖阴干备用，阴干的时间视气温和环境湿度而定，以地砖表面有潮湿感，但手按无水迹为准。

步骤3 弹线分格

①弹线时以房间中心为中心，弹出相互垂直的两条定位线，在定位线上按瓷砖的尺寸进行分格。如果整个房间可排偶数块瓷砖，则中心线就是瓷砖的对接缝；如排奇数块瓷砖，则中心线在瓷砖的中心位置上。分格、定位时，应距墙边留出200～300mm作为调整区间。

②在分格、定位时要先预排，并要避免缝中正对门口，影响整体效果。

步骤4 铺砂浆

应提前浇水润湿基层，刷一遍水泥素浆，随刷随铺1：3的干硬性水泥砂浆；根据标筋标高，将砂浆用刮尺拍实刮平，再用长刮尺刮一遍，最后用木抹子搓平。

步骤5 铺地砖

①正式铺贴前要先试铺，按照已经确定的厚度，在基准线的一端铺设一块基准砖，这块基准砖必须水平。

②试铺无问题后，即可开始正式铺贴。对于地砖的铺贴，一般来说比较好的方式是干铺。干铺就是结合层砂浆采用1：3的干硬性水泥砂浆。

③铺贴前，需要在地砖背面均匀涂抹水泥素浆，然后铺放在已经填补好的干硬性水泥砂浆上。铺贴时，必须要用橡皮锤轻轻敲击，手法是从中间到四边，再从四边到中间反复数次，使地砖与砂浆黏结紧密，并要随时调整平整度和缝隙。目前最常见的地砖铺设方式有两种：直铺和斜铺。直铺是以与墙边平行的方式进行瓷砖的铺贴，这也是使用最多的铺贴方式；斜铺是指与墙边成45°角的排砖方式，这种方式耗材量较大。

④地面瓷砖在铺贴时要注意留缝，留缝的方式有两种，分别是宽缝和窄缝。宽缝在铺贴仿古砖时比较常用，一般会留5~8mm的缝；窄缝的留缝宽度通常是在1~1.5mm。铺贴时留缝主要是考虑到地砖热胀冷缩的问题。

⑤在施工过程中，要随时检查所铺地砖的水平度，以及与相邻地面的高低差。检查的方式一般有两种：一种方式是用扁平铲在两个地砖的接缝处轻轻滑动；另一种方式是使用水平尺进行检验。

⑥铺贴后24h内要检查地面是否有空鼓的地方，一经发现要立刻返工。若时间超过24h，水泥砂浆凝固会增加施工的难度。

步骤6 压平、调缝

①压平。每铺完一个房间或区域，需要用喷壶洒水，约15min后，用橡皮锤垫硬木拍板按铺砖顺序拍打一遍，不得漏拍，在压实的同时用水平尺找平。

②调缝。压实后，拉通线，按照先竖缝后横缝的顺序进行调整，使缝口平直、贯通。调缝后，再用橡皮锤拍平。若陶瓷地砖有破损，应及时更换。

步骤7 勾缝、清理

瓷砖铺完24h后，将缝口清理干净，并刷水润湿，用水泥浆勾缝。如果勾缝太早，会影响所贴的瓷砖，可能会造成高低不平、松动脱落等现象。如果是彩色地面砖，最好使用白水泥或调色水泥浆勾缝，勾缝要做到密实、平整、光滑。在水泥砂浆凝结前，应彻底清理砖面灰浆，并将地面擦拭干净。

扩展知识 墙地面阴角瓷砖铺贴工艺

有排水要求的地面坡度应满足排水要求，应无积水和渗水现象，与基宅构件的结合处应严密（泼水后目测，全数检验均应符合要求）。

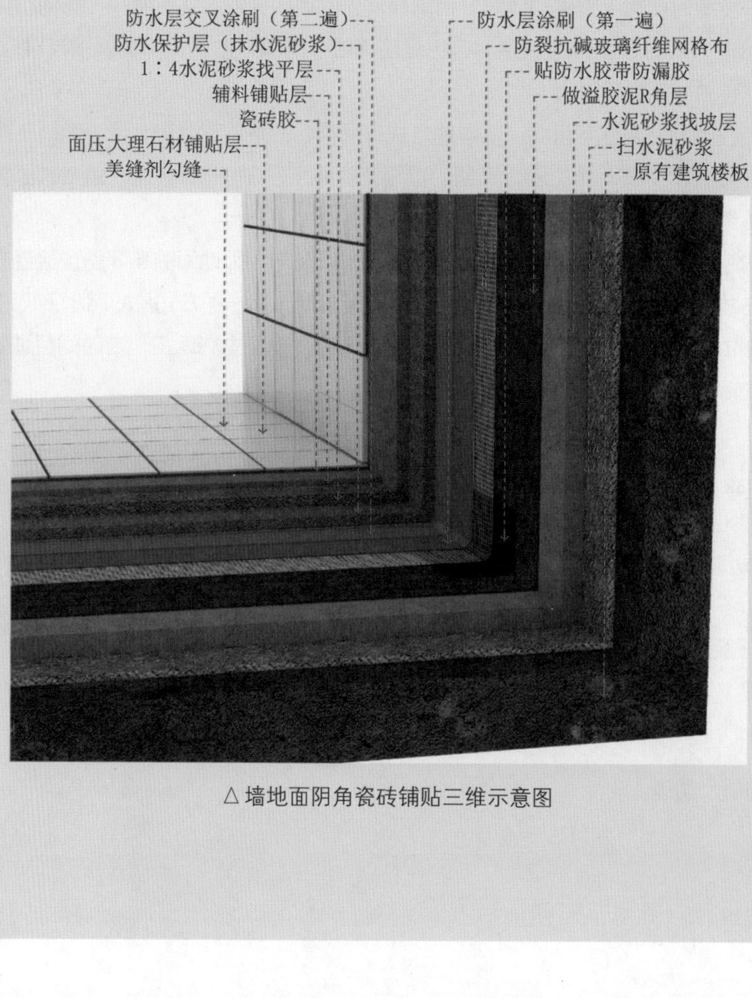

△ 墙地面阴角瓷砖铺贴三维示意图

2.马赛克地面铺贴

铺贴

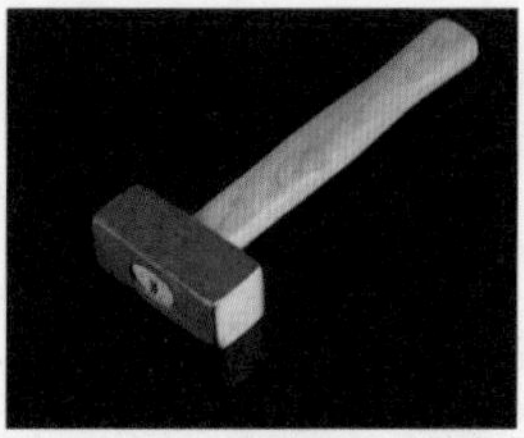

拍实

洒水、揭纸

拔缝、灌缝

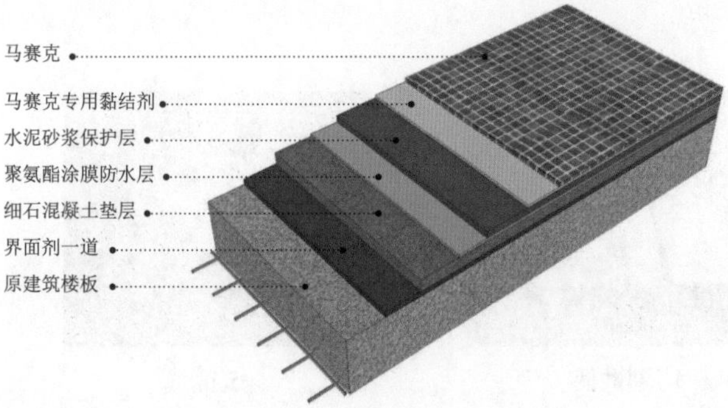

△ 马赛克铺贴三维示意图

步骤1 铺贴

①铺贴时，在铺贴部位抹上素水泥稠浆，同时将马赛克表面刷湿，然后用方尺找到基准点，拉好控制线按顺序进行铺贴。

②当铺贴接近尽头时，应提前量尺预排，提早做调整，避免造成端头缝隙过大或过小。每联马赛克之间，如果在墙角、镶边和靠墙处应紧密贴合，靠墙处不得采用砂浆填补，如果缝隙过大，应裁条嵌齐。

步骤2 拍实

整个房间铺贴完毕后，从一端开始，用木锤和拍板依次拍平拍实，拍至素水泥浆挤满缝隙为止。同时用水平尺测校标高和平整度。

步骤3 洒水、揭纸

用喷壶洒水至纸面完全浸透，常温下15～25min后即可依次把纸面平拉揭掉，并用开刀清除纸毛。

步骤4 拔缝、灌缝

揭纸后，应拉线。按先纵后横的顺序用开刀将缝隙拔直，然后用排笔蘸浓水泥浆灌缝，或用1：1水泥拌细砂把缝隙填满，并适当洒水擦平。完成后，应检查缝格的平直、接缝的高低差以及表面的平整度。如不符合要求，应及时做出调整，且全部操作应在水泥凝结前完成。

3.地面拼花

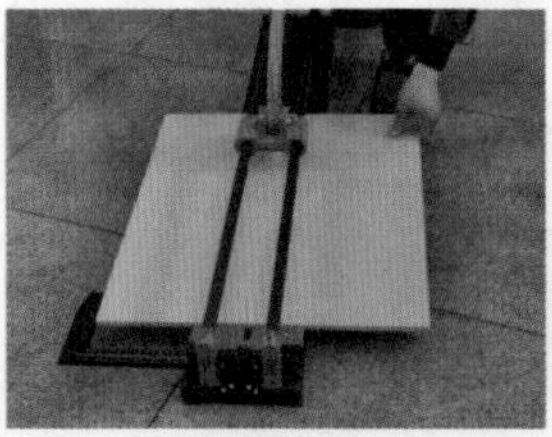

切割地砖

试铺

铺贴

养护、勾缝

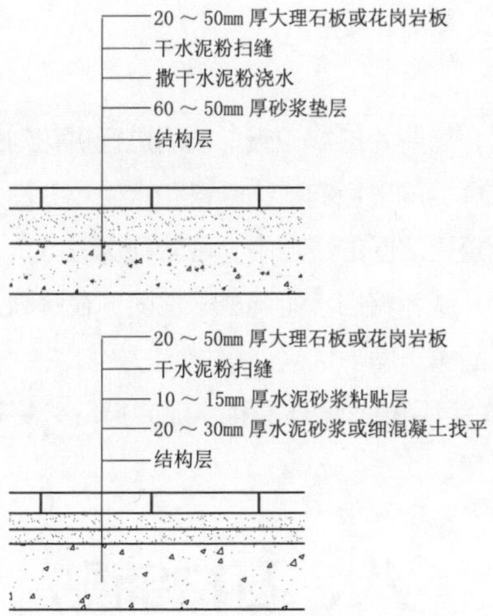

△石材拼花地面剖面示意图

步骤1 切割地砖

根据拼花设计图纸，在瓷砖上标记出切割尺寸。使用画线针在瓷砖上划出印记，使用手持式切割机按照印记切割，丢弃废料。将切割好的瓷砖堆放在一起，准备铺贴。

步骤2 试铺

为防止拼花粘接时出现尺寸加工错误、加工误差大以及色差等原因而导致石材拼花无法粘接，或拼花粘接完成后无法修补导致石材浪费，因而在正式拼花前应先进行试拼，必须按照图纸分区位置进行无粘接试铺，确保曲线之间的缝隙结合均匀，且不大于0.5mm。同时检查拼合的曲线是否流畅，不得有影响效果的硬折线、直线。

步骤3 铺贴

①在铺贴位置浇注适量1：3.5的水泥浆，厚度小于10mm。同时在瓷砖背部涂抹约1mm厚的素水泥膏。

②用1：2的水泥砂浆在定位线位置铺贴拼花瓷砖，用橡皮锤按标高控制线和方正控制线调整拼花瓷砖的位置。

③在铺贴8块以上拼花瓷砖时，需要用水平尺检查平整度。在铺贴过程中，应及时擦去附着在拼花瓷砖表面的水泥浆。

步骤4 养护、勾缝

①拼花瓷砖在铺贴完工后，需要养护1～2天，然后进行拼花勾缝。

②根据大理石的颜色，选择相同颜色的矿物颜料和水泥（或白水泥）拌和均匀，调成1：1的稀水泥浆，用浆壶徐徐灌入拼花瓷砖之间的缝隙中（可分几次进行），并用长杆刮板把流出的水泥浆刮向缝隙内，至基本灌满为止。或者将白水泥调成干性团，在缝隙上涂抹，使拼花瓷砖的缝内均匀填满白水泥，再将拼花瓷砖表面擦干净。

③勾缝操作完成1～2h后，可用棉纱团蘸原稀水泥浆擦缝，将其擦平并把水泥浆擦干净，使地砖面层的表面洁净、平整、坚实。

八、石材铺贴

石材干挂是通过金属挂件将饰面石材直接吊挂于墙面或空挂于钢架之上，而半湿式施工则常用于窗台板等局部位置的施工，不适合大面积使用。干式施工通过粘贴的方式将石材固定在墙面中，硬底工艺主要是石材在地面上的铺贴方式，无缝工艺是石材铺贴的一种特殊形式，保证了视觉上的完整性。

1.石材干挂施工

基层处理

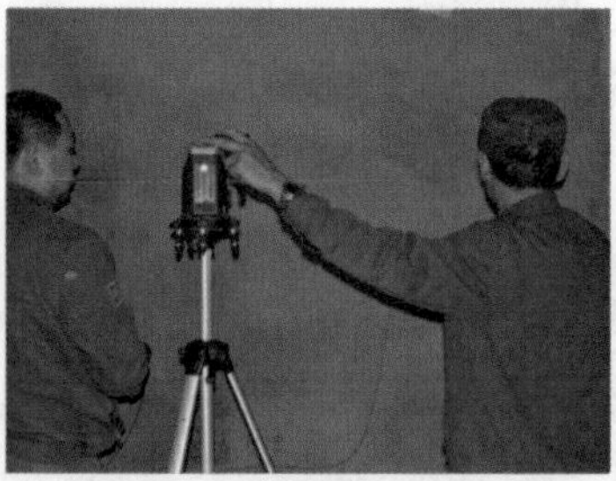

放线

石材钻孔及切槽

安装龙骨及挂件

安装石材

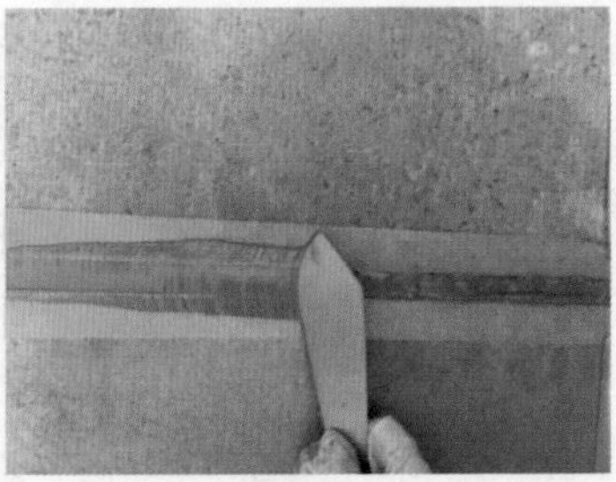

注胶

擦缝及饰面清理

步骤1 基层处理

偏差实测采取经纬仪投测与垂直、水平挂线相结合的方法；测量结果及时记录并绘制实测成果，提交技术负责人。基层墙面必须清理干净，不得有浮土、浮灰，将其找平并涂好防潮层。

步骤2 放线

①石材干挂施工前需按照设计标高在墙体上弹出50cm水平控制线和每层石材标高线，并在墙上做控制桩，找出房间及墙面的规矩和方正。

②根据石材分隔图弹线后，还要确定膨胀螺栓的安装位置。

步骤3 安装龙骨及挂件

①连接件采用角钢与结构预埋铁三面围焊。焊接完成后按规定除去药皮并进行焊缝隐检，合格后刷防锈漆三遍。

②待连接件或次龙骨焊接完成后，用不锈钢螺栓对不锈钢挂件进行连接。“T”形不锈钢挂件位置通过挂件螺栓孔的自由度调整，待板面垂直无误后，再拧紧螺栓，螺栓拧紧度以不锈钢弹簧垫完全压平为准。

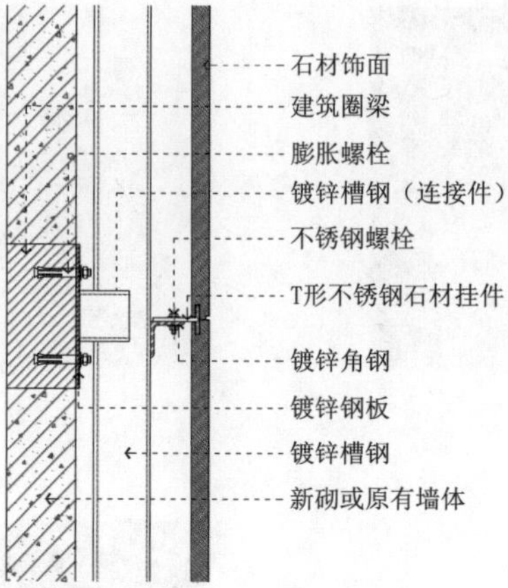

△ 挂件安装工艺剖面示意图

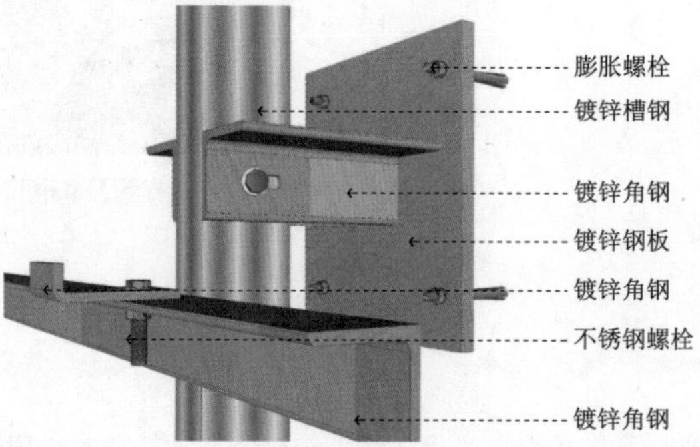

△ 挂件安装工艺三维示意图

步骤4 石材钻孔及切槽

采用销钉式挂件和挂钩式挂件时，可用冲击钻在石材上钻孔。采用插片式挂件时可用角磨机在石材上切槽。为保证所开孔、槽的准确度和减少石材破损，应使用专门的机架，以固定板材和钻机等。

步骤5 安装石材

①按照放线的位置在墙面上打出膨胀螺栓的孔位，孔深以略大于膨胀螺栓套管的长度为宜。埋设膨胀螺栓并予以紧固，最后用测力扳手检测连接螺母的旋紧力度。

②在安装膨胀螺栓的同时将直角连接板固定，然后安装锚固件连接板，在上层石材底面的切槽和下层石材上端的切槽内涂胶。石材就位后，将插片插入上、下层石材的槽内，调整位置后拧紧连接板螺栓。

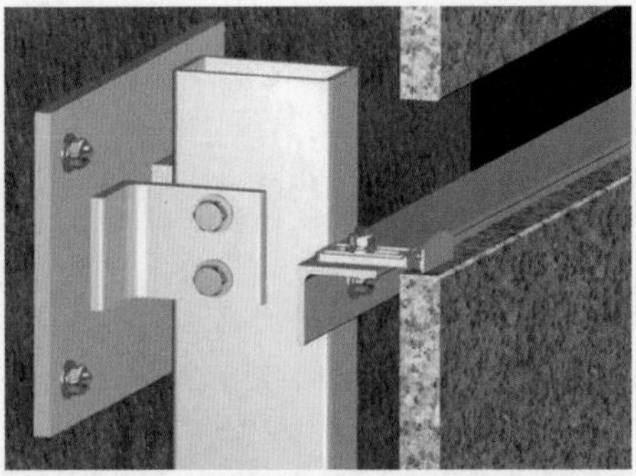

△ 挂件安装工艺三维示意图

步骤6 注胶

①为保证拼缝两侧石材不被污染，应在拼缝两侧的石板上贴胶带纸保护，打完胶后再撕掉。

②石材安装完毕后，经检查无误，清扫拼接缝后即可嵌入橡胶条或泡沫条。然后打勾缝胶封闭，注胶要均匀，胶缝应平整饱满，亦可稍凹于板面。

步骤7 擦缝及饰面清理

石材安装完毕后，清除所有的石膏和余浆痕迹，用麻布擦洗干净。按石材的出厂颜色调成色浆嵌缝，边嵌边擦干净，以便缝隙密实均匀、干净、颜色一致。

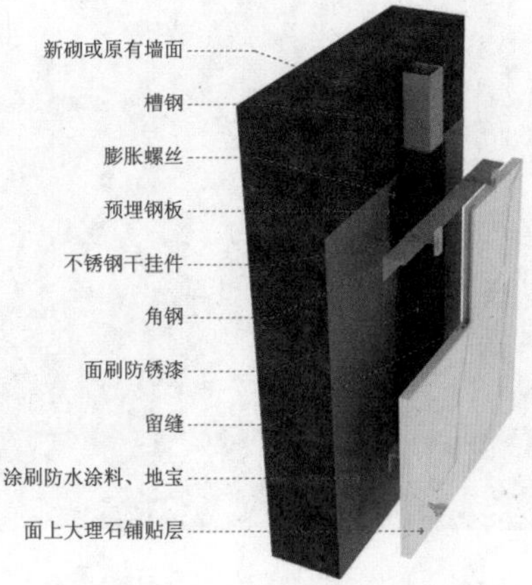

△ 墙面石材干挂工艺三维示意图

扩展知识 墙地面阴角石材铺贴工艺

①铺贴前将板材进行试拼，对花、对色、编号，铺设出的地面花色应一致。

②弹线时以房间中心为中心，弹出相互垂直的两条定位线，在定位线上按石材的尺寸进行分格，如整个房间可排偶数块瓷砖，则中心线就是石材的对接缝，如排奇数块，则中心线在石材的中心位置上。分格、定位时，距墙边留出 200~300mm 的距离作为调整区间。另外需注意的是，若房间内外的铺地材料不同，其交接线设在门板下的中间位置，同时地面铺贴的收边位置不在门口处，也就说不要在门口处出现不完整的石材块，地面铺贴的收边位置应安排在不显眼的墙边。

③石材镶贴前应预排，预排要注意同一地面应横竖排列，不得有一行以上的非整石材，非整石材应排在次要部位或阴角处。方法是：对有间隔缝的铺贴，用间隔缝的宽度来调整；对缝铺贴的石材，主要靠次要部位的宽度来调整。

④踏步板镶贴之前，必须先放楼梯坡度线和各踏步的竖线和水平线。踏步镶贴顺序由下往上，先立板后平板，宜使用体积比为 1 ：2 的水泥砂浆，其稠度为 15~30mm。

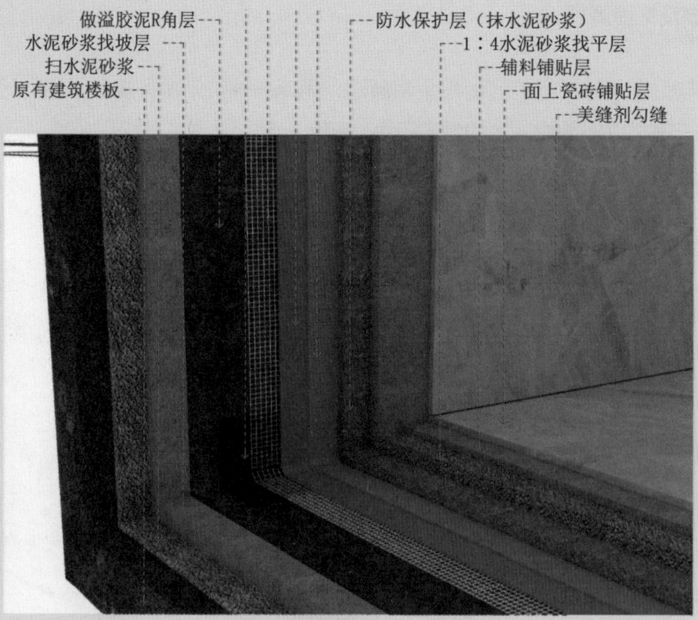

△ 墙地面阴角石材铺贴三维示意图

2.石材半湿式施工

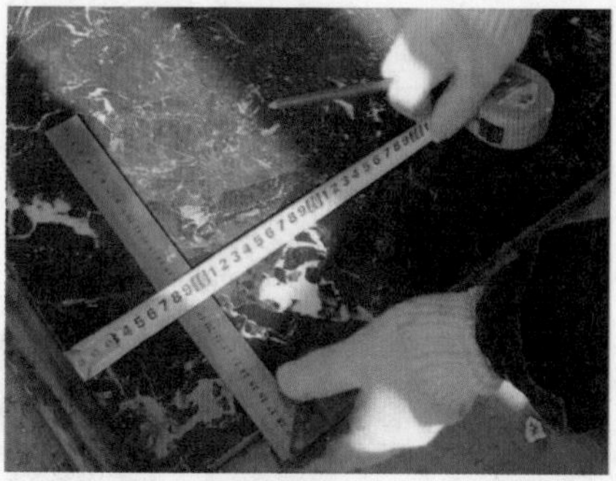

石材画线标记

切割石材

安装石材窗台板

预埋窗台基层

步骤1 石材画线标记

根据设计要求的窗下框标高、位置，划出石材的标高、位置线。

步骤2 切割石材

按照标记线的位置切割石材，先切割石材的长度，再切割石材的宽度，最后切割石材的侧边。切割时，应控制好速度，不可过快，防止石材出现裂痕。

步骤3 预埋窗台基层

基层预埋材料包括校准水平的木方和砂子。先在窗台上均匀摆放木方，间距保持在400mm以内；摆放好木方之后，再在表面填充砂子。砂子不可过干，否则会缺乏黏着力。

步骤4 安装石材窗台板

按设计要求找好位置，进行预装，标高、位置、出墙尺寸应符合要求，接缝应平顺严密，固定件无误后，按其构造的固定方式正式进行固定安装。

3.石材干式施工

墙面找平

石材上胶

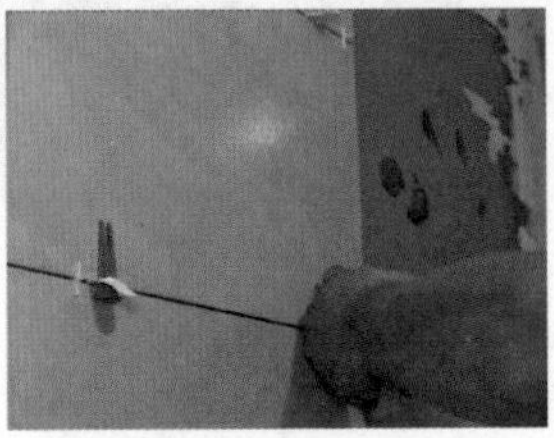
铺贴石材

步骤1 墙面找平

①墙面抹灰找平时应分层涂抹，以免一次涂抹厚度较厚，浆内外收缩不一致而导致开裂。一般涂抹水泥砂浆时，每遍厚度以5～7mm为宜，共涂抹2~3层。

②将墙面中凸起的颗粒与灰尘等清洁干净，并提前1天浇水湿润。要求浇水应均匀洒满墙面，不可同一位置浇水时间过久，影响后续铺贴大理石。

步骤2 石材上胶

在石材的背面均匀地涂抹上砖材胶黏合剂，根据石材的厚度大小，可选择点涂或者面涂。点涂在石材的四角和中间五个位置；面涂在石材的背面，并均匀地涂刷。

步骤3 铺贴石材

①从墙面的下方沿着基准线开始铺贴，一层铺贴完成后，再向上铺贴一层，直至铺贴完成。

②随着石材向上铺贴几层之后，用靠尺或水平尺检查水平度和垂直度，对不符合标准的石材重新铺贴。

4.石材硬底施工

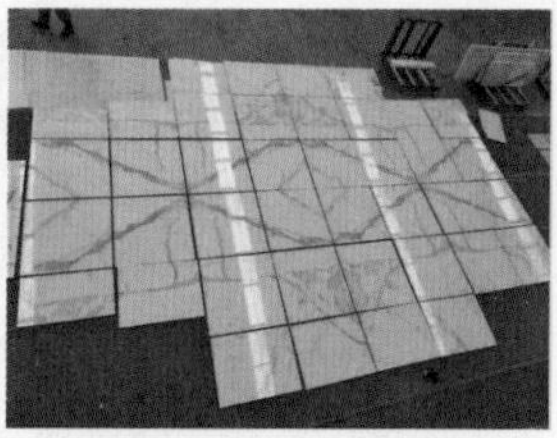
将石材按照位置分布

试排

灌缝、擦缝

铺贴石材板块

步骤1 将石材按照位置分布

在正式铺设前，对每一房间的石材（或花岗石）板块，应按图案、颜色、纹理试拼，将非整块板对称排放在房间靠墙部位，试拼后按两个方向编号排列，然后按编号码放整齐。

步骤2 试排

在房间内两个相互垂直的方向铺两条干砂，其宽度大于板块宽度，厚度不小于3cm。结合施工大样图及房间实际尺寸，把石材（或花岗石）板块排好，以便检查板块之间的缝隙，核对板块与墙面、柱、洞口等部位的相对位置。

步骤3 铺贴石材板块

①根据房间拉的十字控制线，纵横各铺一行，作为大面积铺贴标筋用。依据试拼时的编号、图案及试排时的缝隙（板块之间的缝隙宽度，当设计无规定时应不大于1mm），在十字控制线交点开始铺贴。当贴到最上一行时，要求上口成一直线。上口如没有压条，应用一边圆的釉面砖，阴角的大面一侧也用一边圆的釉面砖，这一排的最上面一块应用两边圆的釉面砖。

②正式铺贴，先在水泥砂浆结合层上满浇一层水灰比为1：2的素水泥浆（用浆壶浇均匀），再铺板块，安放时四角同时往下落，用橡皮锤或木锤轻击木垫板，根据水平线用铁水平尺找平。

③铺完第一块，向两侧和后退方向顺序铺贴。铺完纵、横行之后便有了标准，可分段分区依次铺贴，一般房间宜先里后外进行，逐步退至门口，便于成品保护，但必须注意与楼道相呼应。也可从门口处往里铺贴，板块与墙角、镶边和靠墙处应紧密砌合，不得有空隙。

步骤4 灌缝、擦缝

①根据石材（或花岗石）颜色，选择相同颜色的矿物颜料和水泥（或白水泥）拌和均匀，调成1：1的稀水泥浆，用浆壶徐徐灌入板块之间的缝隙中（可分几次进行），并用长把刮板把流出的水泥浆刮向缝隙内，至基本灌满为止。

②灌浆1~2h后，用棉纱团蘸原稀水泥浆擦缝与板面，将其擦平，同时将板面上的水泥浆擦净，使石材（或花岗石）面层的表面洁净、平整、坚实。以上工序完成后，面层加以覆盖，养护时间不应小于7天。

5.石材无缝工艺

勾缝处理

→

研磨石材接缝处

步骤1 勾缝处理

①先根据石材的颜色，勾兑填缝剂，调制出相近的样色，再加入硬化剂，以便后续的施工。

②将填缝剂勾入缝隙。使用铲子等工具将填缝剂均匀地填入到石材的缝隙中，溢出的部分及时用抹布擦拭干净，防止粘到石材的表面。

步骤2 研磨石材接缝处

①粗磨三遍。使用砂轮机对石材的缝隙处进行研磨，此步骤需重复三遍，将石材的亮面完全

磨平。

②细磨一遍。使用钻石研磨机对石材的缝隙处进行细磨，直至石材表面的缝隙完全消失看不见。

扩展知识 石材与不同材质间的收口工艺

①石材与瓷砖收口工艺

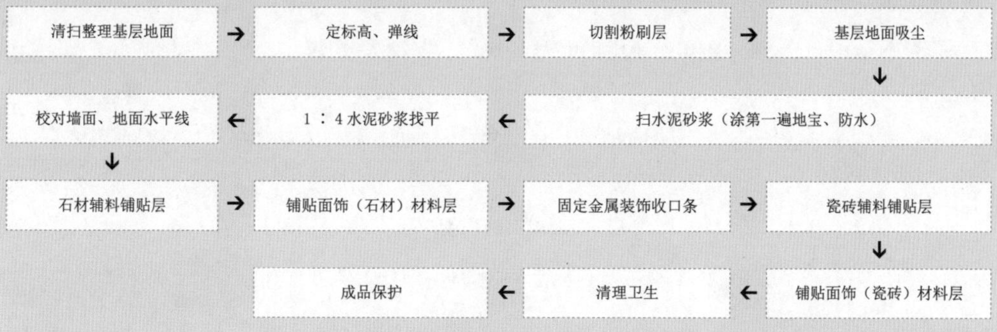

△施工流程图

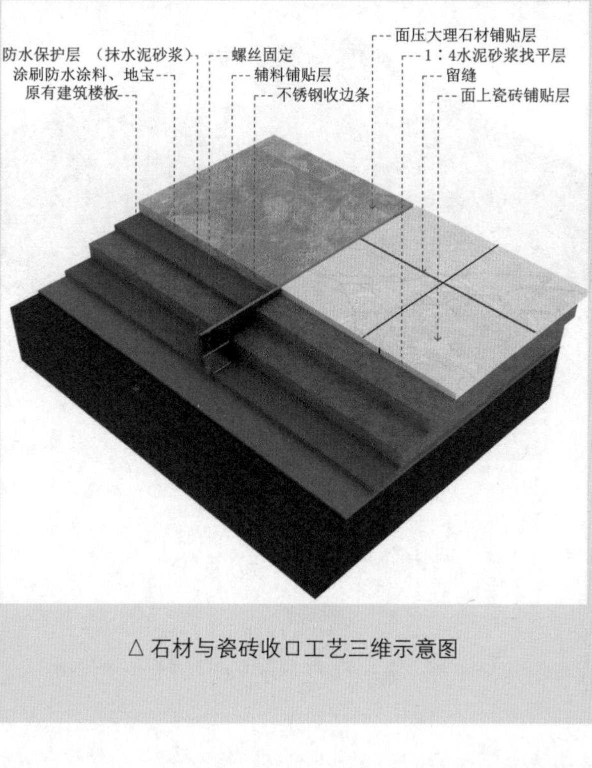

△石材与瓷砖收口工艺三维示意图

②石材与木地板收口工艺

清扫整理基层地面 → 定标高、弹线 → 切割粉刷层 → 基层地面吸尘 → 扫水泥砂浆（涂第一遍地宝、防水） → 1：4 水泥砂浆找平 → 校对墙面、地面水平线 → 辅料铺贴层 → 铺贴瓷砖、石材面饰材料层 → 固定金属装饰收口条 → 木地板辅料铺贴层 → 安装木地板材料面层 → 清理卫生 → 成品保护

△ 施工流程图

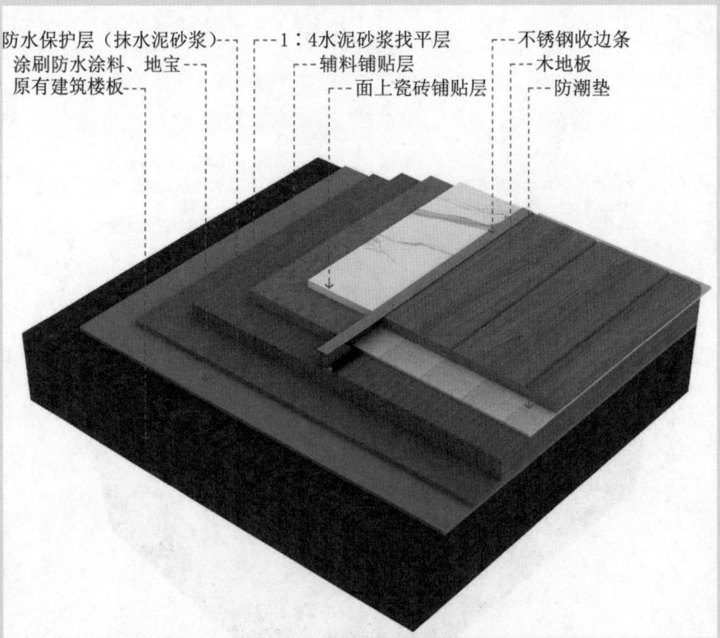

△ 石材与木地板收口工艺三维示意图

九、其他瓦工项目

其他瓦工项目主要包括卫生间以及淋浴房的地面铺贴，其潮湿的环境要求在施工过程中严格进行防水处理，避免漏水，造成不便。

1.卫生间地面铺贴

防水处理

排砖

确定水平面

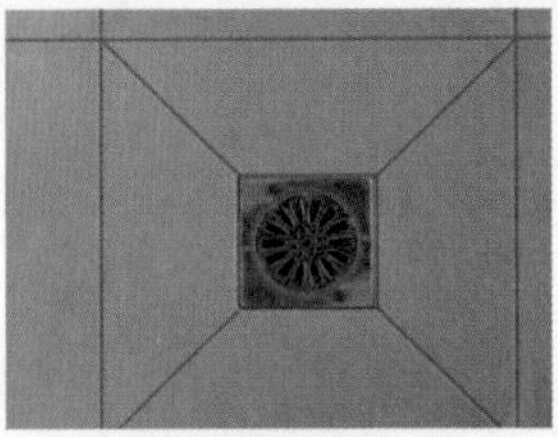

铺贴地砖

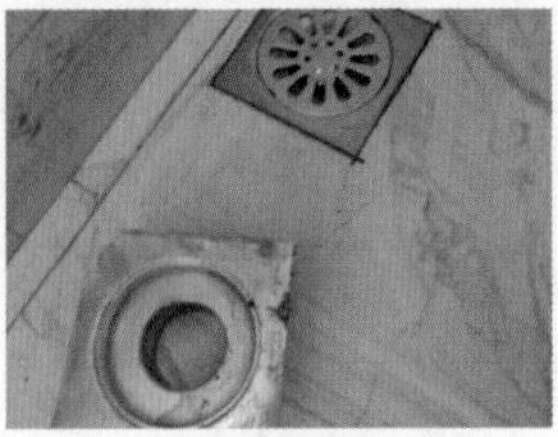

挖排水孔

勾缝、清理

步骤1 防水处理

在铺贴卫生间地砖之前，要先进行防水处理。由于防水是隐蔽工程，一旦出现问题，后续的维修会非常麻烦，因此在涂刷防水时不能遗漏任何地方。刷防水层之前，要先清理地面，可使用连接气泵的皮管吹走阴角处的浮尘，防水涂料必须刷足两遍以上。

步骤2 排砖

测量砖的大小，排砖时将不完整的砖排在墙角边或者不重要的位置，同时也要考虑到屋内排水管线的位置。

步骤3 确定水平面

在房间入口处与外侧房间地面的等高位置铺设门槛石，作为卫生间地砖的水平基准面。对于门槛石的厚度需要用水平尺进行精确测量，并用橡皮锤进行调整。

步骤4 铺贴地砖

地砖铺贴的方式与一般的地面铺贴相同，但在施工中要有2%～3%的坡度，坡度坡向地漏方向，避免造成积水。

步骤5 挖排水孔

首先，在地面垫起的干硬性水泥砂浆中掏出一个和地漏一样大的孔洞；然后，在瓷砖上量出和地漏相同的孔径，标记并切割；最后，使用水泥砂浆对挖开的孔洞进行修正。需要注意的是，在正式铺贴排水口地砖前，需要向排水口灌一些水，观察排水是否通畅。

步骤6 勾缝、清理

地砖铺贴完成后，先对其勾缝；砖缝勾好后，用抹布将地面擦拭干净。

扩展知识 排水、排污管的施工

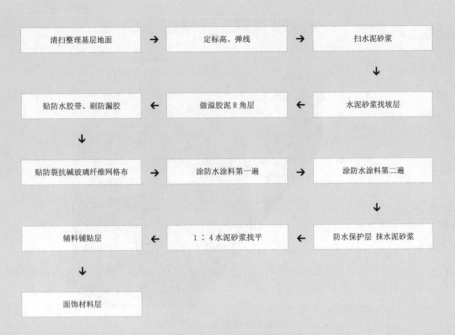

清扫整理基层地面 → 定标高、弹线 → 扫水泥砂浆 → 水泥砂浆找坡层 → 做溢胶泥 R 角层 → 贴防水胶带、刷防漏胶 → 贴防裂抗碱玻璃纤维网格布 → 涂防水涂料第一遍 → 涂防水涂料第二遍 → 防水保护层 抹水泥砂浆 → 1 ：4 水泥砂浆找平 → 辅料铺贴层 → 面饰材料层

△ 排水、排污管的施工流程

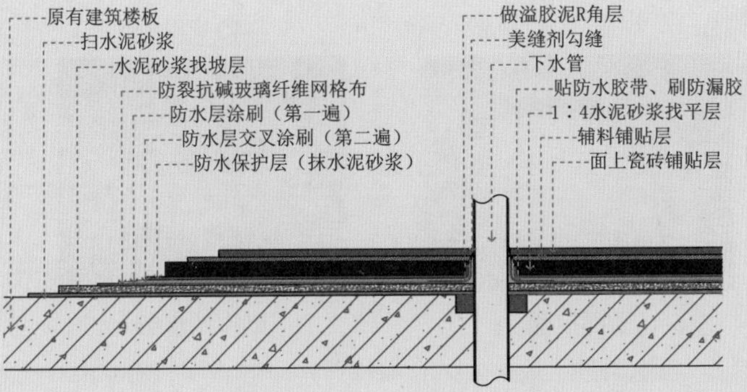

△ 排水管施工剖面示意图

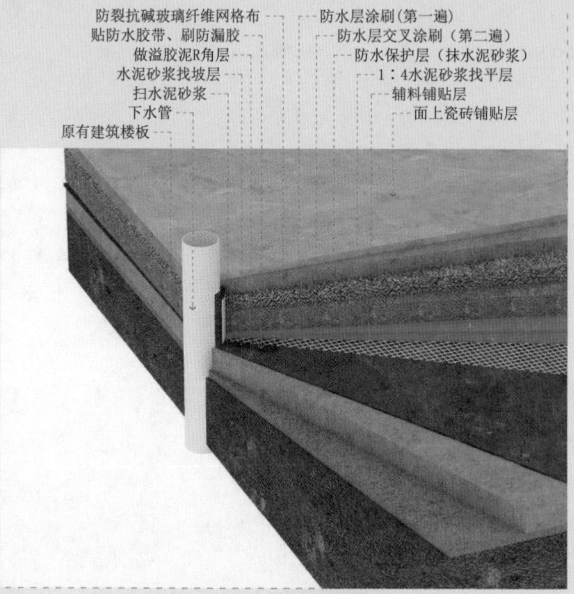

△ 排水管施工三维示意图

2.淋浴房地面铺贴

表面拉槽

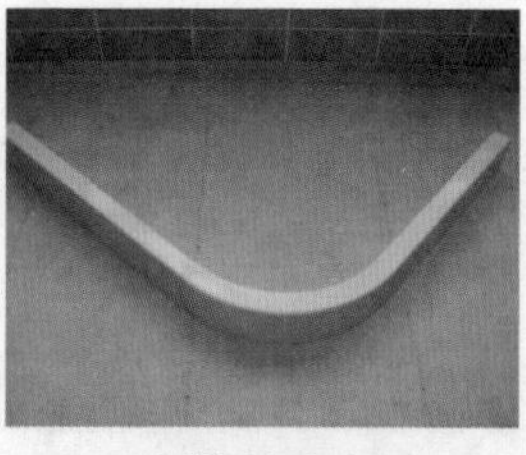

制作挡水条

地面铺贴

打胶密封

步骤1 表面拉槽

根据淋浴房形状定制大理石，运送到施工现场。使用开槽工具在大理石的表面拉线槽，线槽的深度为2mm左右，每隔50mm制作一个线槽。

步骤2 制作挡水条

根据淋浴房的形状制作大理石挡水条，可以加工制作为弧形或直角形状。挡水条的高度为40～50mm，宽度为30～40mm。

步骤3 地面铺贴

①先铺贴大理石挡水条，铺贴时注意挡水条与墙体要紧靠严密。

②铺贴大理石拉槽，使大理石拉槽与淋浴房四周保持均匀的距离，一般为80mm。大理石拉槽要高出四周约10mm。

③流水槽通常采用石材铺贴，高度低于大理石拉槽10mm，石材拼接直角处以45° 拼接。

步骤4 打胶密封

使用瓷砖黏合剂在淋浴房挡水条与四周接缝处填充、密封，填充过程中注意不要让胶水滴落到瓷砖上。

十、工程修缮

工程修缮主要包含地面上经常出现问题的修补方法。

1.地面砖出现爆裂或起拱的原因及解决方法

（1）导致地砖破裂或起拱的原因

①地砖与地砖之间以及地砖与四周墙面间预留的伸缩缝隙太窄，当室温剧烈变化时，地板、水泥层和瓷砖都会出现热胀冷缩的现象。如果缝隙太细，没有足够的空间让瓷砖“伸展”，瓷砖就容易拱起。一般在北方地区容易出现，而南方因湿度较大，温差较小，不容易出现。

②铺地砖时没有按正确的比例混配水泥与黄砂。如果水泥标号低，黄沙加得多，时间一长，下层的水泥就无法黏合住地砖，造成地砖上翘。

③假如原水泥地面非常光滑，在没有打毛的情况下铺瓷砖，也容易出现瓷砖起拱现象。

△ 地砖起拱

（2）如何解决地面砖爆裂、起拱的问题?

①检查一下整个房间内的地砖，看是个别瓷砖起拱还是大面积起拱。检查时可以用敲击瓷砖的方法，声音发空的瓷砖就是已经空鼓了，也就是瓷砖已跟水泥层分离了。这样的瓷砖如勉强压下去，很容易破裂。因此，必须把拱起的瓷砖撬起来，重新铺。如果空鼓的瓷砖数量多，就需整个重铺。

②把拱起的瓷砖与其他瓷砖之间的接缝用切割机锯开（切割时会有很大的粉尘，所以需要不停地往切割机里加水）。要很小心地把瓷砖掀起，动作一定要轻，否则容易造成瓷砖破裂。

③把粘在瓷砖边上的水泥砂浆全部刮掉。处理下面的水泥层，刨掉1~2cm，清理干净。

④均匀涂上一层混合水泥砂浆。水泥黄沙比例为1：2，水泥强度等级为32.5级水泥。如果使用的是白水泥，一定要采用108胶，这样可以使水泥与地砖之间紧密黏合。

⑤把清理好的瓷砖重新铺好，压平，等水泥彻底干透后再使用填缝机加固，从而避免地砖上翘、开裂的现象。

2.使用地暖后石材地面出现空鼓怎么办

（1）石材地面出现空鼓的原因

①基层清理不到位。浮灰、油渍未除净，在结合层和基层之间形成隔离层；或者基层太干燥，使结合层砂浆失水过快，黏结不好。

②施工方法不当。常见的是结合层水泥砂浆水灰比不对，太稀或太干，太干砂浆黏结力不好，太稀容易产生收缩缝隙；石材铺贴时未先湿润，使得结合层砂浆固化时失水过快，降低黏结强度；铺贴时未拍实，石材下局部有空隙，而养护又不够，过早让人踩动，使石材和结合层之间产生错动，也是造成地面空鼓的重要原因。

（2）防止石材地面出现空鼓缺陷的方法

①基层应彻底清理干净。结合层铺设前应先适当洒水湿润，并刷素水泥浆一道以增加黏结力。刷素水泥浆应用拌制的灰浆，不要“扫浆”（即边浇水边撒干水泥），这样易造成水泥浆涂刷不均匀。

②严格按工艺要求进行施工。结合层应在素水泥浆涂刷后随即铺设；结合层采用干硬性水泥砂浆，以手捏成团，落地开花为标准；石板铺贴前应先适当湿润；铺贴时应拍击到位，以板块四周均见水泥砂浆溢出为标准；石板安放应平稳，切忌先放一头，这样易使结合层受压不均匀，在边角处产生空隙。最后应加强养护，养护期内不要上人。

此外，在做地暖前没有水泥找平，使用的苯板密度太低，不足35g的，铺设地暖管后水泥找平不足4cm，都会造成大理石空鼓。特别是用了劣质的苯板，这个问题会很明显，所以在地暖铺好水泥找平前一定要好好验收。

△ 石材地面的空鼓

3.墙面渗水留下了黄色污垢的解决办法

（1）外墙砖砌体渗漏处理技术

①高层建筑物的外墙有局部渗水时，可将内粉铲除，查清渗水的砖缝，将砖缝不实不足的砂浆剔除，扫刷冲洗干净，用水泥混合砂浆嵌填密实。

②大面积渗水，但外装饰面又无裂缝时，将外墙装饰面扫刷干净，保持洁净干燥；然后用有机硅溶液喷涂两遍，喷涂到墙面有流淌为好。

③沿框架底漏水时，要铲除外墙裂缝处的装饰层，将砖墙顶面缝隙中的灰浆刮除，冲洗扫刷干净，用铁片楔紧；然后用水泥砂浆嵌填密实并凹进墙面10mm，用柔性防水密封材料嵌填，最后补做外墙装饰层。

（2）卫浴内墙渗漏处理技术

①如果是墙面出现渗漏，应剔除装饰面，采用具有防水密封性能的砂浆找平后，再将穿墙管与墙面的接触部位用高分子防水涂料涂刷两遍，恢复装饰层。

②如果是墙内预埋管出现渗漏，应进行更换，再恢复防水层与饰面层。穿墙、穿楼板的管道周围要用具有防水密封功能的砂浆堵嵌密实，沿管周留20mm×20mm的槽，干燥后嵌柔性密封材料，然后再用防水灰浆抹压平整。

4.无缝砖的铺贴方法

无缝砖是指砖面和砖的侧边均成90° 直角的瓷砖，包括一些大规格的釉面墙砖以及玻化砖等。无缝墙砖铺装也应有一定间隙，间隙应为0.5~1mm，目的是用来调节墙砖的大小误差，这样铺装更美观。无缝砖对施工工艺要求比较高，讲究铺贴平整，上、下、左、右调整通缝，一般不经常铺贴无缝砖的泥瓦工是很难做得到的。

第五章

木作工程

木作工程包含很多不同的施工内容，大到墙体，小到柜子，都在木工的工作范围内。木作工程中用到了很多不同规格的木龙骨、饰面板等，其不同的拼贴形式也能够使空间更具多样性。

一、样式形式

木作设计是指运用石膏板、木工板、生态板、饰面板以及木地板等材料设计而成的木作造型，其中包括吊顶、背景墙、柜体、楼梯以及木地板铺装等五个大类。

1.吊顶样式设计

（1）平面吊顶

平面吊顶多设计在现代、简约以及北欧等风格的空间中，吊顶的样式以平面为主，增加一些暗藏灯带、筒灯、射灯的光源，丰富平面吊顶的线性美感。平面吊顶设计不注重吊顶在造型上的变化，而是注重在吊顶中营造出光影变化丰富室内的装饰效果。

△常见的平面吊顶样式

（2）弧线吊顶

弧线吊顶适合设计在不规则的空间中，如多边形空间、弧形空间等，将弧线吊顶的弧度美感与空间的弧度相结合进行设计。弧形吊顶常见的设计样式为圆形、椭圆形以及半弧线造型，与空间中的灯具、设计元素等结合在一起。

△常见的弧线吊顶样式

△ 常见的跌级吊顶样式

（3）跌级吊顶

跌级吊顶是指不在同一平面的降标高吊顶，类似阶梯的形式。它就是一般意义上的二级、三级或者多级吊顶，并在跌级吊顶的内部设计暗藏灯带，增加吊顶的纵深感。

△ 常见的藻井式吊顶样式

（4）藻井式吊顶

藻井式吊顶又称为井格式吊顶，是在吊顶中设计出多块井格造型的一种设计形式。藻井式吊顶具有突出的立体感与厚重感，与墙面造型的融合设计较为出色。在藻井式吊顶的细节设计中，会运用粗细不同的石膏线条、实木线条装饰修边，以增加藻井式吊顶边角的自然感。

（5）穹形顶

穹形吊顶即拱形或盖形吊顶，其适合层高特别高或者顶面是尖屋顶的房间，要求空间最低点大于2.6m，最高点没有要求，通常在4m左右。穹形顶造型的拱形弧度优美，是一种典型的欧式吊顶装饰手法。

△常见的弧线吊顶样式

（6）格栅式吊顶

格栅式吊顶是一种具有装饰美感，且拥有高性价比的吊顶，其施工方便快捷，不占用吊顶空间。格栅式吊顶可采用木纹材质、塑料材质以及金属材质等多种材质，以营造出丰富的装饰效果。

△常见的格栅式吊顶样式

2.背景墙造型设计

（1）石膏板造型墙

石膏板造型墙是采用石膏板、木工板为材料制作成的背景墙，具有可塑性高、性价比高等特点。石膏板造型墙多用于墙面凹凸造型的设计，来体现出背景墙的立体感。

△ 常见的石膏板造型墙样式

（2）实木造型墙

实木造型墙是以实木、木饰面等材料制作而成的背景墙。实木造型墙具有高贵、奢华的装饰美感，并多运用在中式风格的空间中。实木造型墙既可采用全木饰面粘贴在墙面，也可设计成雕花格的形式搭配装饰画设计在墙面中。

△ 常见的实木造型墙

（3）皮革造型墙

皮革造型墙是以皮革、布纹等材料制作而成的背景墙，即常见的软、硬包背景墙。硬包造型墙常设计在现代、简约等风格中，而软包造型墙则常设计在欧式、美式等风格中。

△ 常见的皮革造型墙

（4）镜面造型墙

镜面造型墙是以银镜、印花镜面、黑镜等材料制作而成的背景墙。由于镜面具有拓展空间面积的设计效果，因此多设计在面积较小的空间中。银镜造型墙的空间拓展效果最好，而黑镜造型墙具有若隐若现的装饰效果。

△ 常见的镜面造型墙

4.柜体样式设计

（1）整体衣帽间

衣帽间是指在室内存储、收放、更衣和梳妆的专用空间，通常是一处独立的空间，与主卧室设计在一起。衣帽间内的柜体不需要设计开合或推拉的柜门，柜体的层级和区间需分配合理，并在面积允许的情况下，设计一处梳妆台。

△ 常见的整体衣帽间

（2）定制衣帽柜

定制衣帽柜是采用木工现场制作，或者成品定制的形式制作的衣帽柜。由于定制衣柜的特点具有可控性，可使其和空间的设计风格与家具搭配呼应在一起，不会显得突兀且格格不入。定制衣帽柜注重实用性，通常衣帽柜的面积越大，收纳功能越齐全。而设计效果则主要靠柜门的样式和颜色来彰显。

△ 常见的定制衣帽柜

（3）玄关鞋柜

玄关鞋柜是指设计在玄关处可收纳鞋袜和临时衣物的柜体，通常为上、下两层式设计，上层收纳衣物，下层收纳鞋袜。玄关鞋柜为了不占用空间面积，多数会设计为嵌入式，嵌入到墙面中。有时会设计为增加鞋柜的长度，以增加收纳空间。

△ 常见的玄关鞋柜

（4）整体橱柜

整体橱柜又称为定制橱柜，包括地柜和吊柜两个部分。整体橱柜有“L”形、“U”形以及岛台形等多种类型，分别适用于敞开式厨房、半封闭式厨房和全封闭式厨房。整体橱柜的装饰效果主要由柜门的样式、材质和颜色而决定，可根据具体的设计风格进行相应的选择。

△ 常见的整体橱柜

（5）装饰书柜

装饰书柜是指设计在书房中，用于摆放书籍或装饰品的柜体。装饰书柜通常设计为敞开式的，方便收放书籍和摆放装饰品。有些装饰书柜为了增加收纳功能，会将下面的空间设计为开合式柜门的封闭柜体，用于堆放一些杂物。

△ 常见的装饰书柜

5.木地板拼贴样式设计

（1）工字形

工字形铺设方法是现代家装中比较常见的一种。这种铺贴方式严格遵循上下对称的原则，有着对称整齐、视觉效果突出的特点。这种方法对材料消耗不大。铺设时简单易上手，对施工人员来说难度不是很大，很容易就能出效果。

△工字形拼贴样式

（2）人字纹

人字拼法因为是地板曲折分布，像一个“人”字而得名。人字拼接的优点在于，能增强空间地面的立体感，而且对木地板材料的损耗较小。

△人字纹拼贴样式

（3）田字纹

田字纹是将几块同等大小的地板拼成一块正方形，然后四个正方形加在一起，呈现出“田”字的效果。整个铺出来，与旧时人们编织出来的竹篮花纹相像，因此也叫复古纹。田字形铺贴，从视觉上看，趣味性比较强。可以根据自家情况选择田字的尺寸大小以及颜色等。

△ 田字纹拼贴样式

（4）回字形

回字形由两种不同规格的地板组合而成，不同的组合方式可以变换出不同的样子，样式非常多。这也意味着，回字形的施工难度大，建材耗费大，所以在选用这种拼接方式的时候要做好预算上升的准备。

△ 回字形拼贴样式

（5）鱼骨形

鱼骨形乍一看与人字形十分相似，但相较于人字形带来的装饰效果更具冲击性。拼接完毕后的样子犹如鱼的骨骼，因此而得名。从工艺上来说，鱼骨形拼贴更为复杂，对工人要求更高；在板材的耗损上来说，鱼骨形的耗损度也大。

△ 鱼骨形拼贴样式

二、材料选择

木作工程的材料众多，可根据不同的装修风格选择不同的纹理以及颜色。根据其用途选择板材，将不同的板材用于合适的位置，能够有效地发挥其各自的价值。

1.刨花板

刨花板又称颗粒板、微粒板、蔗渣板、碎料板，是将枝芽、小径木、木料加工剩余物、木屑等制成的碎料，施加胶黏剂经高温热压而成的一种人造板。

△成品刨花板

扩展知识 刨花板分类

刨花板按照结构可分为单层结构刨花板、三层结构刨花板、渐变结构刨花板和定向刨花板；按制造方法可分为平压刨花板、挤压刨花板。刨花板的厚度规格较多，以 19mm 为标准厚度。

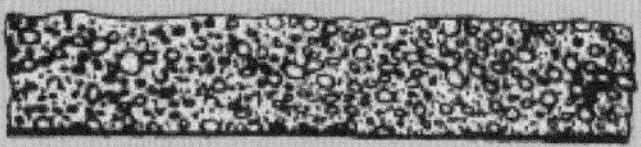

△单层结构

△定向结构

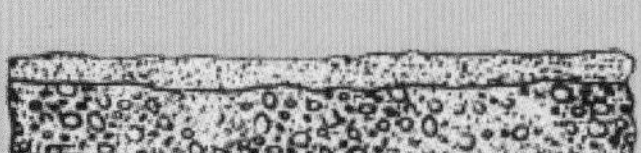

△三层结构

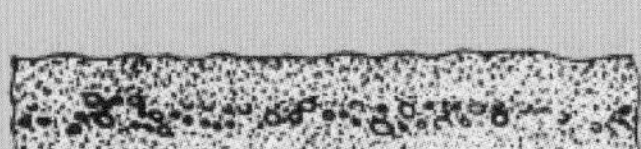

△渐变结构

2.纤维板

纤维板又称密度板，根据密度大小可分为低密度纤维板、中密度纤维板和高密度纤维板。它是由木质纤维或其他植物纤维为原料，加工成粉末状纤维后，施加胶黏剂或其他添加剂，经热压成型的人造板。纤维板具有材质均匀、纵横强度差小、不易开裂、表面光滑、平整度高、易造型等特点。

扩展知识 纤维板分类

高密度纤维板

强度高、耐磨、不易变形，可用于墙壁、门板、地面、家具等。按照物理力学性能和外观质量可将其分为特级、一级、二级、三级四个等级。

中密度纤维板

按产品的技术指标可分为优等品、一等品、合格品。按所用胶黏剂种类的不同可分为中密度纤维板、酚醛树脂中密度纤维板、异氰酸酯中密度纤维板。

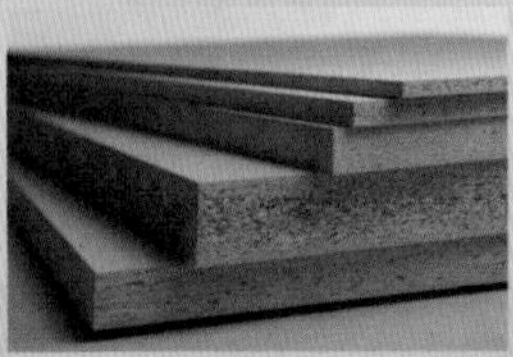

低密度纤维板

结构松散，强度较低，但吸声性和保温性好，主要用于吊顶等部位。

3.细木工板

细木工板俗称大芯板、木芯板，是具有实木板芯的胶合板，由两片单板中间胶压拼接木板而成。细木工板的材种有很多，如杨木、桦木、松木、泡桐等。其中以杨木、桦木为最好，质地密实，木质不软不硬，握钉力强，不易变形；而泡桐的质地很轻、较软，易吸收水分，握钉力差，不易烘干，制成的板材在使用过程中，当水分蒸发后易干裂变形；松木质地坚硬，不易压制，拼接结构不好，握钉力差，变形系数大。

扩展知识 细木工板分类

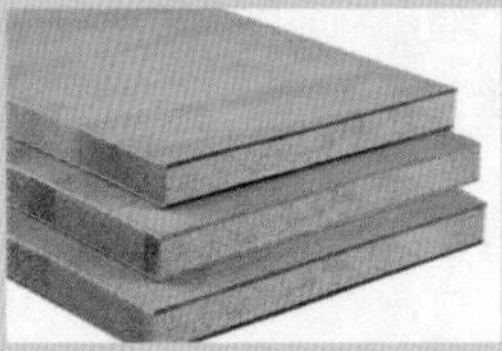

按板芯结构分类

按板芯结构分为实心细木工板和空心细木工板两种。其中，实心细木工板是以实体板芯制成的细木工板；而空心细木工板是以方格板芯制成的细木工板。

按板芯拼接状况分类

按板芯拼接状况分为胶拼板芯细木工板和不胶拼板芯细木工板两种。其中，胶拼板芯细木工板是用胶黏剂将芯条胶黏组合成板芯制成的细木工板；不胶拼板芯细木工板是不用胶黏剂将芯条组合成板芯制成的细木工板。

4.多层实木板

多层实木板是胶合板的一种，由三层或多层的单板或薄板的木板经胶贴热压制而成。多层实木板一般分为3厘（mm）板、5厘（mm）板、9厘（mm）板、12厘（mm）板、15厘（mm）板和18厘（mm）板六种规格。其优点是结构稳定性好、不易变形、质量坚固。纵横胶合、高温高压的制作过程，从内应力方面解决了实木板的变形缺陷问题；其缺点是不环保，有时质量不受控制。

△ 多层实木板

5.指接板

指接板属于实木板，由多块木板拼接而成，上下不再粘压夹板。由于竖向木板间采用锯齿状接口，类似两手手指交叉对接，故称指接板。指接板上下无须粘贴夹板，用胶量少，无毒无味。

△ 指接板

6.实木板

实木板就是采用完整的木材（原木）制成的木板材。通常，定制家具局部会采用实木，其组装的方式是以榫槽和拼板胶相结合。

△ 实木板

7.三聚氰胺饰面板

三聚氰胺饰面板又叫免漆板、生态板。它的基材也是刨花板和中纤板，是由基材和表面黏合而成的。三聚氰胺是一种高强度、高硬度的树脂。三聚氰胺饰面板的制作方法是将装饰纸表面印刷花纹后，放入三聚氰树脂，再经高温热压在板材基材上。

8.木龙骨

木龙骨俗称为木方，是由松木、椴木、杉木等树木加工而成的截面为长方形或正方形的木条。一般用于吊顶、墙面的木作施工。木龙骨是装修中常用的一种材料，有多种型号，用于撑起外面的装饰板，起支架作用。天花吊顶的木方一般以松木方较多。一般长度都是4m，截面有2cm×3cm、3cm×4cm、4cm×4cm等规格。

9.轻钢龙骨

用轻钢龙骨安装的吊顶重量轻、强度高，具有防水、防震、防尘、隔声、吸声、恒温等特点，同时还具有工期短、施工简便等优点。轻钢龙骨主要用于以纸面石膏板、装饰石膏板等轻质板材做饰面的非承重墙体和建筑物屋顶的造型装饰。

△ 轻钢龙骨

10.钉子

木作施工中会用到各类钉子、气枪钉、自攻钉等，用于固定吊顶、墙面中的板材，使板材之间连接得更加紧密，固定得更加结实。

三、施工质量要求

木作施工项目较为零散，涉及了很多不同的种类，根据不同的施工项目，其施工质量要求也不相同。

1.隔墙施工质量要求

①墙位放线应沿地、墙、顶弹出隔墙的中心线及宽度线。宽度线应与隔墙厚度一致，位置应准确无误。

②轻钢龙骨的端部应安装牢固，龙骨与基体的固定点间距不应大于1000mm。安装沿地、沿顶木楞时，应将木楞两端伸入砖墙内至少120mm，以保证隔断墙与墙体连接牢固。

③竖向龙骨应垂直安装，对于潮湿的房间和钢板网抹灰墙，龙骨间距不宜大于400mm。

④安装支撑龙骨时，应先将支撑卡安装在竖向龙骨的开口方向，卡距在400～600mm为宜，距龙骨两端的距离宜为20～25mm。

⑤安装通贯系列龙骨时，低于3000mm的隔墙应安装一道，3000～5000mm高的隔墙应安装两道。如果饰面板的接缝处不在龙骨上，则应加设龙骨固定饰面板。

⑥木龙骨骨架横、竖龙骨宜采用开半榫、加胶、加钉连接的方式。安装饰面板前，应对龙骨进行防火处理。

⑦安装纸面石膏板饰面宜竖向铺设，长边接缝应安装在竖龙骨上。龙骨两侧的石膏板及龙骨一侧的双层板的接缝应错开安装，不得在同一根龙骨上接缝。

⑧安装胶合板饰面前应对板的背面进行防火处理。

⑨胶合板与轻钢龙骨的固定应采用自攻螺钉。与木龙骨的固定采用圆钉时，钉距宜为80～150mm，钉帽应砸扁；采用射钉枪固定时，钉距宜为80～100mm，阳角处应做护角；用木压条固定时，固定点间距不应大于200mm。

⑩安装石膏板时应从板的中部向板的四边固定。钉头略埋入板内，但不得损坏纸面；钉眼应进行防锈处理。石膏板与周围的墙或柱应留有3mm的槽口，以便进行防开裂处理。

2.吊顶施工质量要求

①首先应在墙面弹出标高线、造型位置线、吊挂点布局线和灯具安装位置线。依据设计标高，沿墙面四周弹线，作为顶棚安装的标准线，其水平度允许偏差为±5mm。

②木龙骨安装要求保证没有劈裂、腐蚀、虫眼、死节等质量缺陷；规格为截面长30～40mm，宽40～50mm，含水率低于10%。

③木龙骨应进行精加工，表面刨光，接口处开槽，横、竖龙骨交接处应开半槽搭接，并应进行阻燃剂涂刷处理。

④采用藻井式吊顶时，如果高差大于300mm，则应采用梯层分级处理。龙骨结构必须坚固，

木龙骨间距不得大于500mm。龙骨固定必须牢固，龙骨骨架在顶、墙面都必须有固定件。木龙骨底面应抛光刮平，截面厚度一致，并应进行阻燃处理。

⑤遇藻井式吊顶时，应从下开始固定压条，阴阳角用压条连接。注意预留出照明线的出口。吊顶面积较大时，应在中间铺设龙骨。

⑥面板安装前应对安装完的龙骨和面板板材进行检查，确保板面平整、无凹凸、无断裂、边角整齐。安装饰面板应与墙面完全吻合，有装饰角线的可留有缝隙，饰面板之间的接缝应紧密。

3.木地板铺设质量要求

①实铺地板要先安装地龙骨，然后再进行木地板的铺装。

②龙骨的安装应先在地面做预埋件，以固定木龙骨，预埋件为螺栓及铅丝，预埋件间距为800mm，从地面钻孔下入。

③实铺实木地板应有基面板，基面板使用大芯板。

④木地板铺装完成后，先用刨子将表面刨平刨光，将木地板表面清扫干净后涂刷地板漆，进行抛光上蜡处理。

⑤所有木地板运到施工安装现场后，应拆包在室内放置一个星期以上，待木地板适应居室温度、湿度后才能使用。

⑥木地板安装前应进行挑选，剔除有明显质量缺陷的不合格品。将颜色、花纹一致的铺在同一房间，有轻微质量缺陷但不影响使用的，可用于床、柜等家具底部，同一房间的板厚必须一致。购买时应按实际铺装面积增加10%的损耗，一次购买齐备。

⑦铺装木地板的龙骨应使用松木、杉木等不易变形的树种，木龙骨、踢脚板背面均应进行防腐处理。

⑧铺装实木地板应避免在大雨、阴雨等气候条件下施工。施工中最好能够保持室内温度、湿度的稳定。

4.门窗安装质量要求

①在木门窗套施工中，首先应在基层墙面内打孔，下木模。木模上下间距要小于300mm，每行间距要小于150mm。

②按设计门窗贴脸宽度及门口宽度锯切大芯板，用圆钉将其固定在墙面及门洞口，圆钉要钉在木模子上。检查底层垫板牢固安全后，可做防火阻燃涂料涂刷处理。

③门窗套饰面板应选择花纹图案美观、表面平整的胶合板，胶合板的材种应符合设计要求。

④裁切饰面板时，应先按门洞口及贴脸宽度弹出裁切线，用锋利裁刀裁开，对缝处刨45°，背面刷乳胶液后贴于底板上，表层用射钉枪钉入无帽直钉加固。

⑤门洞口及墙面接口处的接缝要求平直，45°对缝。饰面板粘贴安装后用木角线封边收口，在木角线横竖接口处刨45°接缝处理。

四、木作吊顶

随着设计的发展趋势变化，人们不再只满足于横平竖直的吊顶形式，多种不同的吊顶形式其施工步骤及注意事项也各不相同。

1.平吊顶施工

定高度、弹线

固定边龙骨

固定吊筋

安装木龙骨

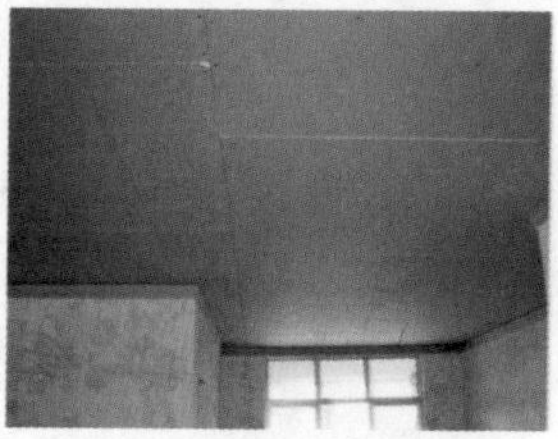

安装石膏板

步骤1 定高度、弹线

①吊顶的高度与灯具厚度、空调安装形式以及梁柱大小有关，在计算高度时应预留设备安装和维修的空间。

②根据吊顶的预留高度，围绕墙体一圈弹基准线。

步骤2 固定边龙骨

①使用电锤在基准线上打孔，每隔400mm钻一个孔，并在孔槽中插入木塞。

②围绕基准线的一周安装木龙骨，使用水泥钉或钢钉将木龙骨固定在木塞上，而且每个木塞中都要固定两根水泥钉。

步骤3 固定吊筋

①根据平吊顶的下吊距离制作T字形吊筋，通常吊筋的高度为40mm。木龙骨的T字形连接处采用气枪钉斜向45°进行固定。

②将吊筋固定在吊顶中，每隔600mm固定一个，在安装吊灯的位置还需增加细木工板加以固定。

扩展知识 吊筋与吊顶结构的固定

吊筋与结构的连接一般有以下几种构造方式。

①吊筋直接插入预制板的板缝，并用 C20 细石混凝土灌缝

②将吊筋绕于钢筋混凝土梁板底预埋件焊接的半圆环上

③吊筋与预埋钢筋焊接处理

④通过连接件（钢筋、角钢）两端焊接，使吊筋与结构连接

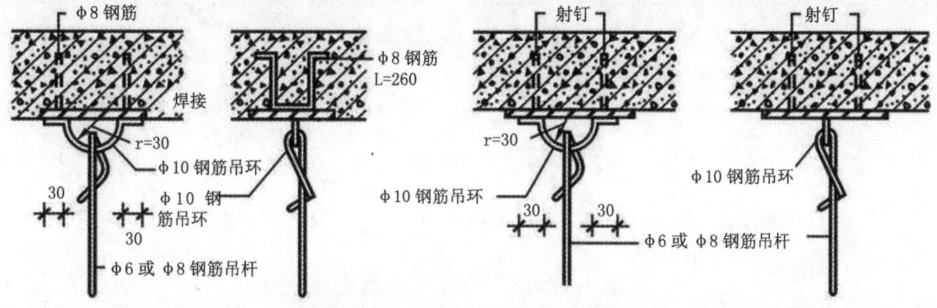

△ 预埋半圆环焊接吊筋

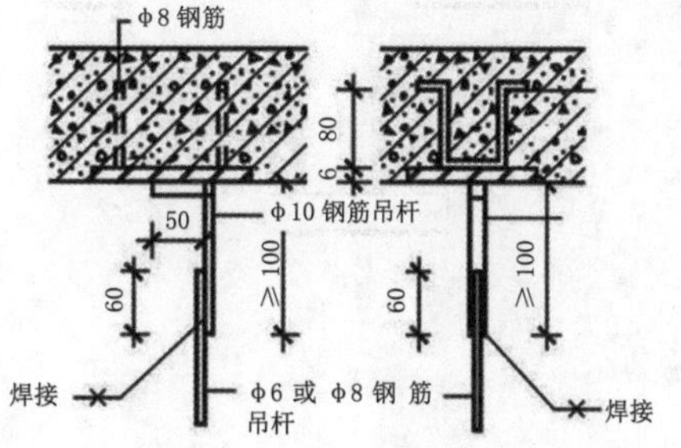

△ 吊筋与预埋钢筋焊接

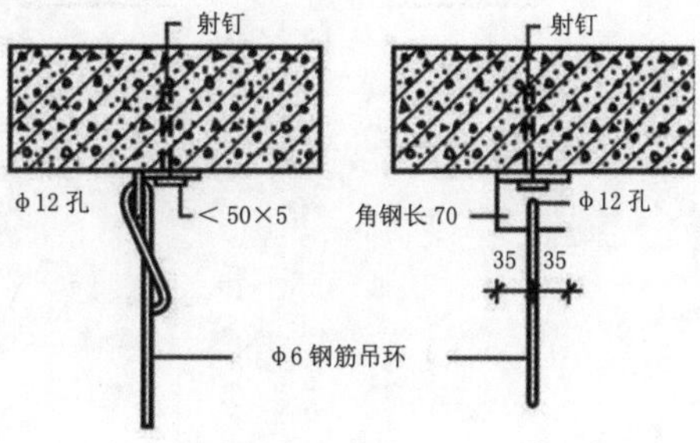

△ 通过连接件焊接吊筋

步骤4 安装木龙骨

将横向木龙骨固定在边龙骨和木吊筋上，要求安装距离保持一致。然后安装纵向木龙骨，直接将其固定在横向木龙骨上，并保持同样的间距。

扩展知识 边龙骨与不同结构的固定

边龙骨在与横、纵向龙骨以及墙面进行安装的时候，要注意施工的部分细节，其与不同结构固定时，其要求也不同。

①边龙骨与次龙骨固定

用十字沉头自攻螺丝固定次龙骨，需使用两颗抽芯铆钉固定。再用十字沉头自攻螺丝固定边龙骨，自攻螺间距≥ 400mm。

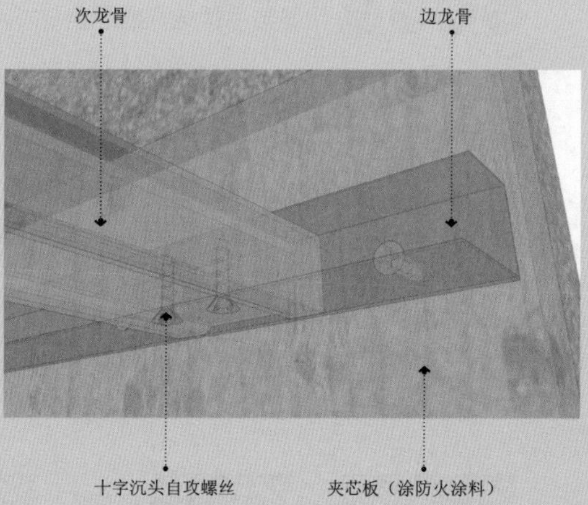

△ 边龙骨与次龙骨固定三维示意图

②边龙骨与墙体固定

墙面固定夹芯板主要是调整墙面与吊顶完成面的水平线及加固，需刷防霉、防潮、防火涂料。

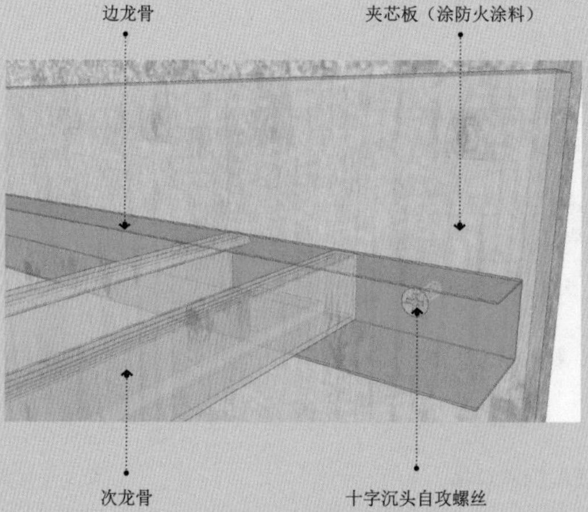

△ 边龙骨与墙体固定三维示意图

步骤5 安装石膏板

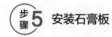

从吊顶的阴角处开始安装，将石膏板顶在两侧的墙体中，将磷化处理后的自攻螺钉固定在木龙骨骨架上（尽量不用气枪钉固定，以防止后期乳胶漆施工导致钉眼生锈），之后依次排列并安装石膏板。

小贴士 石膏板接缝注意事项

石膏板接缝处不允许在对角线上十字搭接，以避免乳胶漆漆面出现开裂的情况。

2.回字形吊顶施工

定高度、弹线

→

固定龙骨

→

安装石膏板

步骤1 定高度、弹线

①在距离顶面40mm的墙壁边上弹基准线，基准线需围绕墙壁一周。

②在吊顶中，距离墙壁450mm处弹基准线，基准线需围绕吊顶一周。

步骤2 固定龙骨

①在吊顶、墙壁边的基准线上钻眼，里面插入木塞。之后将木龙骨依次固定在吊顶、墙壁边的木塞上，使用气枪钉固定。

②固定龙骨的同时，还要预留出暗藏灯带的灯槽。

步骤3 安装石膏板

先安装灯槽内的石膏板，然后安装底层石膏板，从阴角处开始安装，避免阴角处石膏板出现45°接缝。依次将所有石膏板安装固定。安装完成后还要检查吊顶的水平度是否符合要求，其标准是拉通线检查水平差不超过5mm，使用2m靠尺时水平差不超过2mm，板缝接口处高低差不超过1mm。

扩展知识 灯槽内顶面石膏板固定

安装石膏板的时候通常会先安装之前预留下来的灯槽的位置，针对灯槽的尺寸裁切石膏板。将裁切好的两片石膏板安装在灯槽底面和侧面，再用气枪钉固定。

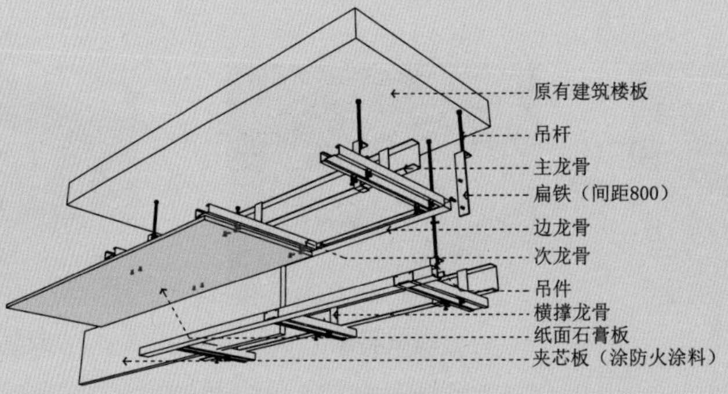

△ 安装第一片石膏板

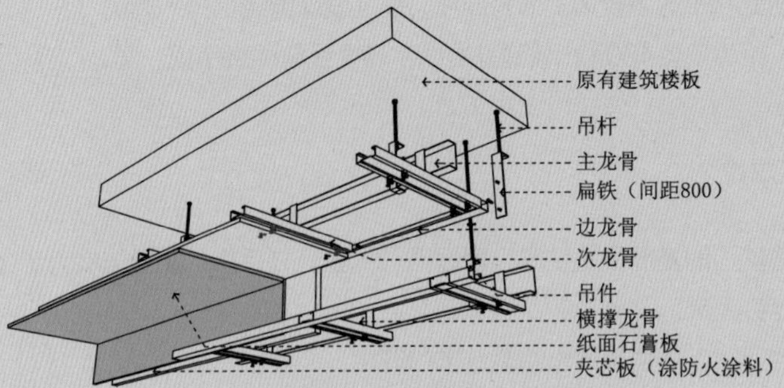

△ 安装第二片石膏板

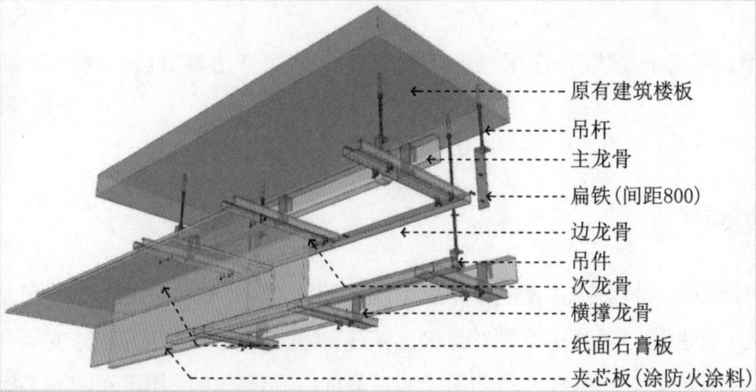

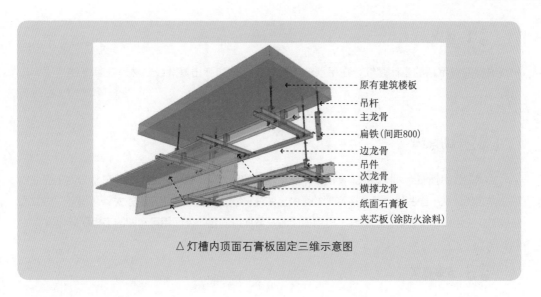

△ 灯槽内顶面石膏板固定三维示意图

3.曲线吊顶施工

弹线

制作框架

安装框架

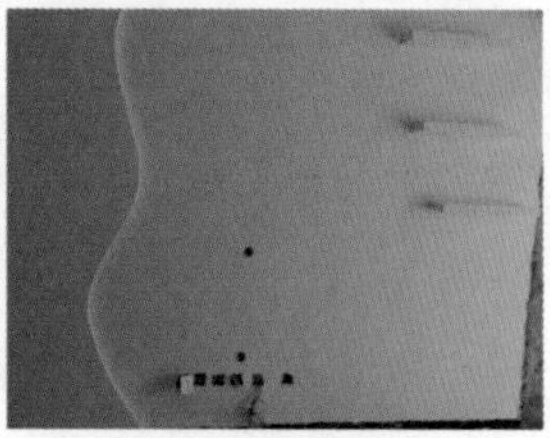

制作石膏板

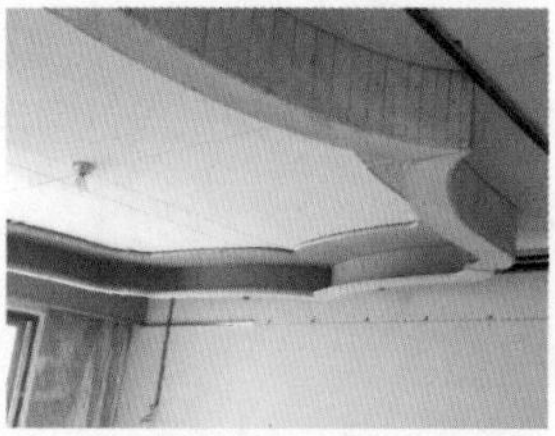

安装石膏板

步骤1 弹线

根据曲线吊顶的设计图纸，在吊顶的相应位置处依次弹出基准线，然后在基准线上固定边龙骨。

步骤2 制作框架

根据曲线吊顶节点大样图纸，使用细木工板制作曲线框架。曲线吊顶的曲线形状分为平面曲线和立体曲线。做平面曲线时可直接将副龙骨做出曲线形状，其上布置相应的主龙骨和吊筋；做立面曲线时，先用细木工板切割出曲线，再用相应的龙骨加以固定，外面用可弯曲的夹板面层包覆。

步骤3 安装框架

安装结构层木龙骨时需要用气枪钉固定，再安装曲线吊顶的框架。根据设计图纸，将曲线吊顶的龙骨安装到位，并要检查牢固度。

步骤4 制作石膏板

制作弧形曲面石膏板，在弧度较小的情况下，可直接将石膏板弯成相应的弧度。在弧度较大的情况下，可少量喷水或擦水后将石膏板弯成相应的弧度，或者在背面用美工刀开出“V”形槽（纵向）再形成较大的弧度。若弧度非常大，则需采用木龙骨加密、用石膏板条拼接的工艺弯成相应的弧度。

步骤5 安装石膏板

先将弧形曲面石膏板安装在木龙骨框架中，使用气枪钉固定牢固，然后依次将平面石膏板固定在吊顶中。

\小\贴\士\ 曲线吊顶使用注意事项

当室内层高在2.6m及以下时，安装吊顶后会使室内空间变小。同时，也要避免家居建筑的曲线吊顶过分繁复华丽和商业化，这样可能会使家居空间缺乏温馨的气氛。曲线吊顶更适合运用于公装当中。

4.井格式吊顶

弹线

安装边龙骨

安装吊筋

安装龙骨

安装石膏板

步骤1 弹线

根据设计图纸中标记的尺寸，在顶面中依次弹出基准线。基准线要求横平竖直，相邻的基准线之间保持平行。基准线施工质量的高低，直接影响井格式吊顶的成型样式。

步骤2 安装边龙骨

使用电锤在基准线上钻眼，并向里面插入木塞，再根据基准线和木塞的位置，依次安装边龙骨。

步骤3 安装吊筋

计算井格式吊顶的格数，然后制作相应数量的T字形木吊筋，将其固定在吊顶中的木龙骨上。

步骤4 安装龙骨

①将横向龙骨安装在吊筋上，使用气枪钉固定。将纵向龙骨固定在横向龙骨上，预留出井格的位置。

②若井格式吊顶设计有暗藏灯带，则龙骨框架需要增加200mm的宽度。

步骤5 安装石膏板

先安装纵向石膏板，将石膏板裁切成相应的尺寸，使用气枪钉将其固定在吊顶中。再安装横向石膏板，注意接缝处要严密，缝隙宽度不可超过2mm。

5.镜面吊顶

切割镜子

安装龙骨

安装石膏板

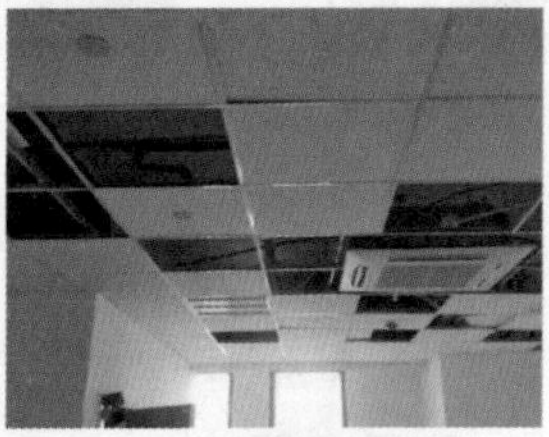

安装镜子

步骤1 切割镜子

①根据设计图纸，将镜子切割成标准的尺寸。安装在吊顶中的镜子尺寸不可超过800mm×800mm，否则容易发生脱落现象。

②在镜面上洒少量的水，用开孔器开孔，开好孔后，将镜子倾斜摆放在墙脚。

步骤2 安装龙骨

根据吊顶造型安装木龙骨框架，在安装有镜子的部分，增加9mm夹板，然后将9mm夹板用气枪钉固定在木龙骨上。

步骤3 安装石膏板

在吊顶中安装石膏板。要求石膏板与镜子接缝处的缝隙不可超过3mm。

步骤4 安装镜子

面积较小的镜子可直接用玻璃胶粘贴固定在9mm夹板上。注意玻璃胶必须选择中性胶，酸性玻璃胶会使玻璃变色，影响效果。面积较大的镜子需要使用广告钉固定，在镜子的四角分别固定广告钉，再配合使用玻璃胶密封。

6.实木梁柱吊顶

施工准备

→

制作框架

→

粘贴木纹饰面板

步骤1 施工准备

①木龙骨一般可采用松木或杉木。常用的木龙骨截面有50mm×80mm或50mm×100mm的单层结构；也有30mm×40mm或40mm×60mm的双层或单层结构。骨架所用木材的树种、材质等级、含水率以及防腐、防火处理，必须符合设计要求和有关规定。

②在施工前，应先对主体结构、水暖、电气管线位置等工程进行检查，其施工质量应符合设计要求。

③在原建筑主体结构与木隔断交接处，按300～400mm间距预埋防腐木砖。

④胶黏剂应选用木类专用胶黏剂，腻子应选用油性腻子，木质材料均需涂刷防火涂料。

步骤2 制作框架

①紧贴顶面的木龙骨采用膨胀螺栓固定，使木龙骨和顶面水泥连接紧密。

②安装纵向副龙骨时需要每隔300mm固定一个，高度以设计图纸为准。安装横向主龙骨时，应使用气枪钉将主龙骨固定在副龙骨上。在主龙骨和副龙骨之间，使用固定三角木方支架能够增加稳固性。

步骤3 粘贴木纹饰面板

将细木工板固定在木龙骨骨架上，用气枪钉固定牢固。在木纹饰面板的背面均匀地涂抹万能胶，将木纹饰面板直接粘贴在细木工板上。待万能胶风干后，将边角溢出的胶水擦拭干净即可。

五、木作造型墙

木作造型墙可设计出各种样式，如圆形、方形等，这主要是因为木材施工的可塑性强。木作造型施工时，应严格遵循图纸尺寸，并在支架结构上加固安装，以防止当表面粘贴石材等材料时，出现晃动等情况。

1.墙面木作造型施工

木骨架制安

→

安装表面板材

→

清洁

步骤1 木骨架制安

①裁切木夹板和木方。根据图纸设计尺寸、造型，裁切木夹板和木方，将木方制作成框架，用钉子钉好。

②固定框架到墙面中。将框架钉在墙面的预埋木砖上，没有预埋木砖的，就钻孔打入木楔或塑料胀管，安装牢固框架。

③对板材进行防潮处理。所有木方和木夹板均应先进行防潮、防火、防虫处理，然后将木夹板用白乳胶和螺钉钉装于框架上，必须牢固、无松动，基架必须带线、吊线调平，做到横平竖直。

步骤2 安装表面板材

①根据设计选择饰面板。将面板按照尺寸裁切好，在基架面和饰面板背面涂刷胶黏剂，必须涂刷均匀，静置数分钟后粘贴牢固，不得有离胶现象。

②转角处采用45° 拼角。在没有木线掩盖的转角处，必须采用45° 拼角，对于木饰面要求拼纹路的，按照图纸拼接好。

③处理缝隙宽窄一致。如果是空缝或密缝的，按设计要求，空缝的缝宽应一致且顺直，密缝的

拼缝紧密，接缝顺直，在有木线的地方，按设计所选择的木线，钉装牢固，钉帽凹入木面1mm左右，不得外露。

扩展知识 墙面木作造型与地面收口

△ 墙面护墙板与地面收口三维示意图

步骤3 清洁

将多余的胶水及时清理擦净，清除表面污物。

六、软、硬包制作

软、硬包施工的重点在于基层处理，以及软、硬包面层的安装。在基层施工中，软、硬包面积的长宽比需先计算好，并分配出若干个软、硬包块，避免出现大小不一致的软、硬包块。软包墙面所用填充材料、纺织面料、木龙骨、木基层板等均应进行防火处理。同时，软包布面与压线条、贴脸线、踢脚板、电气盒等交接处应严密、顺直、无毛边。电器盒盖等开洞处的套割尺寸应准确。

软、硬包施工的具体步骤如下。

基层处理

安装木龙骨

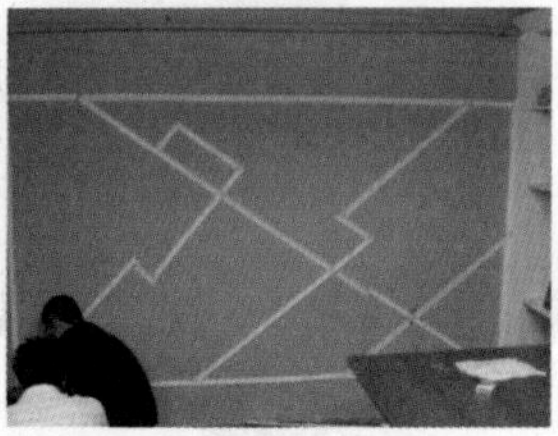

安装三合板

安装软、硬包面层

步骤1 基层处理

墙面基层应涂刷清油或防腐涂料，严禁用沥青油毡做防潮层。

步骤2 安装木龙骨

①木龙骨纵向间距为400mm，横向间距为300mm；门框纵向正面设双排龙骨孔，距墙边为100mm，孔直径为14mm，深度不小于40mm，间距在250~300mm之间。

②木楔应做防腐处理且不削尖，直径应略大于孔径，钉入后端部与墙面齐平；如墙面上安装开关插座，在铺钉木基层时，应加钉电气盒框格。最后，用靠尺检查龙骨面的垂直度和平整度，偏差应不大于3mm。

步骤3 安装三合板

三合板在铺钉前应在板背面涂刷防火涂料。木龙骨与三合板的接触面应抛光使其平整。用气钉枪将三合板钉在木龙骨上，三合板的接缝应设置在木龙骨上，钉头应埋入板内，使其牢固平整。

步骤4 安装软、硬包面层

①在木基层上画出墙面、柱面上软、硬包的外框及造型尺寸，并按此尺寸切割九合板，按线拼装到木基层上。其中九合板钉出来的框格即为软、硬包的位置，其铺钉方法与三合板相同。

②按框格尺寸裁切出泡沫塑料块，用建筑胶黏剂将泡沫塑料块粘贴于框格内。

③安装软、硬包面层。将裁切好的织锦缎连同保护层用的塑料薄膜覆盖在泡沫塑料块上，用压角木线压住织锦缎的上边缘，在展平织锦缎后，用气钉枪钉牢木线，然后绷紧展平的织锦缎，钉其下边缘的木线。最后，用锋刀沿木线的外缘裁切下多余的织锦缎与塑料薄膜。

扩展知识 软、硬包与地面收口

△软、硬包与地面收口三维示意图

七、现场木制柜

现场木制柜是指在施工现场，根据实际情况制作而成的柜体，是考验木工施工技术的一项重点工法。现场柜体制作和安装要在吊顶和墙面木作施工完成后进行。

1.木作柜体施工

柜身制作

柜面包边

路轨安装

打磨上漆

抽屉制作

步骤1 柜身制作

①制作柜身木板和抽屉挡板。开始制作柜身，通常活动柜的柜身采用松木板，抽屉内身采用密度板。首先制作两块77cm×50cm×1.5cm的柜身木板，然后再制作8块45cm×12cm×1.5cm的松木抽屉挡板。

②画出抽屉位置。在柜身面板上画出安装抽屉的位置，并在上面制作圆木榫，最后把8块抽屉挡板组合在柜身面板上，形成了一个活动柜的柜身。

步骤2 柜面包边

①制作松木板柜面。柜身做好后，再制作一块45cm×50cm×1.5cm的松木板，用于作活动柜的柜面。如果没有这么大的整块松木板，可以先用圆木榫拼接而成，然后再把柜面板固定在柜身上面。

②圆木棒镶嵌柜边。用圆木棒镶嵌柜边，圆木棒直径约2cm，按要求切割两根50cm和一根45cm的圆木棒。然后在衔接处切除45°的接口，并在内侧涂上木工胶安装上去即可。

步骤3 路轨安装

①标记抽屉路轨的位置。用直尺在抽屉口上方1.5cm处标出抽屉路轨的位置，然后根据路轨的规格再标出安装螺丝孔的标记。

②拆开轨道。把轨道拆开，窄的安装在抽屉架框上，宽的安装在柜体上，安装时，注意要分清前后。

③拧上螺丝。把柜体侧板上的螺丝孔拧上螺丝，一个路轨分别用两个小螺丝一前一后固定。

步骤4 抽屉制作

①制定抽屉面板组合。抽屉是由两块46cm×13cm和一块41cm×13cm，厚1.5cm的密度板，加上一块抽屉底板，外加松木板的抽屉面板组合而成的。

②制作抽屉屉身。首先用密度板制作好抽屉屉身，接口上涂上木工胶，然后安装上松木面板，并在接口上安装直角固定卡。如果条件允许，抽屉也可以采用松木板（或者更好的实木），然后用燕尾榫衔接，这样工艺更加精致，并且牢固。

步骤5 打磨上漆

①柜身打磨。在打造活动柜前，对柜子进行打磨。砂纸有粗砂纸和细砂纸，先用粗的，到一定程度后再用细的，以达到最终要求。

②柜身刷漆。在上油前一定要把打磨木料时浮在木料表面的木屑清理干净，用有一点点潮的棉布擦。最后就可以打底漆，刷漆了。

八、板式家具组装

板式家具安装是指仅需要组装的吊柜、壁柜和固定家具等。这类家具的安装工序简单、易操作，只要按照步骤安装即可。板式家具的板材都是在工厂已经加工好了的，不需要在现场二次加工，并且已经预留好了配件安装的孔洞。

腾出空间，拆开家具板件

组装家具框架

将家具框架固定在墙面中

组装家具配件

完工验收

步骤1 腾出空间，拆开家具板件

①板式家具的体型较大，因此在安装之前，需要空出足够的空间用来组装家具。一般地点选择在客厅或卧室的中央。

②拆开家具板件，检查零部件是否缺少，是否有损坏等问题，并及时解决。在拆开板式家具的时候，一定要先拆除小件，也就是一些辅助性的东西，最后再对大的框架进行拆除，防止大的部分散掉从而损害小件部分。

步骤2 组装家具框架

①将家具大、小配件分类摆放，结构性部件摆放在一起，小部件摆放在一起，用于安装固定的螺丝等五金件摆放在一起。

②以最大的板材（通常为背板、侧边）为中心进行组装。一边组装，一边用螺丝等五金件固定。安装时需注意，先预装，再固定，避免拆改对家具造成损坏。

步骤3 将家具框架固定在墙面中

将组装好的家具框架固定在安装位置上，注意与墙面贴合严密，并采用膨胀螺栓固定起来。

步骤4 组装家具配件

①家具配件按照从大到小的原则进行安装，先安装家具内的横竖隔板，再安装抽屉等配件。

②五金配件与抽屉等配件同时安装，等抽屉组装好之后，安装滑轨、把手，然后再将抽屉固定到家具中。

步骤5 完工验收

摇晃家具，看家具是否有晃动的迹象，固定是否牢固。悬挂在墙面中的板式家具，拉拽测试膨胀螺栓的固定效果。

九、木地板铺设

木地板是家装空间中最为常用的一种地面铺装方式，不论是家装还是公装中都较为偏好这种铺装形式，其施工方式也是多样的，在不同的区域选择适合的施工方法。

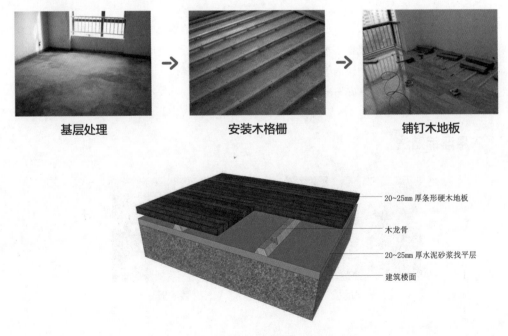

1.实铺法

基层处理

→

安装木格栅

→

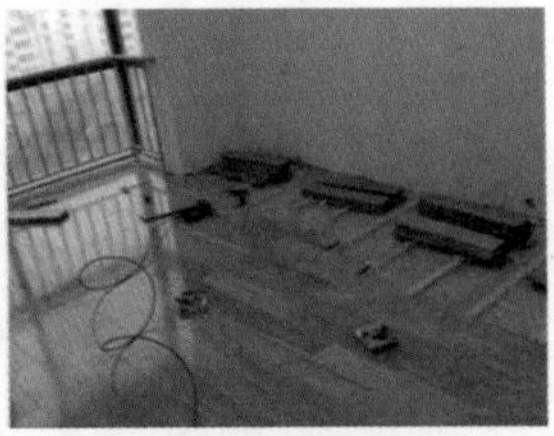
铺钉木地板

△ 实铺法三维示意图

步骤1 基层处理

先将基层清扫干净，并用水泥砂浆找平。弹线要求清晰、准确，不能有遗漏，同一水平要交圈；基层应干燥且做防腐处理（铺沥青油毡或防潮粉）。预埋件的位置、数量、牢固性要达到设计标准。

步骤2 安装木格栅

①根据设计要求，格栅可采用30mm×40mm或40mm×60mm截面木龙骨；也可以采用10~18mm厚，100mm左右宽的人造板条。

②在进行木格栅固定前，按木格栅的间距确定木模的位置，用ϕ16mm的冲击电钻在弹出的十字交叉点的水泥地面或楼板上打孔。孔深40mm左右，孔距300mm左右，然后在孔内下浸油木模。固定时用长钉将木格栅固定在木楔上。格栅之间要加横撑，横撑中距依现场及设计而定，与格栅垂直相交并用铁钉钉固，要求不松动。

③为了保持通风，应在木格栅上面每隔1000mm开深不大于10mm，宽20mm的通风槽。木格栅之间的空腔内应填充适量防潮粉或干焦渣、矿棉毡、石灰炉渣等轻质材料，起到保温、隔声、吸潮的作用，填充材料不得高出木格栅上皮。

步骤3 铺钉木地板

木地板铺钉前，可根据设计及现场情况的需要，铺设一层底板及聚乙烯泡沫胶垫或地板胶垫。底板可选10~18mm厚的人造板与木格栅胶钉。条形地板的铺设方向应考虑铺钉方便、固定牢固、实用美观等要求。对于走廊、过道等部位，应顺着行走的方向铺设；而室内房间，应顺光线铺设。对于多数房间而言，顺光线方向与行走方向是一致的。

2.悬浮铺贴法

铺设地垫

→

铺装地板

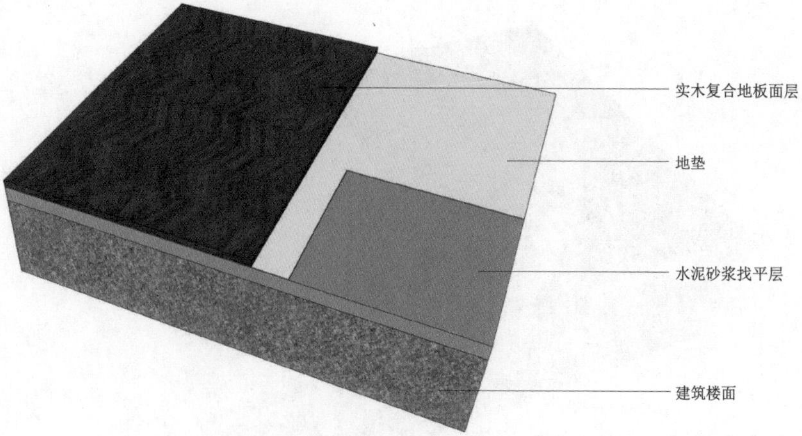

△ 悬浮铺贴法三维示意图

步骤1 铺设地垫

铺设时，地垫间不能重叠，接口处用60mm宽的胶带密封、压实。地垫需要铺设平直，向墙边上引30～50mm，低于踢脚线高度。

步骤2 铺装地板

检查实木地板色差，按深、浅颜色分开，尽量规避色差，先预铺分选。色差太严重的考虑退回厂家。从左向右铺装地板，母槽靠墙，将有槽口的一边靠向墙壁，试铺时测量出第一排尾端所需的地板长度，预留8～12mm后，锯掉多余的部分。

3.直接铺贴法

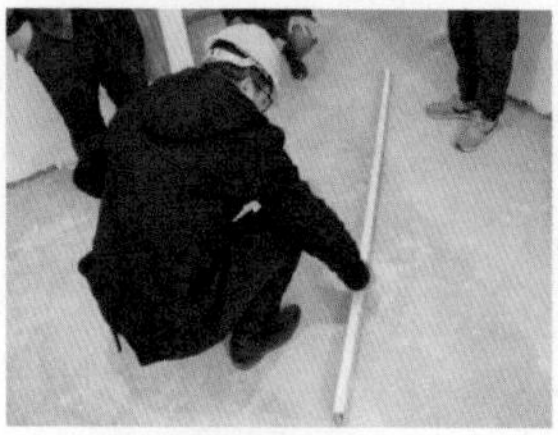

地面找平

→

基层处理

→

铺装地板

△ 直接铺贴法三维示意图

步骤1 地面找平

地面的水平误差不能超过2mm，超过则需要找平。如果地面不平整，不仅会导致整体地板不平整，还会有异响，严重影响地板质量。

步骤2 基层处理

对问题地面进行修复，形成新的基层，避免因原有基层空鼓和龟裂而引起地板起拱。撒防虫粉、铺防潮膜。防虫粉主要起到防止地板起蛀虫的作用。防虫粉不需要满撒地面，可呈U形铺撒。防潮膜主要起到防止地板发霉变形的作用。防潮膜要满铺于地面，在重要的部分，甚至可铺设两层防潮膜。

步骤3 铺装地板

从边角处开始铺设，先顺着地板的竖向铺设，再并列横向铺设。铺设地板时不能太过用力，否则拼接处会凸起来。在固定地板时，要注意地板是否有端头裂缝、相邻地板高差过大或者拼板缝隙过大等问题。

十、门窗安装

木门窗是家装中较为常用的门窗类型，安装较为方便。常见的木门窗根据形式的不同分为套装门、推拉门两种，套装门要注意门套、门套装饰线的安装，在一定程度上可以装饰空间。推拉门则需要根据空间装饰风格来选择门扇，使空间和谐、统一。

1.套装门安装

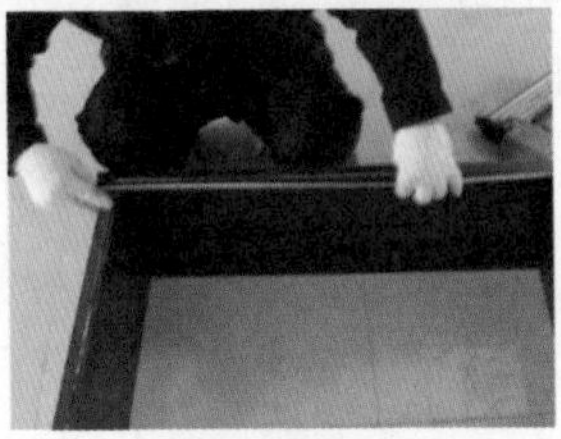

组装门套

门套矫正

安装门板

安装门套装饰线

安装门挡条

安装门锁和门吸

步骤1 组装门套

①将门套横板压在两竖板之上，然后根据门的宽度确定两竖板的内径。如门宽为800mm，则两竖板的内径应该是808mm。内径确定后，开始用钉枪固定，可选用50mm钢钉直接用钉枪打入。

②左右两面固定好后，可用刀锯在横板与竖板的连接处开出一个贯通槽（方便线条顺利通上去）。门套的正反两面均需开贯通槽，开好后将门套放入门洞。

步骤2 门套矫正

①根据门的宽度截三根木条，取门套的上、中、下三点，将木条撑起。需注意木条的两端应垫上纸，以防止矫正的过程中划伤门套表面。

②在门套的侧面，上、中、下三点分别打上连接片，连接片可直接固定在门套的侧面，保证将门套与墙体紧紧引连。固定时可选用38mm钢钉，要将连接片斜着固定在墙体上，这样装好线条后，可以保证连接片不外露，既牢固又美观。

步骤3 安装门板

①固定前可将支撑木条暂时取下，以方便门板出入，待门安装后再支撑起。先将合页安装在门板上，然后在门板底部垫约5mm的小板，将门板暂时固定在门套上面。

②门板固定好后，可取下底部垫的小木板，试着将门关上，调整门左右与门套的间隙。根据需要将间隙加以调整，使其形成一条直线，宽3～4mm，然后依次将连接片与门套、墙体牢牢固定好。

步骤4 安装门套装饰线

切割门套装饰线条，线条入槽时为避免损坏线条，可垫纸；用锤子将装饰线条从根部轻轻砸入，先装两边，再装中间。

\小\贴\士\ 门套线的安装

基层板底部应与门槛石完成面留 2cm 的缝，缝隙用柔性防水胶填补。木饰面板底部与门槛石完成面留 2cm 的缝，以防止水气渗入门套内引起油漆面变形发霉。

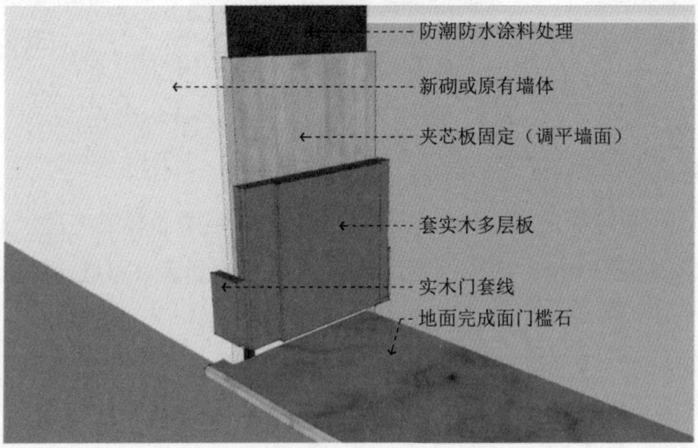

△ 门套线三维示意图

步骤5 安装门挡条

先将门挡条切成45° 斜角，然后将门关至合适位置，开始钉门挡条横向部分，之后再钉竖向部分。最后将门挡条上的扣线涂上胶水，之后扣入门挡条上面的槽中。

步骤6 安装门锁和门吸

从门的最下端向上测量950mm处是锁的中心位置。门吸安装在门开启方向的内侧。

2.推拉门安装

安装滑道

安装滑轮以及门扇

安装限位器

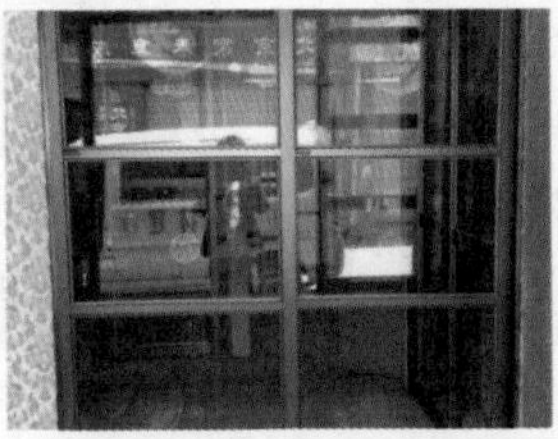

安装导饼和门下限位器

步骤1 安装滑道

按照门洞宽度和门的开启方向安装滑道，以门洞宽度的中心为基准，分两边进行固定。滑道与门梁连接处的左右高度需要一致。

步骤2 安装滑轮以及门扇

将滑轮放入滑槽内，然后再通过人工或其他吊装工具将门扇竖直地放在下方，同时将门扇上面的螺杆套入滑轮上的螺栓孔内，并将其固定。

步骤3 安装限位器

在上滑道的底部或内部采用角钢安装限位器，焊接在距离滑轮边10mm的位置，让门扇的开启区域限制在其有效范围内。角钢与滑轮接触处要求必须设置厚度在20mm以上的硬质橡胶垫作为缓冲。

步骤4 安装导饼和门下限位器

导饼需要露出地面10～15mm左右，间距500mm。而门下限位器在安装时，需要将门扇向外推10～20mm，再用螺丝将限位器固定住。

十一、楼梯制安

楼梯制安是指楼梯在施工现场的组装与安装工法。在安装楼梯的时候应该预留一定的膨胀空间。在安装成品定制楼梯之前，所有尺寸都是经过精确测量的，安装过程中不需要再进行裁切等加工，这样就大大减少了粉尘对屋内环境的破坏。安装过程中必须注意各处的连接。

安装楼梯骨架

安装楼梯踏步板

安装楼梯围栏

步骤1 安装楼梯骨架

将楼梯的高度重新核对，看与图纸高度是否吻合。确定楼梯上挂和底座的位置，“L”形的楼梯需要确定转弯处地支撑或墙支撑的详细位置。确定好后固定上挂和底座。

步骤2 安装楼梯踏步板

将踏步取出，确定楼梯踏步板的安装位置。从上至下逐步安装，有踏步小支撑的，还要调节小支撑的高度，然后打眼将小支撑与踏步板连接。每一个踏步板均如此安装。

步骤3 安装楼梯围栏

先确定所需安装立柱的位置，打眼安装立柱。然后固定立柱底座，将上面的配件拧松，装拉丝和扶手。将拉丝和扶手安装好后调节至最合适的位置，拧紧所有围栏上面的螺丝。

扩展知识 玻璃栏板

玻璃栏板有全玻式和半玻式两种类型。

全玻式栏板全部用玻璃制作，栏板上部采用木质、不锈钢或黄铜扶手。扶手与栏板的连接有四种方式：一是在木扶手或金属扶手下部开槽，将玻璃栏板插入槽内，以玻璃胶封口固定；二是在金属扶手下部安装卡槽，将玻璃栏板嵌装在卡槽内，以玻璃胶封口固定；三是用玻璃胶将玻璃栏板与金属扶手黏结在一起；四是采用配件与扶手连接。

栏板下方与楼梯的连接方式有两种：一是用角钢将玻璃板夹住，而后打玻璃胶固定玻璃并封缝；二是使用整体装饰面或石材饰面楼梯时，在安装玻璃栏板的位置留槽，槽底加垫橡胶垫块，将玻璃栏板放在槽内，用玻璃胶封闭。

半玻式栏板一般由金属做支撑，其固定方式有三种：一是用金属卡槽将玻璃栏板固定在金属立柱间，而后用玻璃胶黏结；二是在栏板立柱上开槽，将玻璃栏板嵌装在立柱上，并用玻璃胶固定；三是用玻璃连接件与金属支撑连接。

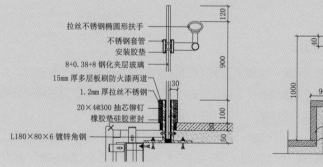

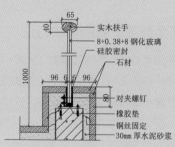

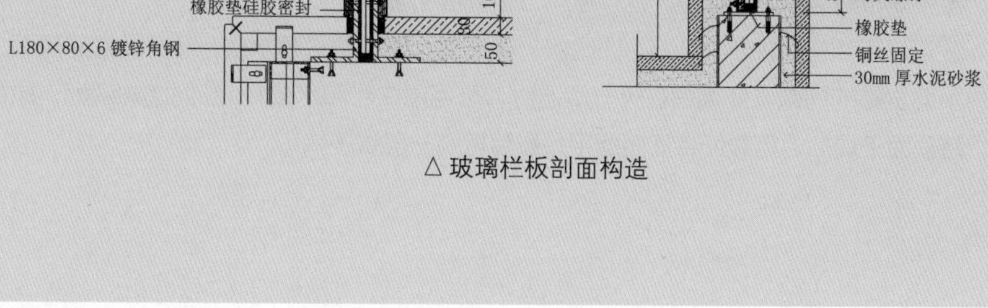

△ 玻璃栏板剖面构造

十二、工程修缮

木作工程本身的分类就较为琐碎，其工程的修缮也包含了很多不同的方面，例如吊顶、柜体等外表面的处理，还有常见的木作配件如龙骨的处理。

1.如何处理石膏板接缝处开裂

为防止纸面石膏板开裂，首先要清除缝内的杂物。当嵌缝腻子初凝时，需要再刮一层较稀的，厚度应掌握在1mm左右，随即贴穿孔纸带，纸带贴好后放置一段时间，待水分蒸发后，在纸带上再刮一层腻子，把纸带压住，同时把接缝板面找平。

纸面石膏板吊顶容易出现的问题主要是在吊顶竣工后半年左右，纸面石膏板接缝处开始出现裂缝。解决的办法是石膏板吊顶时，要确保石膏板在无应力状态下固定。龙骨及紧固螺钉间距要严格按设计要求施工；整体满刮腻子时要注意，腻子不要刮得太厚。

△ 石膏板吊顶开缝

2.顶面潮湿发霉的解决方法

当室内湿气过多、潮湿过重时，就会引发潮湿顶面发霉长毛的现象。当室内霉菌蔓延时，会对人身体产生不良的影响，特别是对于皮肤过敏者。那么当室内顶面因潮湿发霉时，可先用干牙刷将霉渍刷掉，再用软布蘸酒精轻轻抹擦，这样就可以使墙面干燥，防止霉菌滋生了。

此外，还可以用漂白粉加水按1：99的比例，调配成水剂，倒进喷水瓶，喷在发霉的顶面上，即可以解决顶面发霉的问题。如果是在天气潮湿时，可用漂白粉和水按1：20的比例调配，抹在霉菌顶面上，待顶面干燥后，用砂纸将顶面磨平，最后再刷一层腻子就可以了。

3.为什么需对龙骨做防火、防锈处理

在施工中应严格要求对木龙骨进行防火处理，并要符合有关防火规定；对于轻钢龙骨，在施工中也要严格要求对其进行防锈处理，并符合相关防锈规定。

如果一旦出现火情，火是向上燃烧的，吊顶部位会直接接触到火焰。因此如果木龙骨不进行防火处理，造成的后果不堪设想；由于吊顶属于封闭或半封闭的空间，通风性较差且不易干燥，如果轻钢龙骨没有进行防锈处理，很容易生锈，影响使用寿命，严重的可能导致吊顶坍塌。

△ 木龙骨进行防火处理

4.顶面不平如何处理

顶面是家居空间不可缺少的一个组成部分，尽管人们不会常常抬起头查看，但是顶面不平会使人感到压抑和倾斜，并不舒适。所以顶面不平这一现象是一定要及早处理的。一般处理这个问题有两个方法：一是重新找平，要先用找平剂找平，然后才能用腻子粉来批墙，这样会更加地平整，还可以防开裂；二是做吊顶，当顶面无法找平的时候，吊顶就是最好的选择了，虽然会降低一些顶面空间感，但却能够弥补顶面不平所带来的缺陷，同时也增加了家居的美感。

5.木地板铺贴后有裂缝怎么办

目前市面上的木地板质量良莠不齐，有的铺设后一旦热胀冷缩，板块间便会出现裂隙，令人烦恼不已。遇到这种情况，可先观察一段时间，待裂缝有四五毫米厚、积存泥尘之际，便买“胶木粉”用碟盛起，滴入清水搅拌至浆状，再刷净裂隙，稍稍喷入清水，填入胶木粉浆即可。

实木地板开裂和室内干燥与否无关，这是地板自身含水率不合格造成的。当地板含水率高于当地标准时，由于内部水分的散失就会造成地板开裂。这种开裂即使室内不干燥也会发生，只是时间问题。

如果是地板之间的缝隙变大，那就是因为水分散失造成地板干缩，不必管它，待室内湿度合适时缝隙会变小的，也可以采用加湿器来调整室内湿度。如果是地板自身开裂，那么可以用木屑（锯末）和明矾、色粉加水调成糊状，填抹在开裂的缝隙内，待干透后用水砂纸打磨平整，然后刷上清漆即可。

6.木工现场制作的柜体需要注意哪些事项

①带柜门的柜子。一张大芯板开条，再压两层面板。错误的施工：一整张大芯板上直接做油漆或贴一张面板，这样容易变形。

②买成品移门的柜子。注意留有滑轨的空间，滑轨侧面还需要做涂刷漆，这样能保证衣柜内的抽屉可以自由拉出（抽屉稍微做高一点，不要让推拉门的下轨挡住）。

③衣柜门尺寸。衣柜门的尺寸，首先看衣柜门的宽度尺寸，平开门尺寸宽度最佳在450~600mm，具体看门数来决定，推拉门尺寸在600~800mm最佳；平开门的高度尺寸在2200~2400mm，超过2400mm可以设计加顶柜。推拉门的高度尺寸与平开门的尺寸一样。需要注意的是，在选择尺寸的时候，要考虑衣柜门的承重力。

④整体衣柜深度尺寸。整体衣柜的进深一般在550~600mm，除去衣柜背板和衣柜门，整个衣柜的深度是在530~580mm，这个深度是比较适合悬挂衣物的，不会因为深度太浅造成衣服的褶皱。挂衣服的空间也不会因此而感觉太狭窄。

第六章

涂料饰面工程

涂料饰面施工直接展示装修的效果，起到画龙点睛的作用。施工内容主要有找平、乳胶漆施工、木器漆施工、壁纸施工及硅藻泥施工。

一、材料选择

墙面的饰面材料众多，可以根据装修风格选择不同的纹样。漆类材料根据颜色、纹理可以运用在不同空间当中，其施工也较为简便。

1.乳胶漆

乳胶漆是乳胶涂料的俗称，是以丙烯酸酯共聚乳液为代表的一大类合成树脂乳液涂料。

它属于水分散性涂料，具备了与传统墙面涂料不同的众多优点，如易于涂刷、干燥迅速、漆膜耐水、耐擦洗性好、抗菌等，且有平光、高光等不同类型可选，色彩也可随意调配，且无污染、无毒，是最常见的装饰漆之一。

扩展知识 乳胶漆的分类

按照涂刷顺序来划分，乳胶漆可分为底漆和面漆。底漆的作用是填充墙面的细孔，防止墙体碱性物质渗出而侵害面漆，同时具有防霉和增强面漆吸附力的作用；面漆主要起到装饰和防护的作用。

△ 底漆

△ 面漆

2.硅藻泥

硅藻泥是一种以硅藻土为主要原材料配制而成的干粉状室内装饰壁材，本身没有任何的污染。它不含任何重金属，不产生静电，因此浮尘不易吸附，而且具有消除甲醛、净化空气、调节湿度、防火阻燃、墙面自洁、杀菌除臭等功能，可以用来代替乳胶漆和壁纸等传统装饰壁材。

3.艺术涂料

艺术涂料是一种新型的墙面装饰材料，经过现代高科技的工艺处理，可做到无毒、环保，同时还具备防水、防尘、阻燃等功能。优质艺术涂料可洗刷，耐摩擦，色彩历久常新。它与传统涂料之间最大的区别在于，传统涂料大都是单色乳胶漆，所营造出来的效果相对较单一，而艺术涂料即使只用一种涂料，但由于其涂刷次数及加工工艺的不同，也可以达到不同的效果。

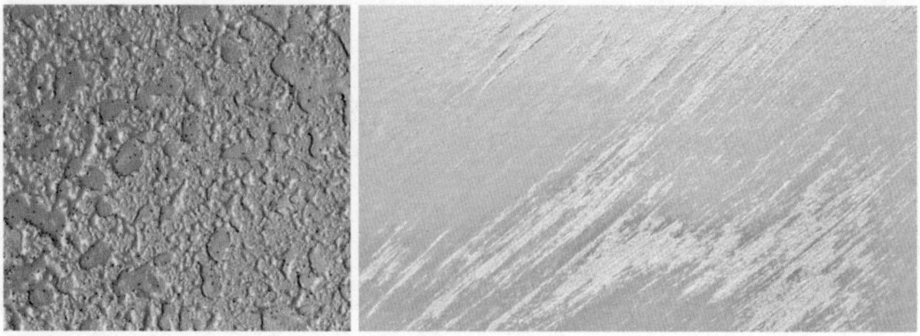

△ 艺术涂料效果

4.液体壁纸

液体壁纸是一种新型涂料，也称壁纸漆，是集壁纸和乳胶漆特点于一体的环保水性涂料。不仅色彩均匀、图案完美，而且极富光泽。

△ 液体壁纸

5.清漆

用清漆涂刷木质表面可避免木质材料直接被硬物刮伤，产生划痕，可以有效防止阳光直晒木质家具而造成干裂。清漆按照环保性能可分为水性漆和油性漆，前者更环保，但硬度略逊于后者。

6.彩色漆

包括白色和彩色两大类，即为常说的混油，最常见的是白色混油使用的白色漆，其施工技术成熟，且搭配效果非常好。

7.墙面漆腻子

在涂刷墙漆、涂料或粘贴壁纸之前，需要在墙面刮一到两层腻子，作用是为了遮盖底层的瑕疵以及随墙面进行找平，使表面的漆层更平整，涂刷效果更佳。墙面漆腻子分为耐水腻子和普通腻子两种。

8.墙布

墙布也叫壁布，是裱糊墙面的织物，以棉布为底布，在底布上进行印花、轧纹浮雕处理或大提花制成不同图案。所用纹样多为几何图形和花卉图案。墙布的使用限制较多，不适合潮湿的空间，保养没有壁纸方便，但效果自然。

9.壁纸

壁纸是除了乳胶漆外，最常使用的一种家居墙面装饰材料，它与乳胶漆相比没有色差，看到的即是得到的效果。其施工简单，本身属于环保材料，无毒无害，但施工中使用的胶容易产生污染，可选择环保胶类来避免污染。

△ 墙布

△ 壁纸

二、施工质量要求

涂料饰面工程是人在进入空间中最容易注意到的位置，也是最外层的施工。它决定了人们对空间第一眼的印象，因此其施工质量尤为重要。

涂料施工质量要求如下。

①腻子应与涂料性能配套，坚实牢固，不得产生粉化、起皮、裂纹等现象。卫生间等潮湿处应使用耐水腻子，涂液要充分搅匀，黏度太大可适当加水，黏度小可加增稠剂。施工温度要高于10℃。室内不能有大量灰尘，最好避开雨天施工。

②基层处理是保证施工质量的关键环节，其中保证墙体完全干透是最基本的条件，一般应放置10天以上。墙面必须平整，最少应满刮两遍腻子至满足标准要求。

③涂刷清油时，手握油刷要轻松自然，手指轻轻用力，以移动时不松动、不掉刷为准。

④涂刷时要按照蘸次多、每次少蘸油、操作勤、顺刷的要求，依照先上后下、先难后易、先左后右、先里后外的顺序和横刷竖顺的操作方法施工。

⑤基层处理要按要求施工，以保证表面涂料涂刷质量，清理周围环境，防止尘土飞扬。涂料都有一定的毒性，对呼吸道有较强的刺激作用，施工时一定要注意做好通风。

⑥基层处理时，除了清理基层的杂物外，还应进行局部的腻子嵌补，打砂纸时应顺着木纹打磨。

⑦在涂刷面层前，应用漆片（虫胶漆）对有较大色差和木脂的节疤处进行封底。应在基层涂干性油或清油，涂刷干性油层要将所有部位均匀刷遍，不能漏刷。

⑧底子油干透后，满刮第一遍腻子，干后用手工砂纸打磨，然后补高强度腻子，腻子以挑丝不倒为准。涂刷面层涂料时，应先用细砂纸打磨。

三、石膏、腻子层施工

石膏、腻子是在墙面刷乳胶漆或者其他涂料之前对墙面底层进行处理的基层材料。其中，石膏主要用于墙面局部找平，对凹陷较大的墙面进行填补；而腻子则需要满墙、顶面施工。

1.石膏找平

基层粉刷石膏

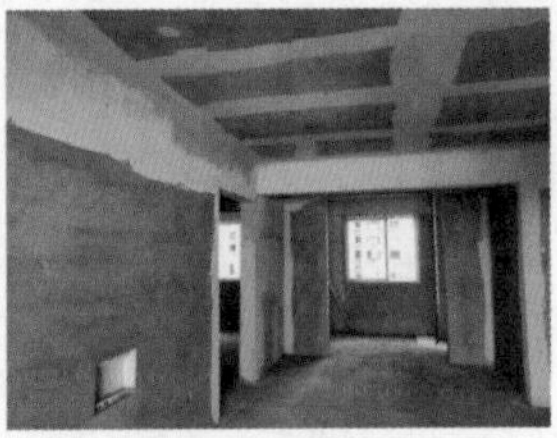
面层粉刷石膏

步骤1 基层粉刷石膏

根据平整度控制线，选择局部或者满刮基层，粉刷石膏。粉刷石膏使用前，应按照说明书上的要求，将墙固、水、粉刷石膏按照一定的比例搅拌均匀，并在规定的时间范围内使用完毕。如果满刮厚度超过10mm，则需要先满贴玻璃纤维网格布，再继续满刮基层粉刷石膏。

步骤2 面层粉刷石膏

基层粉刷石膏干燥后，将面层粉刷石膏搅拌均匀，满刮在墙面上，并将粗糙的表面填满补平。

2.批刮腻子

刮第一遍腻子

阴阳角修整

墙面打磨

刮第二遍腻子

晾干腻子

步骤1 刮第一遍腻子

第一遍腻子的厚度控制在4～5mm，主要用于找平，按平行于墙边方向依次施工。要求不能留槎，收头必须收得干净利落。

步骤2 阴阳角修整

刮腻子时，阳角用铝合金杆反复靠杆挤压成形；阴角用阴阳角抹子操作，使其清晰顺直。

步骤3 墙面打磨

①尽量用较细的砂纸，一般质地较松软的腻子用400～500号的砂纸，质地较硬的（如墙衬、易刮平）用360～400号的砂纸为佳，如果砂纸太粗的话会留下很深的砂痕，刷漆时不易将其覆盖掉。腻子打磨时，为了看清打磨的平整度，还需要用灯光照着打磨。

②打磨完毕后一定要彻底清扫一遍墙面，以免粉尘太多，影响漆的附着，墙面的平整度误差不应超过3mm。

步骤4 刮第二遍腻子

第二遍腻子厚度控制在3～4mm。第二遍腻子必须等底层腻子完全干燥并打磨平整后再施工，平行于房间短边方向用大板进行满批，同时待腻子6～7成干时必须用橡胶刮板进行压光修面，以保证面层平整光洁、纹路顺直、颜色均匀一致。

步骤5 晾干腻子

晾干腻子一般需要3～5天，这期间，室内最好不要进行其他方面的施工，以防对墙面造成磕碰。在晾干的过程中，禁止开窗。

四、乳胶漆施工

乳胶漆施工在空间的不同位置要注意其不同的施工要点，根据其涂刷位置的情况灵活涂刷。

1.顶面天花乳胶漆施工

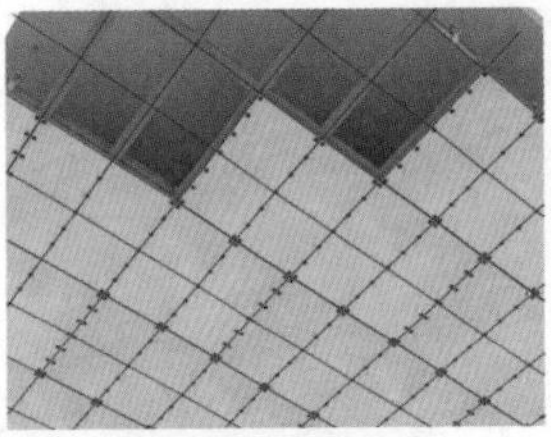
钉帽防锈处理

嵌缝

防开裂处理

批刮腻子

刷底漆

刷面漆

步骤1 钉帽防锈处理

顶面石膏板在进行安装固定的时候，使用了大量的自攻钉，而这些金属钉帽必须做防锈处理。在这个环节中需要使用防锈漆对每个钉帽进行涂刷，从而避免钉帽生锈影响粉刷质量的情况发生（没有做天花的顶棚无此工艺）。

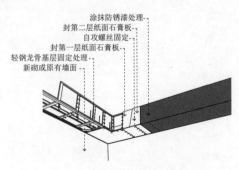

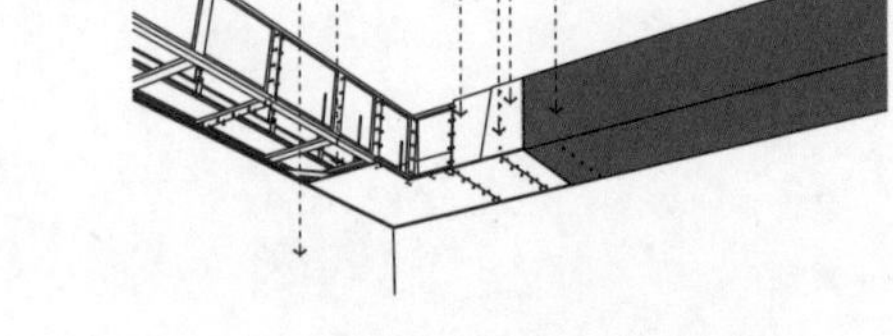

△ 自攻螺丝防锈漆处理做法透视图

步骤2 嵌缝

吊顶面层使用石膏板和螺丝来固定完成，但石膏面板间的缝隙和螺丝口凹陷会影响顶面的美观性，所以要使用嵌缝石膏进行嵌缝。嵌缝时，嵌缝石膏应调和得稍硬些，当一次嵌补不平时，可以分多次嵌补，但必须要等到嵌补的前一道完全干后才能嵌刮后一道。嵌补时要嵌得饱满，刮压平实，但不能高出基层顶面。

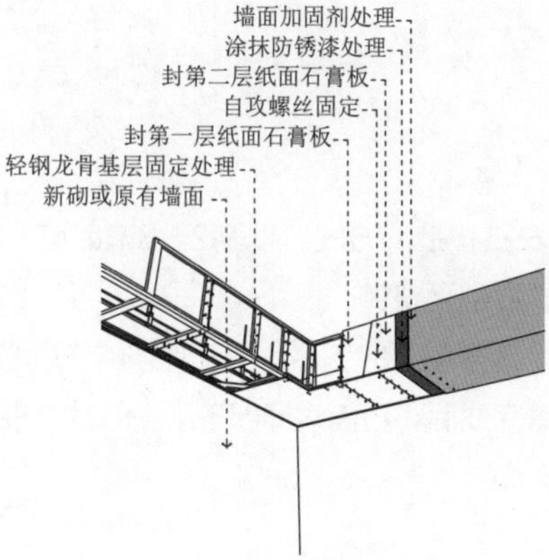

△ 嵌缝做法透视图

步骤3 防开裂处理

为了防止石膏板接缝等处开裂，影响顶面的美观，顶面要进行防开裂处理。施工时，一般会在接缝处粘贴一层50mm宽的网格绷带或牛皮纸袋，必要时也可以粘贴两层。

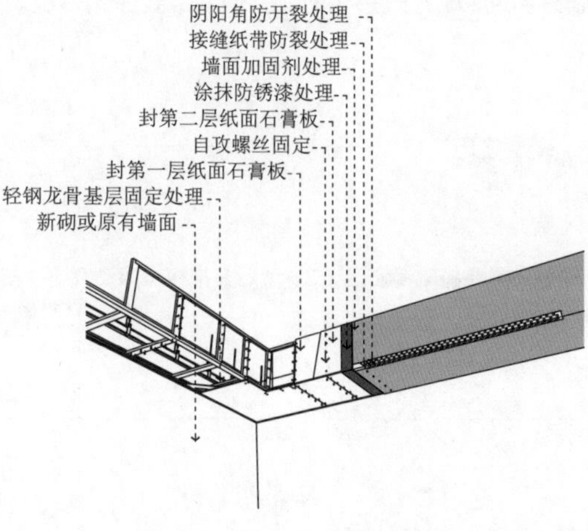

△ 防开裂处理做法透视图

\小\贴\士\ 粘贴技巧

粘贴网格绷带或牛皮纸袋的方法是先在接缝处用毛刷涂刷白乳胶液，然后粘贴用水浸湿过的牛皮纸或网格绷带，粘贴后用胚板压平、刮实。

步骤4 批刮腻子

顶面腻子的批刮一般采用左右横批的方式，批刮2～3遍即可，不宜太多。批刮顶面腻子在遇到已经填好的缝隙和孔眼时，要批刮平整。

刮完腻子后需打磨。打磨是非常重要的工序，刮了几遍腻子就必须打磨几次，打磨质量关系到墙面的美观与平整度。初步打磨完成后，还需对局部不平整的地方进行找补。

步骤5 刷底漆

底漆的涂刷方式一般是一底两面（刷一次底漆，两次面漆）。刷底漆的作用在于提高墙面的黏结力和覆盖率，让墙面具有抗碱、防潮的性能。涂刷顶面的手法一般是使用辊筒自左而右横向滚动，相邻涂刷面的搭接宽度为100mm左右。

步骤6 刷面漆

面漆的涂刷方式和底漆的涂刷方式是相同的，但面漆要涂刷两次。

\小\贴\士\ 滚刷技巧

使用辊筒刷漆时，只需要将辊筒浸入 1/3，然后在拖板上滚动几下，使辊筒被乳胶漆均匀浸透，以保证在滚涂时漆层厚薄一致，防止浆料掉落。

2.墙面乳胶漆施工

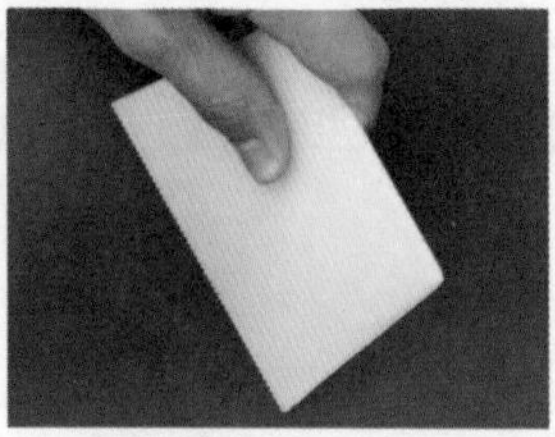
防开裂处理

涂刷界面剂

找阴阳角方正

批刮腻子

砂纸打磨

刷底漆

刷面漆

步骤1 防开裂处理

墙面如果采用了石膏板或其他板材做背景墙，板与板的拼接处以及墙面开槽的接缝处必须粘贴一层50mm宽的网格绷带或牛皮纸袋。

此外，如果内墙墙体基层裂缝过多，则需要做全面的防裂开处理。首先在墙面均匀滚刷白乳胶液，不能漏刷，然后把聚酯布贴在墙上，并用刮板刮出多余的胶液，使布粘贴平整、牢固。布与布之间的搭接头要裁下，以免影响平整度。

步骤2 涂刷界面剂

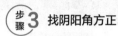

为了提高墙面的附着力，应该涂刷界面剂。界面剂是一种胶黏剂，具有良好的黏接力、耐水性以及耐老化性，可用于处理表面过于光滑或者吸水性强的界面容易出现的不易粘接的问题，从而提高腻子和基层材料的吸附力，避免出现空鼓、剥落、开裂等问题。

步骤3 找阴阳角方正

（1）阳角找方正

①阳角通常利用靠尺找方正。

②用靠尺和阳角对齐，再用线坠修正靠尺的垂直度，依托已经调节好的靠尺批刮腻子，直至阳角垂直方正。

（2）阴角找方正

①阴角通常采用弹线的方式找方正。

②在两个相邻的墙角拉线，并用墨线弹好，以此为基准，使用石膏沿着弹好的墨线进行修补，直至阴角垂直方正。

扩展知识 涂料阴阳角处理

①房间阴阳角必须垂直，用激光标线仪检测，误差应≤ 3mm。

②查验阳角是否顺直，可以使用激光标线仪。顺着放线仪打出的垂直线，看阴阳角线与打出的垂直线是否重合，如果重合，说明这个阴阳角处理合格。

△ 阴角护角安装

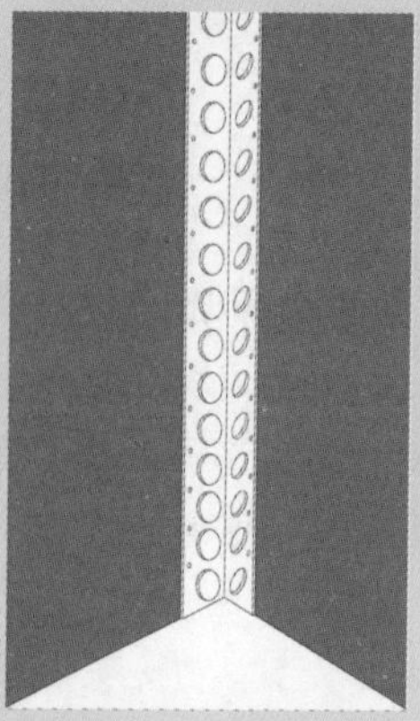
△ 阴角护角安装

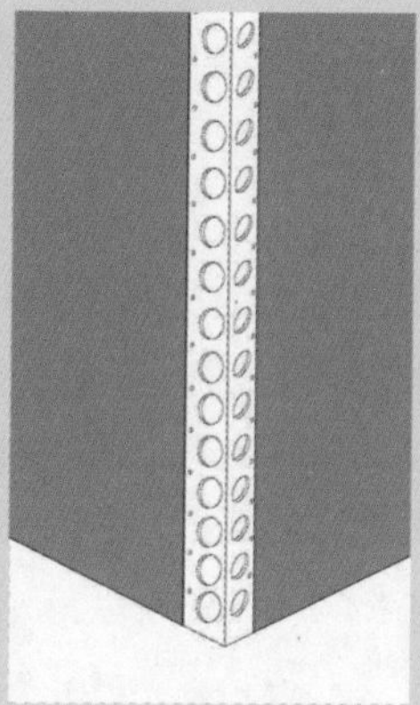
△ 阳角护角安装

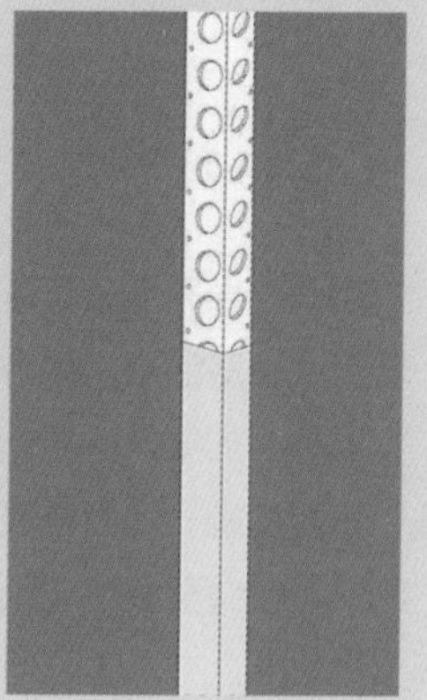
△ 阳角护角抹平腻子

步骤4 批刮腻子

①腻子一般要满批2～3遍，墙面的批刮方式一般是上下左右直刮，要刮得方正平整，与其他平面的连接处要整齐、清洁。

②批刮时应该注意墙面的高低平整和阴阳角的整齐，批刮厚度可根据墙面的实际情况灵活调整。满批阳角时的腻子要向里面刮，把腻子收得四角方正。

③孔洞处和缝隙处的腻子要压平实，嵌得饱满，但不能高出基层表面。

步骤5 砂纸打磨

待腻子干透后，使用砂纸将高出的和较为粗糙的地方打磨平整。打磨时一般先用3m及以上长度的靠尺进行测量，如有不平应该及时补灰。打磨时要纵向直磨，手势要轻，用力均匀，打磨完成后要将墙面清理干净。

步骤6 刷底漆

刷底漆的方法可采用刷涂、滚涂、喷涂等方式，操作应连续、迅速，一次刷完。

\小\贴\士\ 底漆的涂刷技巧

① 底漆的稀稠浓度要一致，涂刷时要均匀，不能漏刷，滚刷要拉直，不能左右摇晃摆成波浪形，也不能斜向涂刷或横向涂刷。

② 底漆不能刷得太厚，尤其是阴阳角。在涂刷过程中，要做到清洁、完整。

③ 在底漆干透后，应对墙面进行细致检查，对一些不足之处及时进行修补处理，在修补的腻子干透后，用砂纸打磨，最后把墙面清理干净。

步骤7 刷面漆

面漆的涂刷方式不仅可以采用人工滚涂的方式，也可以采用机械喷涂，喷涂的效果要比滚涂的效果更好，墙面更加光滑细致。

（1）滚涂

墙面滚涂时应先自下而上，再自上而下呈M形运动。面漆应涂刷两遍，当辊筒已经比较干燥时，在刚刚滚涂过的表面轻轻滚一次，以达到涂层厚薄一致的效果。

阴阳角、门窗框边、分色线处、电器设备周围等地带可使用100mm的小滚刷进行滚涂，从而避免漏刷的情况发生。

（2）喷涂

将涂料搅拌均匀后倒入喷枪，喷涂时要注意喷嘴和墙面之间的距离。如果距离太近，涂层变厚，易产生流淌现象；如果距离过远，涂料易散落，使涂层造成凹凸状，达不到光滑平整的效果。因而一般以200~300mm为宜。

喷涂施工遵循“先难后易，先里后外，先高后低，先小面积后大面积”的原则，这样更容易让墙面形成较好的涂膜。

\小\贴\士\ 喷涂方式

①纵行喷涂法

使喷枪嘴两侧的小孔与出漆孔呈垂直线，从被涂物左上方向下呈直角移动，之后向上喷，并使得喷出的漆压住前一次喷涂宽度的 1/3，按照上述方式反复喷涂。

②横行喷涂法

喷嘴两侧小孔下与出漆孔呈水平线，从被涂物右上角向左移动，喷涂到左端后随即往回喷，同样要压住前一次喷涂宽度的 1/3，依次进行喷涂，较适合大面积喷涂的情况。

五、木器漆涂刷法

木器漆涂刷法是指在木材的表面涂刷油漆的工法。它具有使木质材料表面更加光滑、避免木质材料被硬物刮伤或产生划痕、有效防止水分渗入木材内部造成腐烂、有效防止阳光直晒木质家具造成干裂等作用。

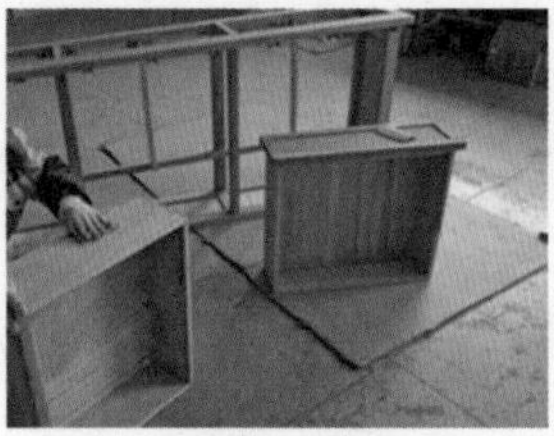
基层处理

润色油粉

刷油色

刷第一遍清漆

拼色与修色

刷第二遍清漆

步骤1 基层处理

①清理灰尘。先将木材表面上的灰尘、胶迹等用刮刀刮除干净，但应注意不要刮出毛刺且不得刮破。然后用1号以上的砂纸顺木纹精心打磨，先磨线角、后磨平面直到光滑为止。

②修补瘢痕。当基层有小块翘皮时，可用小刀撕掉；如有较大的瘢痕则应由木工修补；节疤、松脂等部位应用虫胶漆封闭，钉眼处用油性腻子嵌补。

步骤2 润色油粉

用棉丝蘸油粉反复涂于木材表面，擦进木材的棕眼内，然后用棉丝擦净，应注意墙面及五金上不得沾染油粉。待油粉干后，用1号砂纸顺木纹轻轻打磨，先磨线角，后磨平面，直到光滑为止。

步骤3 刷油色

先将铅油、汽油、光油、清油等混合在一起过筛，然后倒在小油桶内，使用时要经常搅拌，以免沉淀造成颜色不一致。刷油的顺序应从外向内、从左到右、从上到下且顺着木纹进行。

步骤4 刷第一遍清漆

①使用旧棕刷刷漆。其刷法与油色相同，但刷第1遍清漆时，应略加一些稀料撤光以便快干。因清漆的黏性较大，最好使用已经用出刷口的旧棕刷，刷时要少蘸油，以保证不流、不坠、涂刷均匀。

②砂纸打磨。待清漆完全干透后，用1号砂纸彻底打磨一遍，将头遍漆面上的光亮基本打磨掉，再用潮湿的布将粉尘擦掉。

步骤5 拼色与修色

①调和漆修色。木材表面上的黑斑、节疤、腻子疤等颜色不一致处，应用漆片、酒精加色调配或用清漆、调和漆和稀释剂调配进行修色。

②细砂纸打磨。木材颜色深的应修浅，浅的须提深，将深色和浅色木面拼成一色，并绘出木纹。然后用细砂纸轻轻往返打磨一遍，最后用潮湿的布将粉尘擦掉。

步骤6 刷第二遍清漆

清漆中不加稀释剂，操作同第一遍，但刷油动作要敏捷、多刷多理，使清漆涂刷得饱满一致、不流不坠、光亮均匀。刷此遍清漆时，周围环境要整洁。

涂刷第二遍清漆之前一定要再清洁一次木器表面，清除掉灰尘与颗粒，让漆膜表面可以有更好的涂刷效果。刷漆时，不可涂刷过厚，待漆膜彻底干燥时，再进行下一步的施工。

扩展知识 木器漆的整体施工形式

平面施工：是指在建筑原墙面或顶面上，做平面式的基层，表面贴（或钉）木质材料，再用木器漆饰面的方式，效果较为简约。

立体施工：指在建筑原墙面或顶面上，做立体式的基层，而后贴（或钉）木质材料，表面使用木器漆饰面的方式，立体感强，还可设计灯槽，适合现代风格或华丽风格的空间。

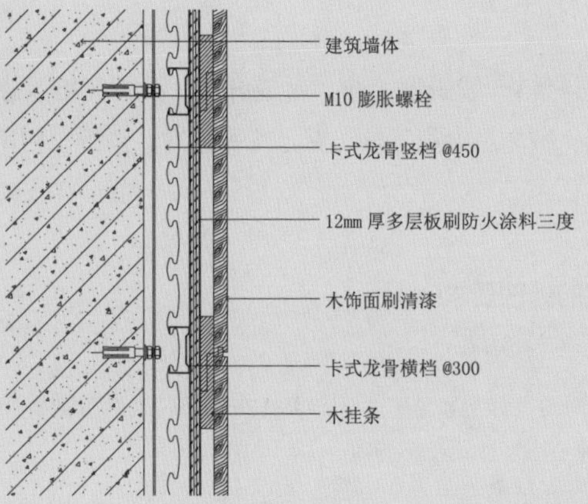

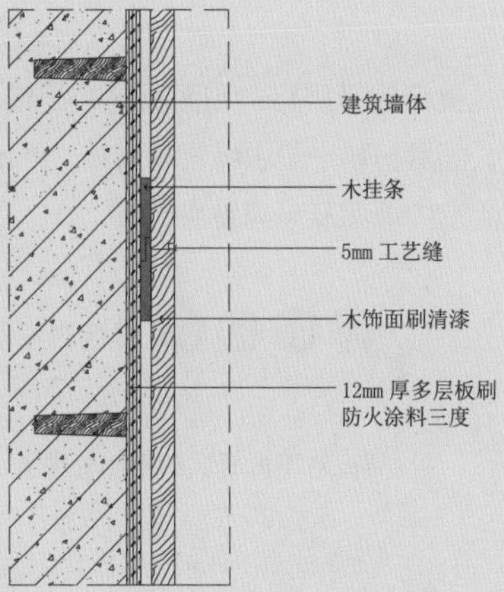

△ 施工构造图

△ 木器漆的平面施工效果图

△ 木器漆的立体施工效果图

六、壁纸粘贴

壁纸由基层材料和面层材料组成。基层材料一般由纸、布、合成纤维、石棉纤维及塑料等构成；面层材料一般由纸、金属箔、纤维织物、绒絮及聚氯乙烯、聚乙烯等构成。壁纸是目前广泛使用的室内墙面及天棚装饰材料。

扩展知识 壁纸对不同基层的处理要求

壁纸对不同材质的基层处理要求是不同的，如混凝土和水泥砂浆抹灰基层，纸面石膏板、水泥面板、硅钙板基层，以及水质基层的处理技巧及建议都不相同。

（1）混凝土及水泥砂浆抹灰基层

①混凝土及水泥砂浆抹灰基层与墙体及各抹灰层间必须黏结牢固，抹灰层应无脱层、空鼓，面层应无爆灰和裂缝。

②立面垂直度及阴阳角应方正，允许偏差不得超过3mm。

③基体一定要干燥，使水分尽量挥发，含水率最大不能超过8%。

④新房的混凝土及水泥砂浆抹灰基层在刮腻子前应涂刷抗碱封闭底漆。

⑤旧房的混凝土及水泥砂浆抹灰基层在贴壁纸前应清除疏松的旧装修层，并涂刷界面剂。

⑥满刮腻子、砂纸打光，基层腻子应平整光滑、坚实牢固，不得有粉化起皮、裂缝和突出物，线角顺直。

（2）纸面石膏板、水泥面板、硅钙板基层

①面板安装牢固、无脱层、翘曲、折裂、缺棱、掉角。

②立面垂直度及表面平整度允许偏差为2mm，接缝高低差允许偏差为1mm，阴阳角方正，允许偏差不得超过3mm。

③在轻钢龙骨上固定面板时应用自攻螺钉，钉头埋入板内但不得损坏纸面，钉眼要做防锈处理。

④在潮湿处应做防潮处理。

⑤满刮腻子、砂纸打光，基层腻子应平整光滑、坚实牢固，不得有粉化起皮、裂缝和突出物，线角顺直。

（3）水质基层

①基层要干燥，木质基层含水率最大不得超过12%。

②木质面板在安装前应进行防火处理。

③木质基层上的节疤、松脂部位应用虫胶膝封闭，钉眼处应用油性腻子嵌补。在刮腻子前应涂刷抗碱封闭底漆。

④满刮腻子、砂纸打光，基层腻子应平整光滑、坚实牢固，不得有粉化起皮、裂缝和突出物，线角顺直。

（4）不同材质基层的接缝处理

不同材质基层的接缝处必须粘贴接缝带，否则极易裂缝、起皮等。

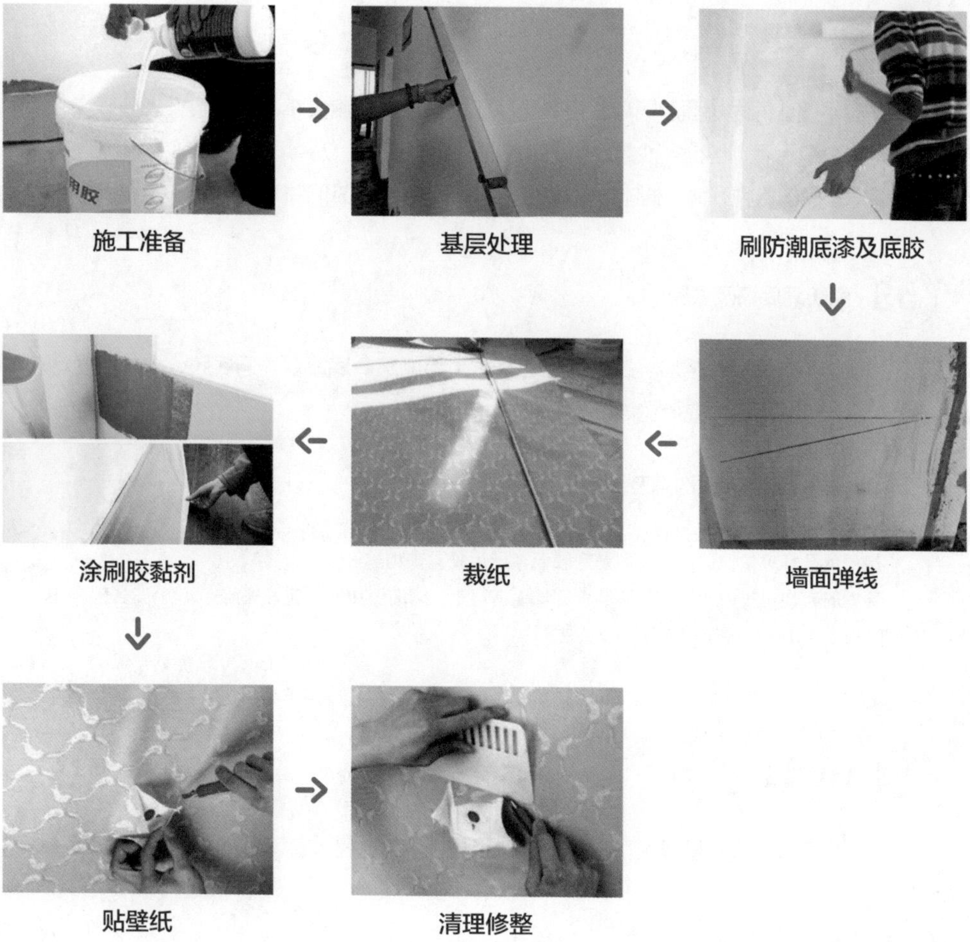

步骤1 施工准备

壁纸施工的材料准备是至关重要的一环。通常来说，壁纸施工时除了壁纸以外，常用的施工材料有胶黏剂、防潮底漆与底胶、底灰腻子等。

①胶黏剂。应根据壁纸的品种、性能来确定胶黏剂的种类和稀稠程度。原则是既要保证壁纸粘贴牢固，又不能透过壁纸，影响壁纸的颜色。

②防潮底漆与底胶。壁纸裱糊前，应在基层表面先刷防潮底漆，以防止壁纸、壁布受潮脱胶。底胶的作用是封闭基层表面的碱性物质，防止贴面吸水太快，且随时校正图案和对花的粘贴位置，便于在纠正时揭掉壁纸，同时也为粘贴壁纸提供一个粗糙的结合面。

③底灰腻子。有乳胶腻子和油性腻子之分。乳胶腻子的配比为聚醋酸乙烯乳液：滑石粉：羧甲基纤维素（2%溶液）=1：10：2.5；油性腻子的配比为石膏粉：熟桐油：清漆（酚醛）=10：1：2。

步骤2 基层处理

①基层应平整，同时墙面阴阳角垂直方正，墙角小圆角弧度大小上下一致，表面坚实、平整、洁净、干燥，没有污垢、尘土、沙粒、气泡、空鼓等现象。

②安装于基面的各种开关、插座、电器盒等突出设置，应先卸下扣盖等影响壁纸施工的部件。

步骤3 刷防潮底漆及底胶

基层处理经工序检验合格后，在处理好的基层上涂刷防潮底漆及一遍底胶，要求薄而均匀，墙面要细腻光洁，不应有漏刷或流淌等现象。

\小\贴\士\ 底胶选用及涂刷技巧

底胶的品种较多，选用的原则是底胶能与所用胶黏剂相溶。

涂刷时可使用辊筒和笔刷将底胶刷到墙面基层上。防潮漆和底胶最好提前一天刷，若气温较高，在短时间内能干透，也可以在同一天施工。

步骤4 墙面弹线

在底层涂料干燥后弹水平线和垂直线，其作用是使壁纸粘贴的图案、花纹等纵横连贯。

步骤5 裁纸

①按基层实际尺寸进行测量，计算所需用量，并在壁纸每一边预留20～50mm的余量，从而计算需要用的卷数，以及壁纸的裁切方式。裁剪好的壁纸，需要按次序摆放，不能乱放，否则壁纸将会很容易出现色差问题。在一般情况下，可以先裁3卷壁纸试贴。

②将裁好的壁纸反面朝上平铺在工作台上，用辊筒刷或白毛巾洗刷清水，使壁纸充分吸湿伸张，浸湿15min后方可粘贴。

△ 裁切壁纸

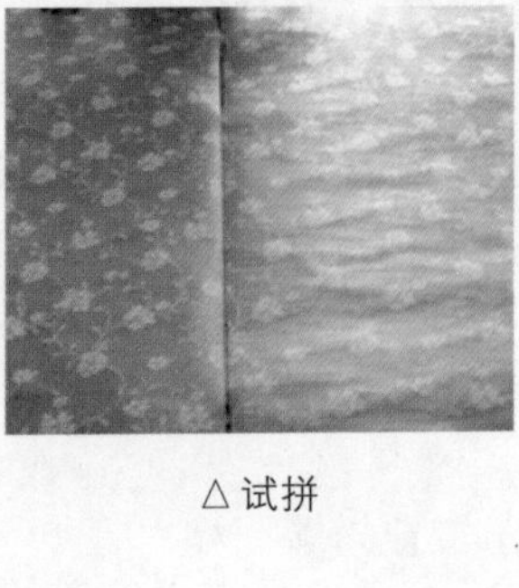

△ 试拼

步骤6 涂刷胶黏剂

壁纸和墙面需刷胶黏剂一遍，厚薄均匀。胶黏剂不能刷得过多、过厚、不均，以防溢出；壁纸避免刷不到位，以防止产生起泡、脱壳、壁纸黏结不牢等现象。

步骤7 贴壁纸

①首先找好垂直，然后对花纹拼缝，再用刮板将壁纸刮平。原则是先垂直方向，后水平方向，先细部后大面。贴壁纸时要两人配合，一人用双手将润湿的壁纸平稳地拎起来，把纸的一端对准控制线上方10mm左右处；另一人拉住壁纸的下端，两人同时将壁纸的一边对准墙角或门边，直至壁纸上下垂直，再用刮板从壁纸中间向四周逐次刮去。壁纸下的气泡应及时赶出，使壁纸紧贴墙面。

②拼贴时，注意阳角千万不要有缝，壁纸至少包过阳角150mm，达到拼缝密实、牢固，花纹图案对齐的效果。多余的胶黏剂应沿操作方向刮挤出纸边，并及时用干净、湿润的白毛巾擦干，保持纸面清洁。

③对于电视背景墙上的开关、插座位置的壁纸裁剪，一般是从中心点割出两条对角线，使其出现四个小三角形，再用刮板压住开关插座四周，用壁纸刀将多余的壁纸切除。

④壁纸铺贴好之后，需要将上下左右端以及贴合重叠处的壁纸裁掉。最好选用刀片较薄、刀口锋利的壁纸刀。

扩展知识 壁纸拼缝的三种方式

①对接拼缝：对接拼缝是将壁纸的边缘紧靠在一起，既不留缝，又不重叠。其优点是光滑、平整、无痕迹，整体看来流畅性好，完整度高。

②搭缝拼接：搭缝拼接是指壁纸与壁纸互相叠压一个边的拼缝方法。采用搭缝拼接时，要等

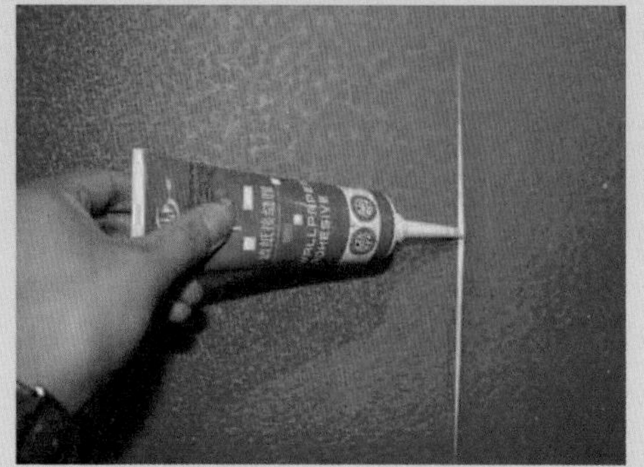

△ 对接拼缝

到胶黏剂干到一定程度后，再用美工刀裁割壁纸，揭去内层纸条，小心撕除饰面部分，然后用刮板将拼缝处刮压密实。其方法简单，但易出棱边，美观性较差。

③重叠裁切拼缝：重叠裁切拼缝是把壁纸接缝处搭接一部分，使对花或图案完整，然后用直尺对准两幅壁纸搭接突起部分的中心压紧，用裁纸刀用力平稳地裁切。裁刀要锋利，不要将壁纸扯坏或拉长，并且两层壁纸要切透。其优点是拼缝严密、吻合性好，处理好的拼缝不易发觉。

△ 搭缝拼接

△ 重叠裁切拼缝

步骤8 清理修整

①壁纸施工完成后，要对整个墙面进行检查。如有粘贴不牢的，可用针筒注入胶水进行修补，并用干净白色湿毛巾将其压实，擦去多余的胶液。若粘贴面起泡，可用裁纸刀或注射针头顺图案的边缘将壁纸割裂或刺破，排除空气。纸边口脱胶处要及时用粘贴性强的胶液贴牢。

②最后用干净白色湿毛巾将壁纸面上残存的胶液和污物擦拭干净。

\小\贴\士\ 先装门还是先贴壁纸

①先贴壁纸：如果是先贴壁纸后装门，好处是可以将壁纸边压住，这样比较美观，但是稍不注意把壁纸破坏了，那就损失大了，因为壁纸破了是没法修补的，只能重贴。

②先装门：壁纸后贴肯定不会因为装门破坏成品了，但随之而来的问题是，收边不好收，搞不好会出现一些缝隙，影响美观。另外，壁纸和门框结合处，还得打玻璃胶。

在实际应用中，大多数都是壁纸最后再贴，这样可以保证大面上不出什么问题，至于细节的地方，只要工人稍微细心一点进行处理，问题不大。另外，局部的美观效果，肯定是要轻于大面的质量要求的。

七、硅藻泥施工

硅藻泥是近几年较为流行的一种墙面设计形式，其造型多样，纹理时尚，但施工周期相对较长。

搅拌涂料

→

涂刷涂料

→

图案制作并收光

步骤1 搅拌涂料

在搅拌容器中加入施工用水量90%的清水，然后倒入硅藻泥干粉浸泡几分钟，再用电动搅拌机搅拌约10min。搅拌的同时添加10%的清水调节施工黏稠度，泥性涂料要在充分搅拌均匀后方可使用。

步骤2 涂刷涂料

第一遍涂平厚度约1mm，完成后等待约50min，根据现场气候情况而定，以表面不粘手为宜，有露底的情况用料补平。然后涂抹第二遍，厚度约1.5mm。总厚度在1.5~3.0mm之间。

步骤3 图案制作并收光

①常见的肌理图案有拟丝、布艺、思绪、水波、如意、格艺、斜格艺麻面、扇艺、羽艺、弹涂、分割弹涂等，可任选其一涂刷在墙面中。

②制作完肌理图案后，用收光抹子沿图案纹路压实收光。

扩展知识 硅藻泥和其他材质的组合施工

硅藻泥除了可以通过造型来丰富装饰层次外，在一些不便于做造型的部位或小面积空间中，还可以通过与其他材质的组合来增添层次感。做此类的组合，需要考虑施工的便捷性及效果的呈现，在一面墙上，做上下分割是比较合适的做法。下部分可选择文化石、仿古砖、桑拿板或墙裙等，上部分涂刷硅藻泥，中间用腰线过渡，腰线的材质可根据情况具体选择。

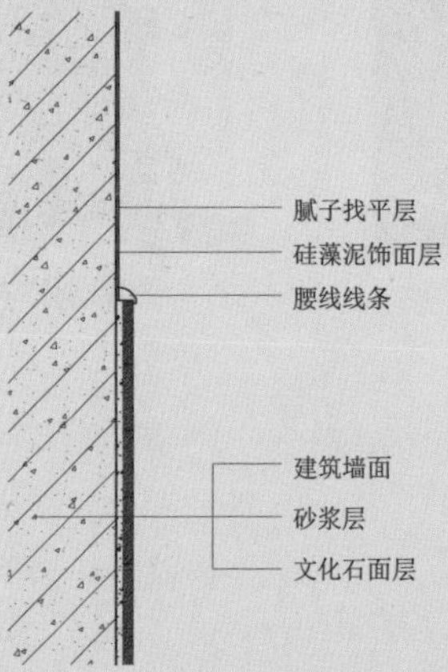

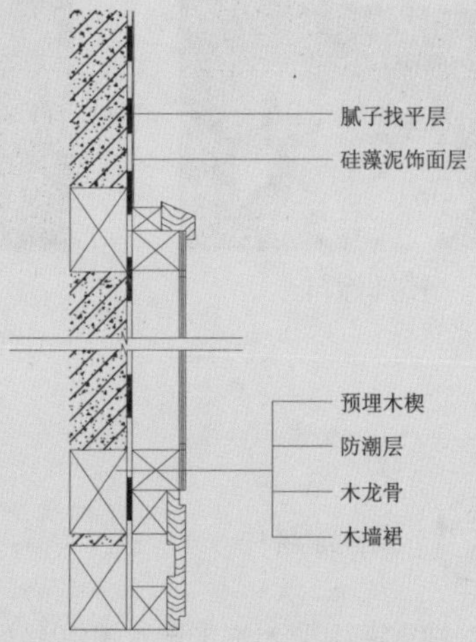

△ 施工构造图

△ 墙面上部分涂刷米黄色的硅藻泥，下部分使用仿古砖、文化石，中间以深灰色腰线过渡，具有浓郁的质朴感，与实木地板等组合，协调、统一

八、墙面修缮

墙面修缮包含了涂料、壁纸等涂饰材料在墙面上出现问题后的修复以及解决办法。很多都是由于施工不当而引起的问题，后期可能需要重新涂刷或粘贴墙面材料。

1.乳胶漆表面起粉的解决办法

乳胶漆表面起粉主要原因是基层未干燥就潮湿施工，未刷封固底漆及涂料过稀也是重要原因之一。如发现起粉，应返工重涂，将已涂刷的材料清除，待基层干透后再施工。施工中必须用封固底漆先刷一遍，特别是对新墙，面漆的稠度要合适，白色墙面应稍稠些。

2.乳胶漆表面起泡的解决办法

（1）乳胶漆表面起泡原因

乳胶漆表面起泡主要是因为漆膜与底材附着不牢，导致出现突起，甚至整片剥落。

①墙体或基层面不干，含水量太高，腻子层未干透。如果在含水量高的墙体上做一些致密性好、透气性相对较差的墙面漆，特别是一些有光乳胶漆就很容易出现起泡甚至整块揭起。

②腻子用得不当。在可能经常接触水的地方使用了不耐水的腻子，比如把内墙腻子用在外墙，就会导致起泡。

③在受污染的表面上刷涂，也是导致起泡的原因之一。

④乳胶漆的稀释浓度过低，也会导致墙面起泡。

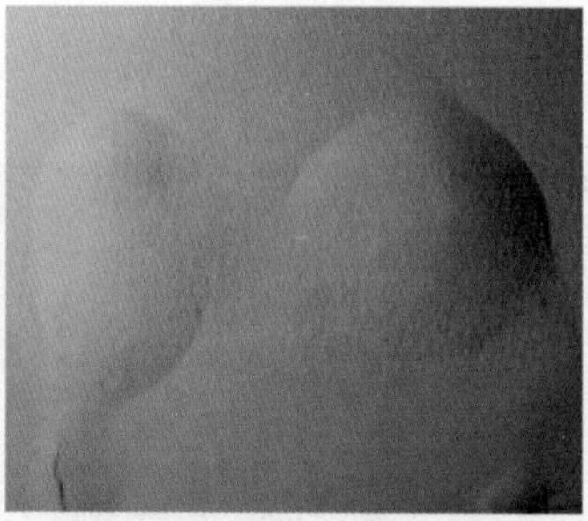

△ 乳胶漆表面起泡

（2）预防措施及解决方法

①底材及表面处理按要求进行，要求含水率小于10%，且清洁平整无油污。

②选用合适的腻子，绝对不允许将内墙腻子用在外墙。

③如果出现起泡现象，必须全部铲掉起泡脱落部分，露出里面坚实的基面，重新批刮腻子、涂刷底漆，再刷面漆。

3.乳胶漆涂刷后出现毛糙现象的解决办法

造成乳胶漆墙面不光滑的原因有以下几种。

①乳胶漆的质量会影响到墙面的光滑平整度。

②在施工过程中，刮腻子、打磨处理不得当。

③刷乳胶漆所用的刷子或者滚涂的方式，即施工工艺的缺陷，导致表面不够光滑。

④要想墙面平整光滑，除了施工工艺要好之外，最好是采用喷涂的方式，但是施工难度比较大。

⑤要想乳胶漆表面平整光滑，除了墙面基层质量要好之外，可以通过合理调配乳胶漆浓度，增加涂刷遍数的办法来实现。千万不可以想当然地用砂纸打磨一遍，然后再刷一遍面漆，这样不仅会把乳胶漆的漆膜给打磨掉，反而不利于修补。

4.乳胶漆流坠的解决办法

乳胶漆施工中产生流坠（下垂和流涎）主要是乳胶漆黏度过低、稀释过度；将慢干乳胶漆一次厚涂，喷涂角度不适当、不正确；缓干稀释剂使用过量，喷枪保养或调整不佳；光滑涂面的上层涂装，基层湿度大，不吸收或很少吸收乳胶漆中的水分；施工场所湿度太高，乳胶漆干燥较慢，在成膜中流动性较大；毛刷、毛辊蘸料太多；喷嘴的孔径太大，涂饰面凹凸不平，在凹面积料太多；喷枪施工中压力大小不均匀，喷枪与饰面距离不一致等原因造成的。

想要解决流坠问题，可以使用砂纸磨平流坠部分或铲除重涂。用砂纸将表面磨糙，选用干燥稍快的乳胶漆品种，调整乳胶漆至适当黏度，适量添加缓干稀释剂，太湿墙面不宜施工，涂布量适度，不可一次厚涂。喷涂时，喷枪垂直被涂物，毛刷、毛辊蘸料应少，勤蘸，调整喷嘴孔径。在施工中应尽量使基层平整，磨去棱角。刷涂时刷匀，调整压力均匀，气压一般为0.3~0.5MPa，喷枪与饰面距离一般为40~50cm，并匀速移动。另外还应加强施工场所的通风。

△ 乳胶漆流坠

5.乳胶漆墙面脱落的解决办法

墙面漆剥落可能是表面过于光滑的缘故。若原涂料是有光漆或者是粉质的（加未经处理的色浆涂料），新涂上的墙面漆在表面就粘不牢；或者可能是墙面有污染物未清理干净，也有因墙面漆质量不好而剥落的。小面积的墙面漆剥落，可先用细砂纸打磨，然后抹上腻子，刷上底漆，再重新上漆。大面积的剥落，必须把漆全部刮去，重新涂刷。

6.乳胶漆漆膜内颗粒较多，表面粗糙的解决办法

漆膜内充满颗粒物，这是由于涂刷完腻子时，工人没有对墙面进行打磨，致使刷漆时漆膜内存在异物。若要解决，则需要用砂纸对墙面重新打磨一遍，将颗粒打磨平，然后再重新刷漆即可。

△ 乳胶漆漆膜内颗粒较多，表面粗糙

7.修补壁纸上孔洞的方法

（1）修补壁纸的步骤

修补壁纸上的孔洞和裂口比较费力一些，但是如果小心处理，那么修补的地方几乎是看不见的。

①用单刃剃须刀片或美工刀沿破损区域修剪所有破损的边。

②从壁纸余料上剪下稍稍比破损区域大的一块壁纸，用一只手拿住壁纸余料有图案的一面，然后一边剪出圆形壁纸块，一边旋转壁纸余料。经过练习，从印有图案一面的壁纸上剪切下来的那块壁纸的图案可以是完好的，而背面是削边薄边。

③在这块壁纸背面涂抹薄薄一层黏合剂，然后将其盖在破损区域上。

④尽量使这块壁纸上的图案与壁纸上的图案相对齐，要完美地对齐图案也许不可能，但是匹配的程度应足以使人难以发觉。

（2）修补孔洞的方法

修补孔洞的另一项技术称作双剪切。使用该方法，可以裁剪出与受损区域大小完全相同的一块壁纸以进行填补。

①裁剪出每条边都比受损区域大2.5cm的一块正方形壁纸余料。

②将这块余料置于孔洞处，使图案与墙面上的图案对齐。用美纹纸胶带、图钉或最不容易损坏壁纸的工具将这块余料固定住。

③用金属尺紧紧按住墙上的这块壁纸余料，然后用非常锋利的美工刀裁剪下稍微比孔洞大的一块正方形壁纸，裁剪时需穿透两层壁纸。

④取下刚刚裁剪出来的壁纸余料和正方形壁纸块，放在一边；用美工刀的刀尖撬起原来带有孔洞的那块正方形壁纸，然后将其从墙上剥下。

⑤在新的那块壁纸背面涂抹黏合剂，将其粘在墙上空余出的区域，确保图案仍旧是对齐的。

8.修复浮泡的方法

浮泡是在过多的黏合剂或者空气堆积在墙面和壁纸背面之间的气泡里形成的，它们可能在粘贴完壁纸后的几分钟、几天、几周甚至几年后显现出来。处理浮泡最简单的方法是在一开始即防止它们的出现。用光滑刷帚、直尺或海绵彻底抹平刚刚粘贴的壁纸条。

△ 壁纸浮泡

要修复壁纸内的浮泡，切割一个“X”字形，向后掀起，将黏合剂刷入浮泡，然后按下壁纸，位于不显眼处的浮泡就不会引起注意。如果使用的是未加工过的印刷纸，则小浮泡可以随着黏合剂的风干和纸张收缩而自动消失。但是，如果壁纸粘贴到墙上一个小时后浮泡仍未消失，则可能就不会自动消失了。按照如下步骤操作，可以修复形成一个或两个小时的浮泡。

①用直别针刺浮泡。

②用拇指轻轻挤压堆积的仍然湿润的黏合剂或空气，使其从小孔处排出，注意不要撕破壁纸。

③如果此办法行不通，则使用单刃剃须刀片或美工刀在壁纸上割出一个小“X”形，然后掀起壁纸末端。

④如果下面有黏合剂块，则轻轻地将其刮除。如果是空气造成的，则使用刷子在壁纸后面涂上少量的黏合剂，然后按下壁纸。边沿可能会有一点重叠，但是以后很难被发现。

9.处理壁纸上凸点的方法

壁纸上如果产生了凸点，会非常不美观，影响人们的心情。不妨采用下面的方法来进行修复。

（1）切口修复法

在凸包部位用裁刀先切个十字形切口，而后放出里面的空气，就可消除凸包。切割后用干净的湿海绵块将该部位的壁纸浸湿变软，而后小心掀起切口，用画笔、毛笔或棉签在背面上涂少量糨糊，使其粘平复位后，用手掌压实至平整或用轧辊滚压平实。稍等片刻后，擦掉表面上多余的糨糊。对图案部位，要沿图案切割，如图案为弧形，切口也要切成弧形，但涂糨糊时不要掀切口过大，以防扯坏壁纸。由于壁纸干后会收缩，会将修复处的切口绷紧，壁纸会恢复原来的外观，而不会太影响美观。

（2）注射器修复法

注射器修复法主要适用于小凸包缺陷的修复。操作时先将医用针管中的空气排出，而后吸入稀胶液直接打入气泡内，稍等片刻后用手指按压平整，或用工具滚压一下，擦净表面残胶即可。

10.壁癌处理办法

壁癌指水泥建筑风化潮解所衍生的水泥粉化、油漆脱落、白化结晶现象。壁癌除了损坏建筑物外，发生壁癌的墙面温暖、潮湿，又有许多毛状结晶物及孔隙，正适合霉菌、细菌等微生物大量繁殖。当壁癌的墙面由白转绿或黑时，即表示住家已被霉菌所攻占，这些霉菌随着空气飘到各处，不断繁殖，对居住者的居家环境及身心健康会产生无形的侵害。

①先用刮刀将墙面刮平整。

②上清洗剂。在清除壁癌前要先清洗，一般具腐蚀性酸类产品，清洗力不足亦具危险性。清洁剂采用植物性配方，无毒无腐蚀性，清洁力极佳，能将细缝中的碳酸钙去除，且不会腐蚀水泥，是清洁水泥污垢最佳材料。

③上底漆，并且最好选择具有防水功能的。

④上最外层的油漆，注意要多刷几次。

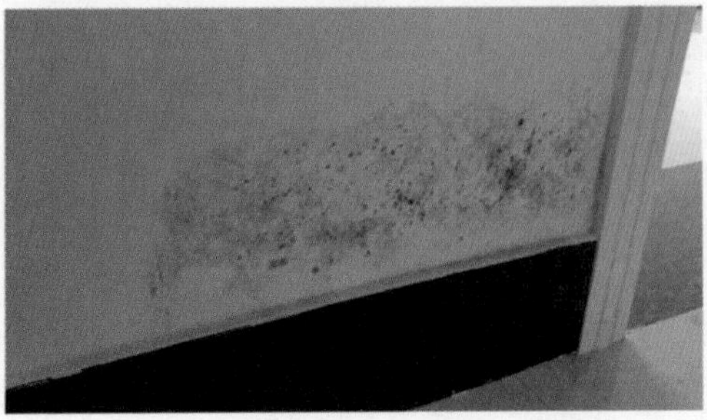

△ 壁癌现象

11.壁纸接缝处出现明显胶痕的处理方法

接缝处的胶液如未擦干净，暴露在空气中时间长了，因受氧化的关系颜色会变深。处理方法如下。

①PVC墙纸、布基墙布等耐腐蚀、耐擦洗的壁纸类型，可使用专用的壁纸清洁剂进行清洁，注意，这些清洁剂具有一定的腐蚀性。

②纯纸、无纺类壁纸，可先用干净的白色毛巾蘸取洗衣皂的兑水溶液在胶痕上进行擦拭，然后使用湿毛巾擦拭即可清除。

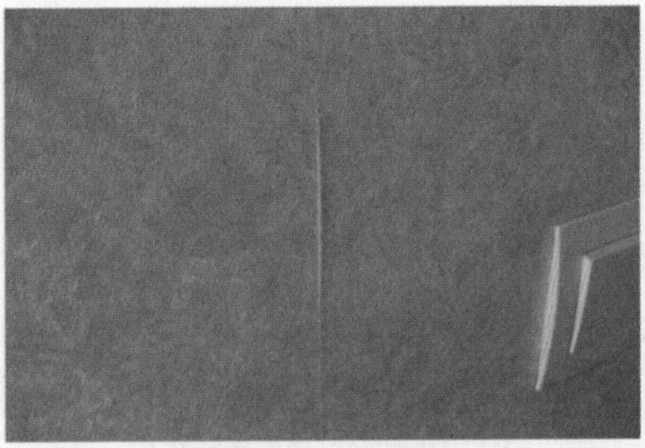

△ 壁纸接缝处出现明显胶痕

第七章

安装工程

安装工程主要指卫生间内的洁具、厨房内的橱柜以及照明灯具的安装。这三项所包含的安装项目超过十几种，主要是家电、水槽等的安装，大部分均属于家庭装修中的后期工程。

一、橱柜定制样式

橱柜定制设计是指依据不同的厨房形状定制出适合空间的橱柜样式，包括一字形橱柜、“L”形橱柜、“U”形橱柜和岛形橱柜四种。橱柜的定制设计也涉及橱柜的门板材质、台面材质等，均具有精美的装饰效果。

1.一字形橱柜

一字形橱柜适合设计在长条形的厨房中，一般这类厨房宽度很窄，因此只能设计一字形的橱柜。一字形橱柜的储物空间相对较少，因此需要满墙面设计吊柜，增加储物空间。

△ 常见的一字形橱柜设计样式

2.“L”形橱柜

“L”形橱柜适合设计在长方形的厨房中，“L”形的一侧厨房长度较长，另一侧的长度较短。吸油烟机等大件的电器应当设计在较长的橱柜一侧，而洗菜槽则适合设计在靠窗较短的橱柜一侧。

△ 常见的“L”形橱柜设计样式

3.“U”形橱柜

“U”形橱柜适合设计在方正的厨房中，在设计了“U”形橱柜后，还能留有充足的过道空间。“U”形橱柜收纳空间较为充足，因此不需要设计太多的吊柜，考虑更多的是采光、美感等问题。

△ 常见的“U”形橱柜设计样式

4.岛形橱柜

岛形橱柜适合设计在面积较大的厨房中，如别墅等大户型。岛台是岛形橱柜的核心，岛台不仅充当橱柜的一部分，也充当了部分餐桌的作用。

△ 常见的岛形橱柜设计样式

二、卫浴洁具安装

卫浴洁具关系到人们在居住空间内的生活质量问题，按照施工步骤安装会减少洁具出问题的可能性，方便人们的日常生活。

1.面盆安装

（1）台上盆安装

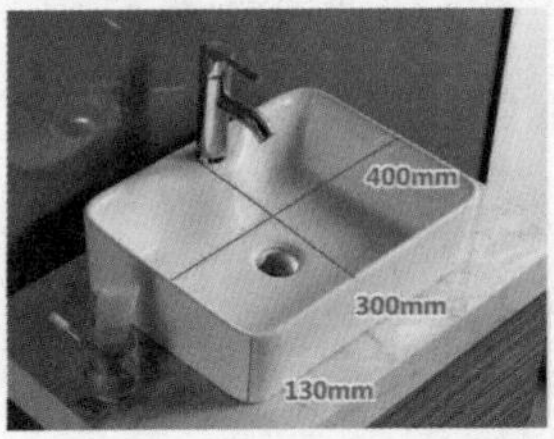

测量

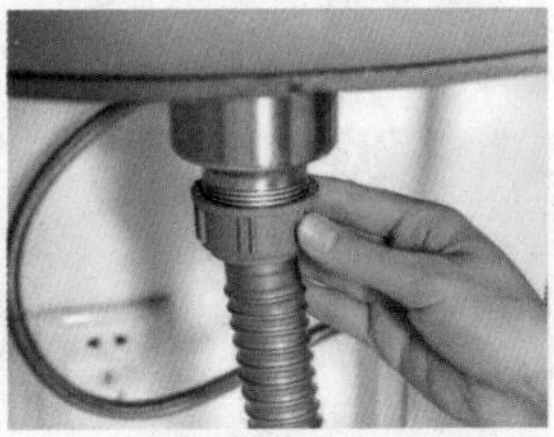
安装落水器

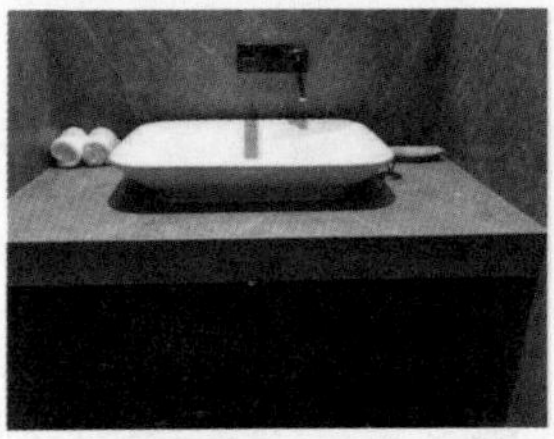
安装台上盆

打胶

步骤1 测量

安装台上盆前，要先测量好台上盆的尺寸，再把尺寸标注在柜台上，沿着标注的尺寸切割台面板，以便安装台上盆。

步骤2 安装落水器

接着把台上盆安放在柜台上，先试装落水器，使得水能正常冲洗流动，然后锁住固定。

步骤3 打胶

安装好落水器后，沿着台上盆的边沿涂抹玻璃胶，为安装台上盆做准备。

步骤4 安装台上盆

涂抹玻璃胶后，将台上盆安放在柜台面板上，然后摆正位置。

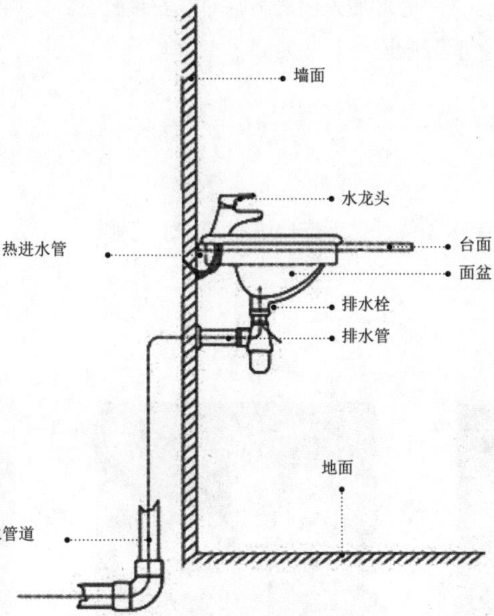

△ 台上盆安装示意图

（2）台下盆安装

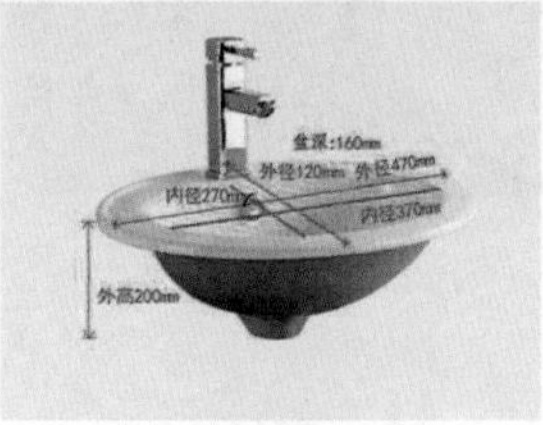

测量切割

→

安装台下盆

→

安装水龙头

步骤1 测量切割

根据设计图纸要求，进行1：1放样，将台下盆的尺寸轮廓描绘在台面上，然后切割面盆的安装孔并进行打磨，最后安装支撑台面的支架。

步骤2 安装台下盆

把面盆暂时放入已开好的台面安装口内，检查间隙，并做好相应的记号。之后在面盆边缘上口涂抹硅胶密封材料，再将面盆小心地放入台面下并对准安装孔，跟先前的记号相校准并向上压紧，最后使用连接件将面盆与台面紧密连接。

步骤3 安装水龙头

等密封胶硬化后，安装水龙头，然后连接进水和排水管件。

2.坐便器安装

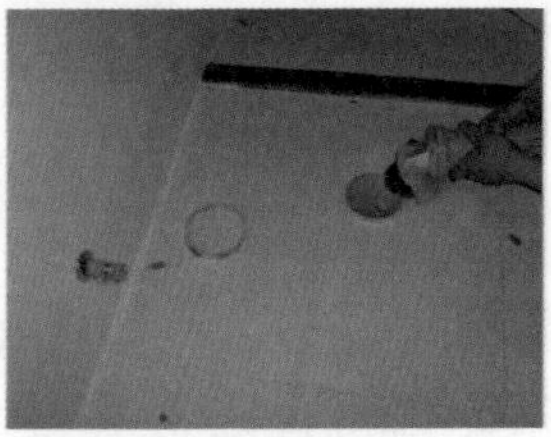

裁切下水口

确定坑距、排污口位置

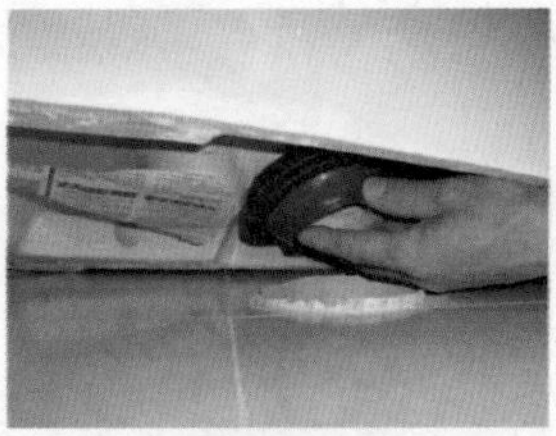

安装法兰

安装坐便器盖

打胶

步骤1 裁切下水口

根据坐便器的尺寸，把多余的下水口管道裁切掉，一定要保证排污管高出地面10mm左右。

步骤2 确定坑距、排污口位置

先确认墙面到排污孔中心的距离，测量其是否与坐便器的坑距一致，同时确认排污管中心位置并画上十字线。之后翻转坐便器，在排污口上确定中心位置并画出十字线，或者直接画出坐便器的安装位置。

步骤3 安装法兰

确定坐便器底部安装位置，将坐便器下水口的十字线与地面排污口的十字线对准，保持坐便器水平，用力压紧法兰（没有法兰要涂抹专用密封胶）。

步骤4 安装坐便器盖

将坐便器盖安装到坐便器上，保持坐便器与墙的间隙均匀，平稳端正地摆好。

步骤5 打胶

坐便器与地表面的交会处，用透明密封胶封住，这样可以把卫生间的局部积水挡在坐便器的外围。

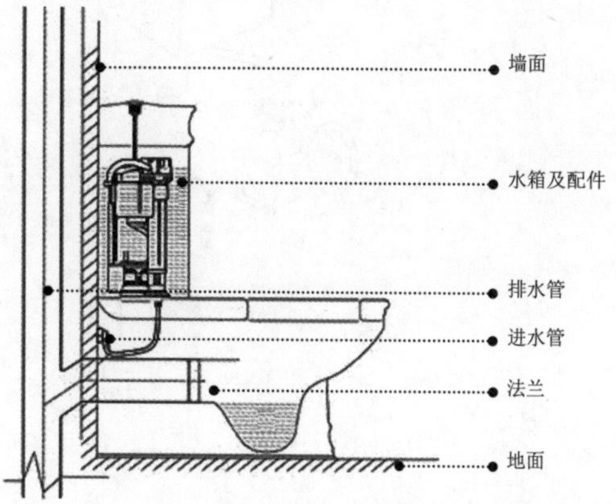

△直冲连体坐便器安装示意

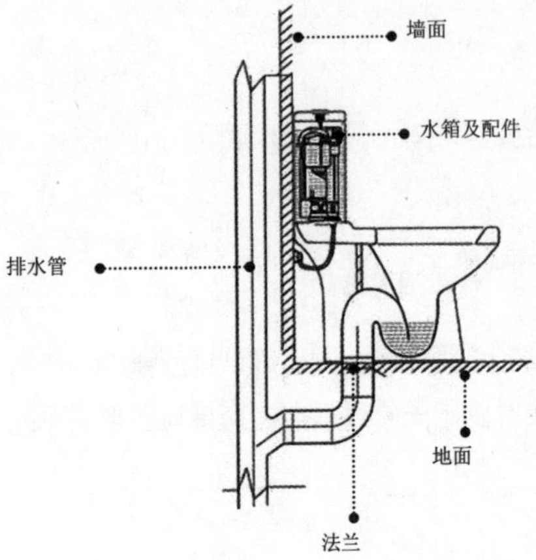

△ 直冲分体坐便器安装示意

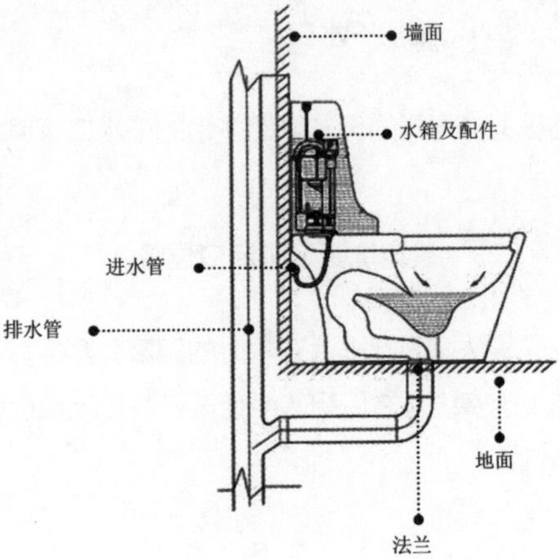

△ 虹吸坐便器安装示意

3.智能坐便器安装

步骤1

先关闭坐便器水箱的进水阀，放空水箱里的水，然后拆除通向水箱的进水管。

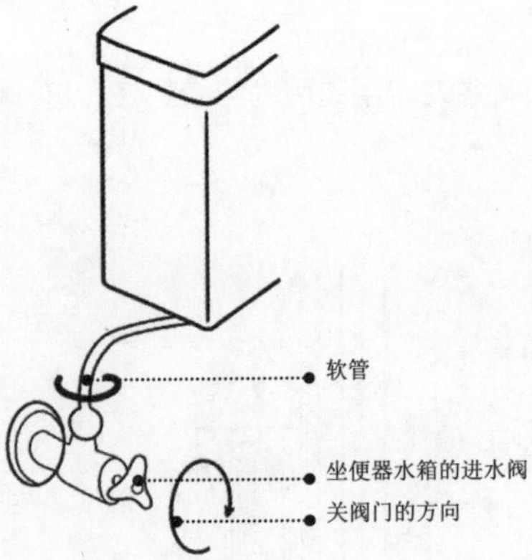

△ 拆除进水管

步骤2

将分流水阀安装在坐便器水箱的进水阀上。

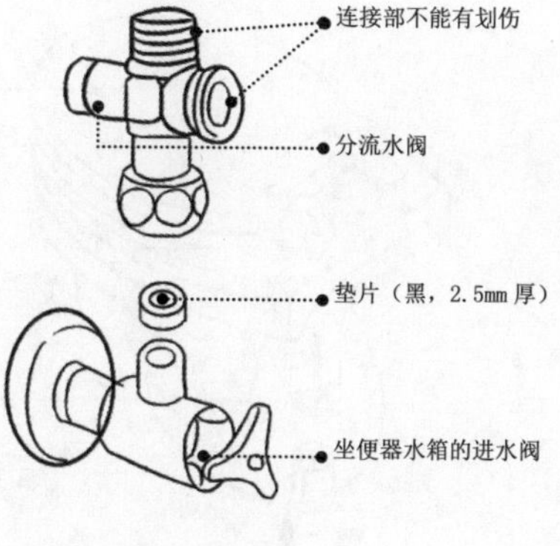

△ 安装分流水阀

步骤3

将水箱原进水管安装在分流水阀上。

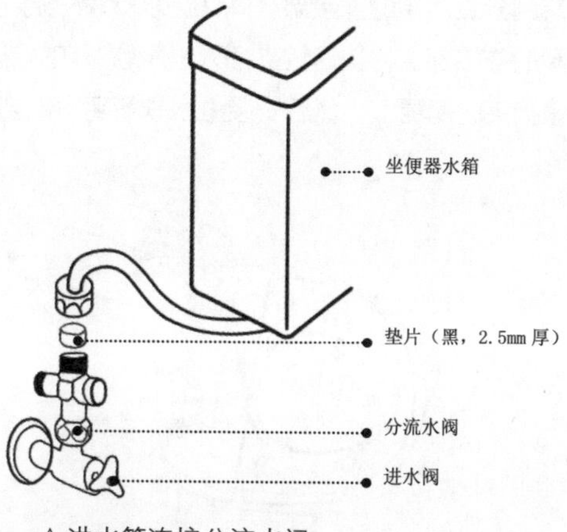

△ 进水管连接分流水阀

步骤4

用活动扳手等拧开螺母，取下锥形垫片和螺栓，然后拆除坐便盖。

步骤5

从本体底部拆下固定板。即按下本体装卸按钮的同时向上提起本体固定板。固定板安装时，从螺栓上卸下螺母、塑料垫片和锥形垫片，将螺栓与固定件从本体固定板的开口处插入，再插入防滑垫片，然后将本体固定板安装在坐便器上，套上锥形垫片和塑料垫片，用螺母拧紧。

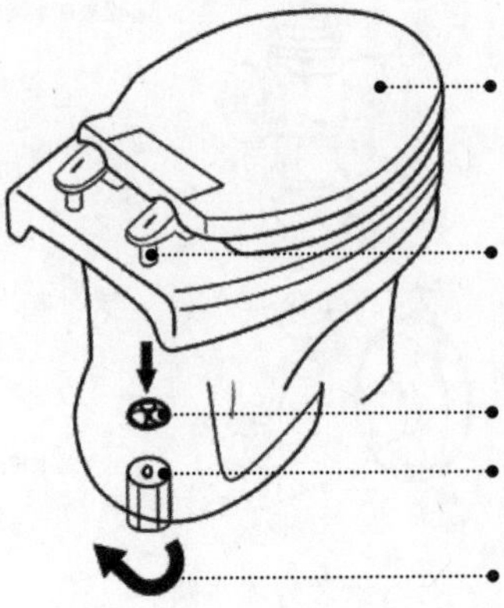

△ 拆除坐便盖

步骤6

安装进水软管一端到分流水阀的连接部。确认进水软管一端“○”形圈部没有灰尘附着后，将软管笔直插入分流水阀的连接部。将快速管夹插入进水软管和分流水阀的连接部，注意要插到底。将快速管夹帽套入快速管夹的两翼上，然后安装进水软管另一端到本体连接部。

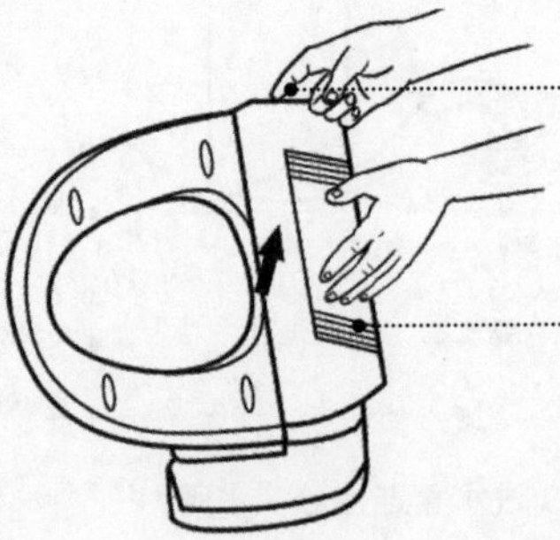

△ 拆下固定板

步骤7

确认各接口处是否连接完成，进水管的进水阀和分流水阀的进水阀是否处于“开”的状态（分流水阀的进水阀在出厂时即为“开”的状态）。如果不打开进水阀，会发生不出水或出水小的问题。

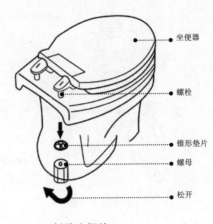

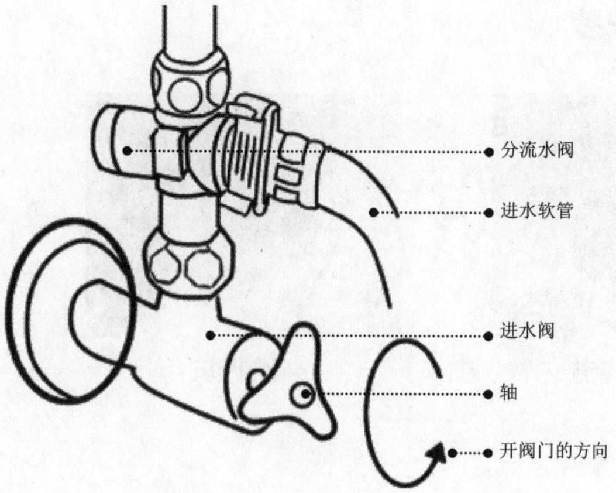

△ 分流水阀与进水阀

步骤8

坐便盖自动打开时会撞上坐便器水箱，应粘贴上缓冲垫，粘贴前需拭去坐便器水箱上待粘贴部位的污渍、水分等。

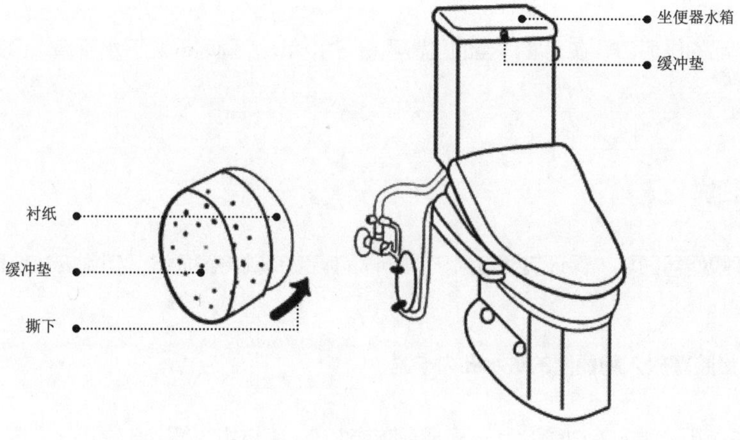

△ 安装缓冲垫

4.蹲便器安装

预留下水管道

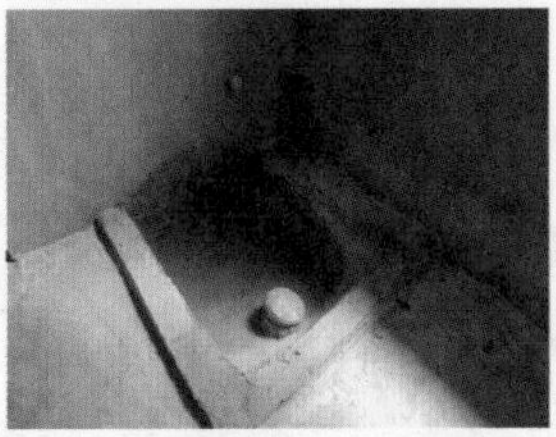

制作凹坑

将连接胶塞放入蹲便器的进水孔内卡紧

涂抹玻璃胶

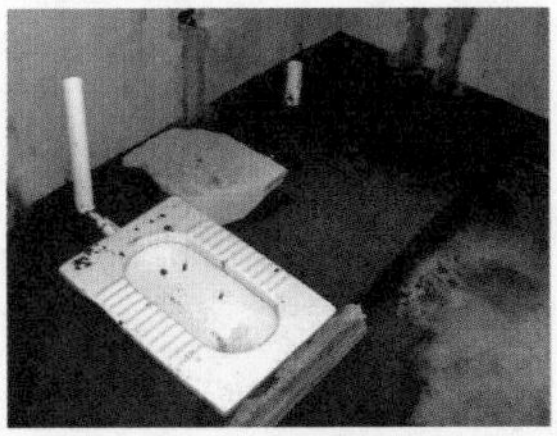

水泥砂浆固定

步骤1 预留下水管道

根据所安装产品的排污口，在离墙适当的位置预留下水管道，同时确定下水管道入口距地平面的距离。

步骤2 制作凹坑

在地面下预留蹲便器凹坑，保证其深度大于蹲便器的高度，并将蹲便器固定到安装位置。

步骤3 将连接胶塞放入蹲便器的进水孔内卡紧

在与蹲便器进水孔接触的外边缘涂上一层玻璃胶或油灰，将进水管插入胶塞进水孔内，使其与胶塞密封良好，以防漏水。

步骤4 涂抹玻璃胶

在蹲便器的出水口边缘涂上一层玻璃胶或油灰，放入下水管道的入口旋合，用焦渣或其他填充物将便器架设水平。

步骤5 水泥砂浆固定

先用水泥砂浆将蹲便器固定在水平面内，平稳、牢固后，再在水泥面上铺贴卫生间地砖。

5.小便器安装

用铲子将墙体上的污物全部铲掉，并且保证墙体平整

测量安装高度，挂钩距地面的距离为 900mm，确定打孔位置，电锤打孔

打入膨胀螺丝，安装小便器挂件，用扳手将挂件固定好，防止小便器脱落

悬挂小便器，调整好方向，使小便器与墙体尽量贴合

连接排水管道，小便器与墙体打玻璃胶，排水管道接入下水道，并做好密封

\小\贴\士\ 小便器的安装高度

小便器安装高度一定要适中，一般公共厕所的挂式小便器安装高度如果为 300mm 左右的是供给儿童使用的，成年人使用的挂式小便器安装高度则一般在 500mm 左右。

6.淋浴花洒安装

安装阀门

安装淋浴器

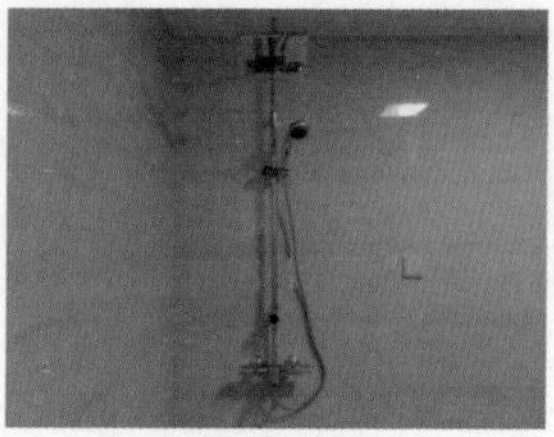
清除杂质

步骤1 安装阀门

①关闭总阀门，将墙面上预留的冷、热进水管的堵头取下，打开阀门放出水管内的污水。

②将冷、热水阀门对应的弯头涂抹铅油，缠上生料带，与墙上预留的冷、热水管头对接，并用扳手拧紧。将淋浴器阀门上的冷、热进水口与已经安装在墙面上的弯头试接，若接口吻合，则将弯头的装饰盖安装在弯头上并拧紧。最后将淋浴器阀门与墙面的弯头对齐后拧紧，扳动阀门，测试安装是否正确。

步骤2 安装淋浴器

①将组装好的淋浴器连接杆放置到阀门预留的接口上，使其垂直直立。然后将连接杆的墙面固定件放在连接杆上部的适合位置上，用铅笔标注出将要安装螺丝的位置，并在墙上的标记处用冲击钻打孔，安装膨胀塞。

②将固定件上的孔与墙面打的孔对齐，用螺丝固定住，将淋浴器上连接杆的下方在阀门上拧紧，上部卡进已经安装在墙面上的固定件。

③在弯管的管口缠上生料带，固定喷淋头，然后安装手持喷头的连接软管即可。

步骤3 清除杂质

安装完毕后，拆下起泡器、花洒等易堵塞配件，让水流出，将水管中的杂质完全清除后再装回。

7.浴缸安装

测试水平度

安装排水管

固定浴缸

安装软管和阀门

步骤1 测试水平度

把浴缸抬进浴室，放在下水的位置，用水平尺检查水平度，若不平可通过浴缸下的几个底座来调整水平度。

步骤2 安装排水管

将浴缸上的排水管塞进排水口内，将多余的缝隙用密封胶填充上。

步骤3 安装软管和阀门

将浴缸上面的阀门与软管按照说明书示意连接起来，对接软管与墙面预留的冷、热水管的管路及角阀，然后用扳手拧紧。

步骤4 固定浴缸

拧开控水角阀，检查有无漏水，安装手持花洒和去水堵头，固定浴缸。固定好后要测试浴缸的各项性能，没有问题后将浴缸放到预装位置，与墙面靠紧。

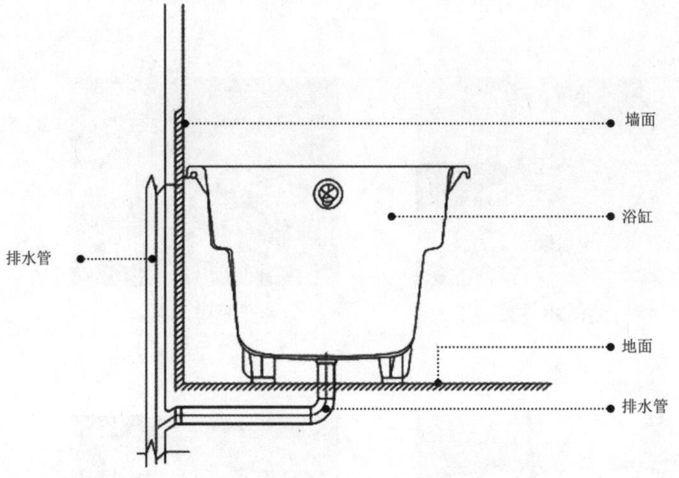

△ 亚克力浴缸安装结构

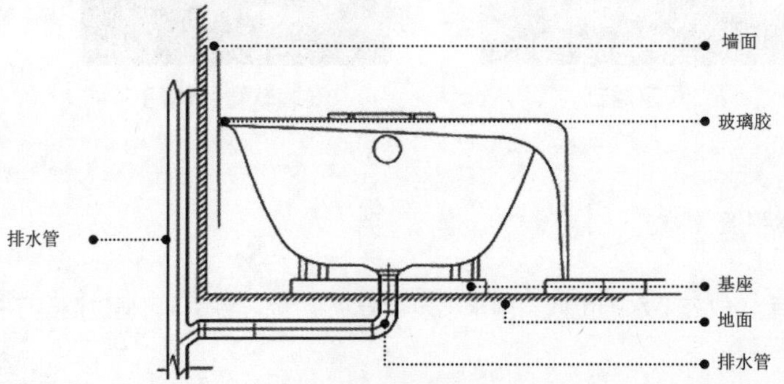

△ 铸铁有裙边浴缸安装结构

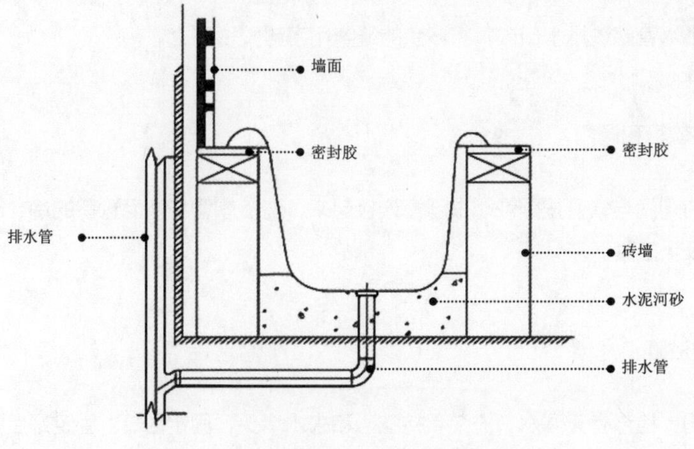

△ 铸铁无裙边浴缸安装结构

8.地漏安装

标记位置

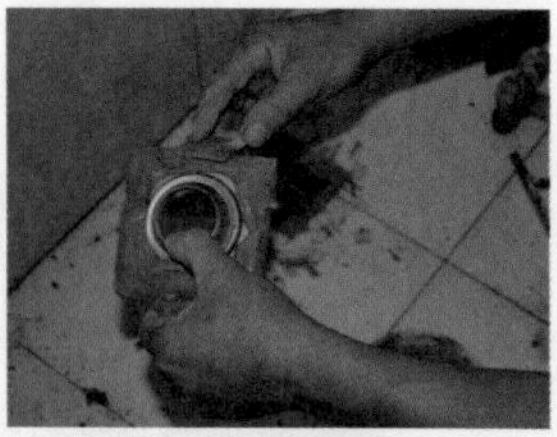
安装地漏

安装防臭塞

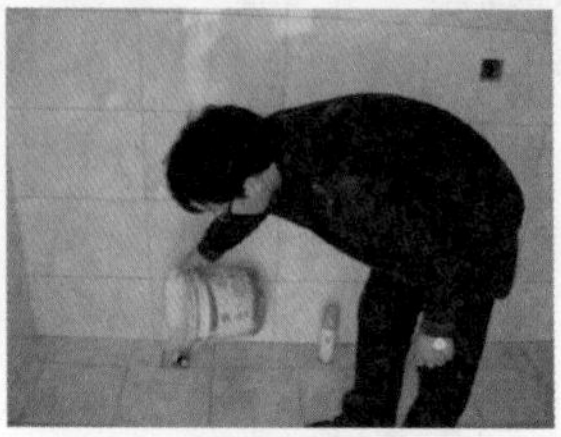
测试坡度

步骤1 标记位置

摆好地漏，确定其大概的位置，然后画线、标记地漏位置，确定待切割瓷砖的具体尺寸（尺寸务必精确），再对周围的瓷砖进行切割。

步骤2 安装地漏

以下水管为中心，将地漏主体扣压在管道口，用水泥或建筑胶密封好。地漏上平面低于地砖表面3~5mm为宜。

步骤3 安装防臭塞

将防臭塞塞进地漏主体，按紧密封，盖上地漏箅子。

步骤4 测试坡度

安装完毕后，可检查卫生间的泛水坡度，然后再倒入适量水，检查排水是否通畅。

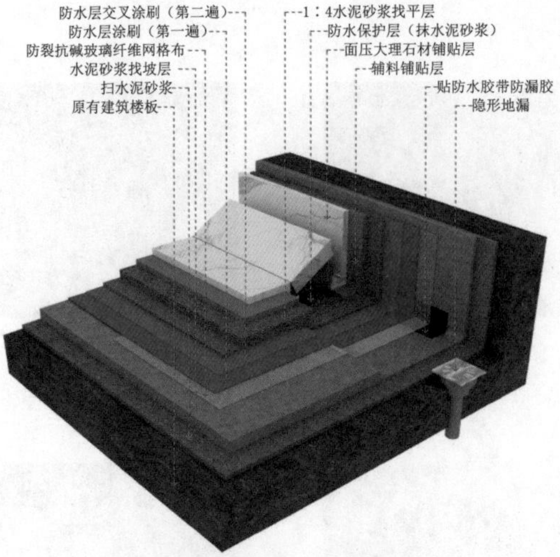

△ 排水地漏安装三维示意图

三、厨房洁具安装

厨房洁具主要包括厨房中的水龙头、水槽、净水器等清洁器具的安装，里面包含了一些水管的连接等水路工程相关的内容，需要施工人员在施工中注意冷、热水管的布置。

1.水龙头安装

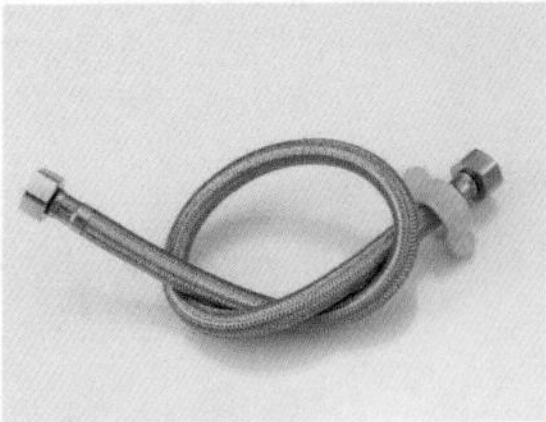

连接进水管

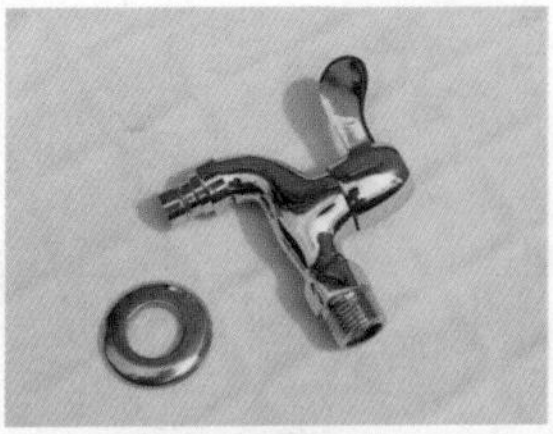

安装水龙头

安装固定件

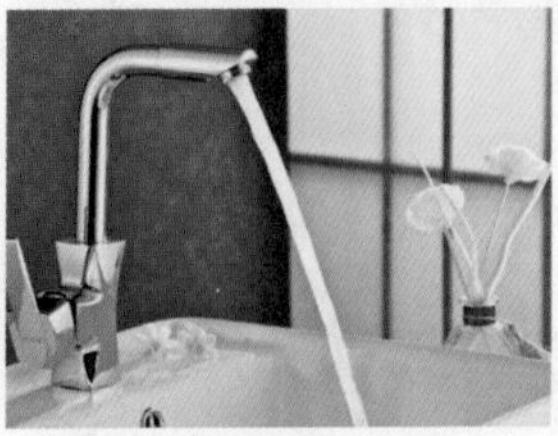

检查

步骤1 连接进水管

先把两条进水管接到冷、热水龙头的进水口处（如果是单控龙头只需要接冷水管），之后再把水龙头固定柱穿到两条进水管上。

步骤2 安装水龙头

把冷、热水龙头安装在面盆的相应位置，面盆的开口处放入进水管。

步骤3 安装固定件

将固定件固定好，并把螺母、螺杆旋紧。

步骤4 检查

首先仔细查看出水口的方向，是否向内倾斜（向内倾斜的话，使用时容易碰到头），然后再使用感受一下，如果发现水龙头有向内倾斜的现象，应及时调整。

2.净水器安装

配置净水器

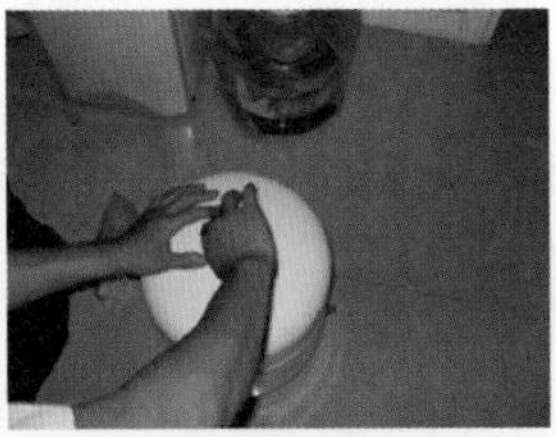

连接压力桶

固定水龙头

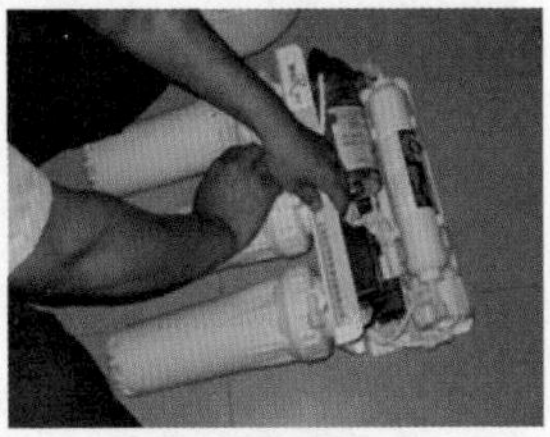

连接净水器

整理验收

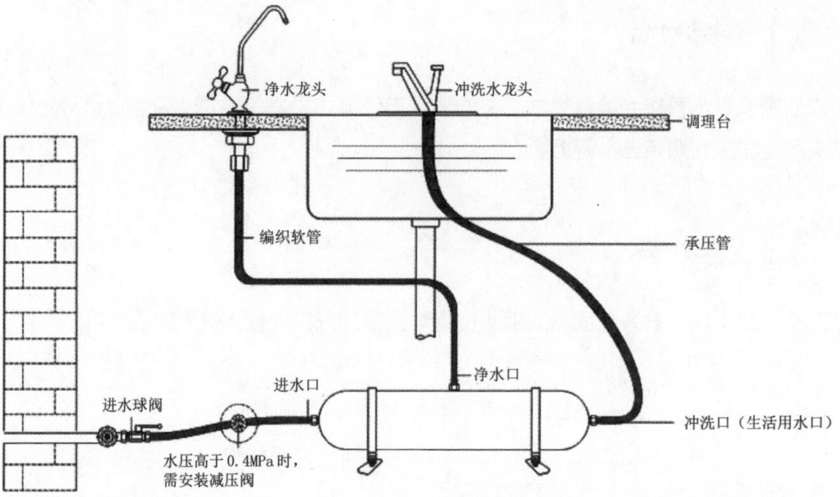

△ 净水器安装示意图

步骤1 配置净水器

安装前要先检查零件是否齐全，若无问题则将主机与滤芯连接好，再装入反渗透膜，最后拧紧各个接头处以及滤瓶。

步骤2 连接压力桶

将压力桶的小球阀安装在压力桶的进出水口处(注:请勿旋转太紧，易裂)。

步骤3 固定水龙头

将水龙头安装到水槽适当的位置上，固定好水龙头，然后将2分（DN8，Φ12mm）水管插入水龙头连接口。

步骤4 连接净水器

①剪适当的水管将各原水、纯水、压力桶、废水管分别连接好。

②将进水总阀关闭，把进水三通及2分（DN8，Φ12mm）球阀安装好。安装前要检测水压，如高于0.4MPa，需加装减压阀。

③将主机与压力桶连接好后，再将主机与进水口连接好，剪适当长度的管子连接于废水出口处，另一端与下水道连接，然后用扎带固定好废水管。

步骤5 整理验收

①理顺接好的水管，并用扎带扎好，将压力桶与主机摆放好，插上电源打开水源进行测试。需要注意的是要仔细检查水管是否理顺，防止水管弯折。

②打开压力桶球阀并检查各接头是否渗水。

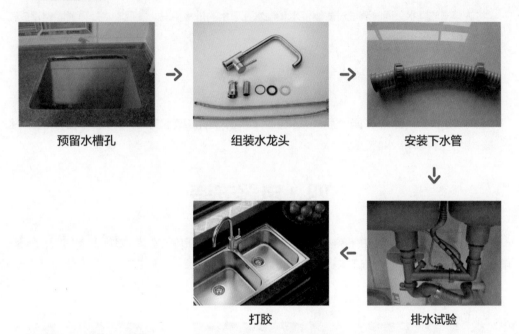

3.水槽安装

预留水槽孔

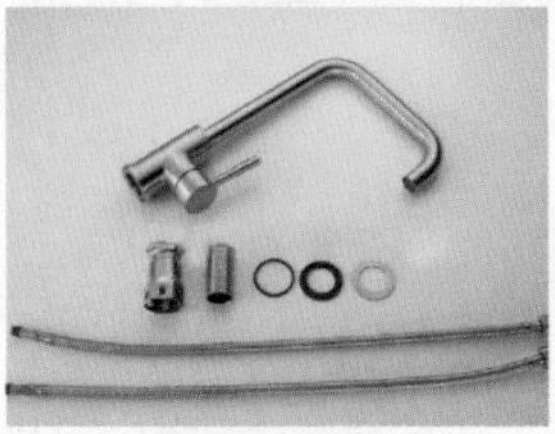
组装水龙头

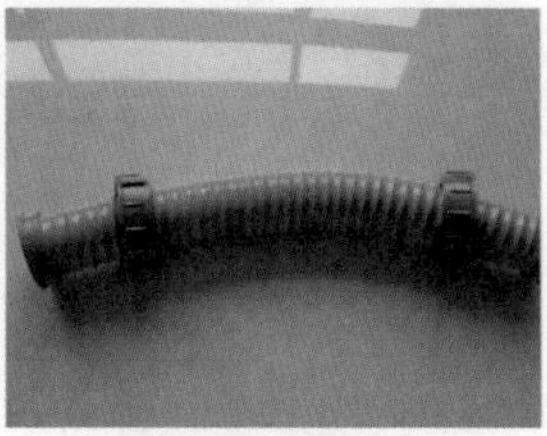
安装下水管

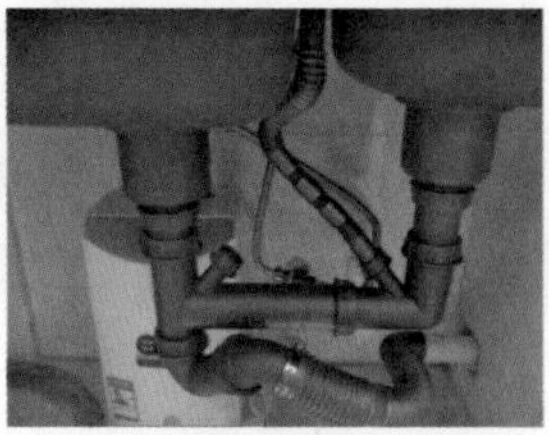
排水试验

打胶

步骤1 预留水槽孔

要给即将安装的水槽留出一定的位置，根据所选款式以及设计要求开孔。

步骤2 组装水龙头

将水龙头的各项配件组装到一起，然后取出水槽，将其安装到台面豁口处。

步骤3 安装下水管

①安装溢水孔下水管。溢水孔是避免洗菜槽向外溢水的保护孔，因此，在安装溢水孔下水管的时候，要特别注意其与槽孔连接处的密封性，要确保溢水孔的下水管自身不漏水，可以用玻璃胶进行密封加固。

②安装过滤篮下水管。在安装过滤篮下水管时，要注意下水管和槽体之间的衔接，不仅要牢固，而且还应该密封。这是洗菜槽经常出问题的关键部位，必须谨慎处理。

③安装整体排水管。应根据实际情况对配套的排水管进行切割，这个时候要注意每个接口之间的密封。

步骤4 排水试验

将洗菜槽放满水，同时测试过滤篮下水和溢水孔下水的排水情况。发现渗水处再紧固螺帽或者打胶。

步骤5 打胶

做完排水试验，确认没有问题后，对水槽进行封边。使用玻璃胶封边，要保证水槽与台面连接的缝隙均匀，不能有渗水的现象。

四、电器安装

电器安装主要是指一些常用家电的安装，包括空调、电视机等的安装，其施工步骤涉及了一些电路施工的内容，同时提醒施工人员在施工过程中注意断掉电源，安全安装。

1.空调安装

固定安装面板

打孔

安装连接管

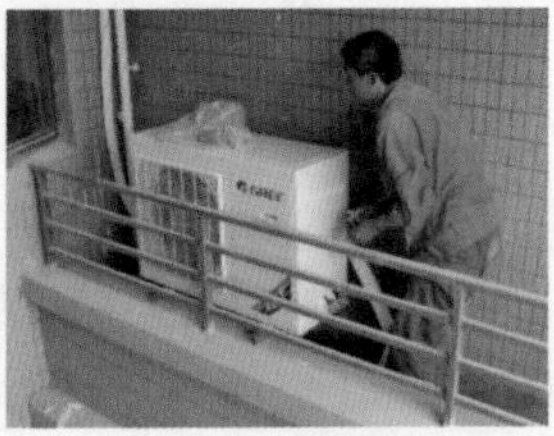

包扎连接管

安装空调箱体

步骤1 固定安装面板

①将空调室内机背面的安装板取下，然后把安装板放在预先选择好的安装位置上，此时应保持安装板水平，并且要留下足够的与顶棚及左右墙壁的距离，之后确定打固定墙板孔的位置。

②用直径6mm钻头的电锤打好固定孔后插入塑料胀管，用自攻螺钉将安装板固定在墙壁上。固定孔应为4~6个，并且需要用水平仪确定安装板的水平度。

步骤2 打孔

①打孔时使用电锤或水钻，应根据相应的机器种类和型号选择钻头。使用电锤打孔时要注意防尘；使用水钻打孔的时候要做保护措施，防止水流到墙上。打孔时应尽量避开墙内外有电线或异物及过硬的墙壁。孔内侧应高于外侧5~10mm以便排水，从室内机侧面出管的过墙孔应该略低于室内机下侧。

②用水钻打孔时应用塑料布贴于墙上或采用其他方法防止水流在墙上，用电锤打孔时应采取无尘安装装置。打完过墙孔后，在孔内放入穿墙保护套管。

步骤3 安装连接管

调整好输出、输入管的方向和位置。将室内机输出、输入管的保温套管撕开10~15cm，方便与连接管连接。连管时先连接低压管，后连接高压管，将锥面垂直顶至喇叭口，用手将连接螺母拧到螺栓底部，再用两个扳手固定拧紧。

步骤4 包扎连接管

包扎时要按照电源线、信号线在上侧，连接管在中间，水管在下侧的顺序进行包扎。具体操作时，要先确定好出水位置并连接排水管，当排水管不够长需加长排水管时，应注意排水管加长部分要用护管包住其室内部分，排水管接口要用万能胶密封。排水管在任何位置都不得有盘曲，伸展管道时，可用聚乙烯胶带固定5~6个部位。

步骤5 安装空调箱体

将包扎好的管道及连接线穿过穿墙孔，要防止泥沙进入连接管内，并保证空调箱体卡扣入槽，用手晃动时，上、下、左、右不能晃动，最后需要用水平仪测量室内机是否水平。

2.壁挂电视安装

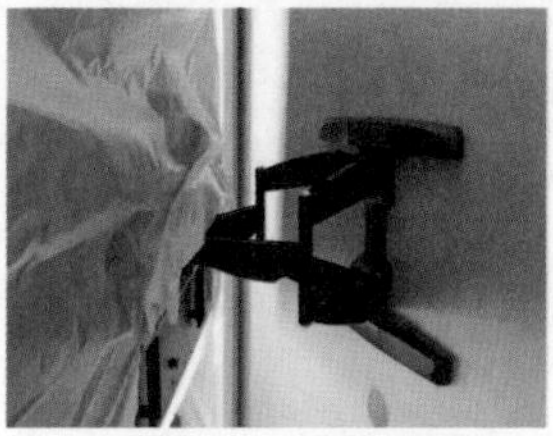

确定安装位置

固定壁挂架

固定电视

步骤1 确定安装位置

壁挂电视的安装高度应以观看者坐在凳子或沙发上，眼睛平视电视中心或稍下方为宜。通常电视的中心点应距离地面1.3m左右。

步骤2 固定壁挂架

根据电视安装位置，标记出壁挂架的安装孔位，然后在标记位置钻孔。接着利用螺丝钉等固定壁挂架。

步骤3 固定电视

有些电视的后背需要先组装好安装面板，然后挂到壁挂架上；有的则可以直接挂到壁挂架上，然后用螺丝钉等紧固即可。

3.储水式热水器安装

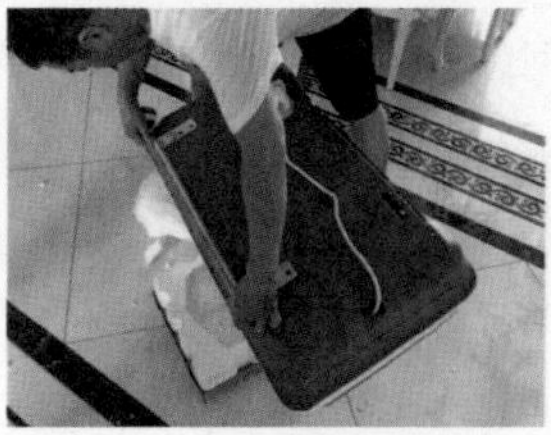

测量尺寸

铅笔做记号

冲击钻打眼

安装热水器

缠上生料带

安装角阀，连接软管

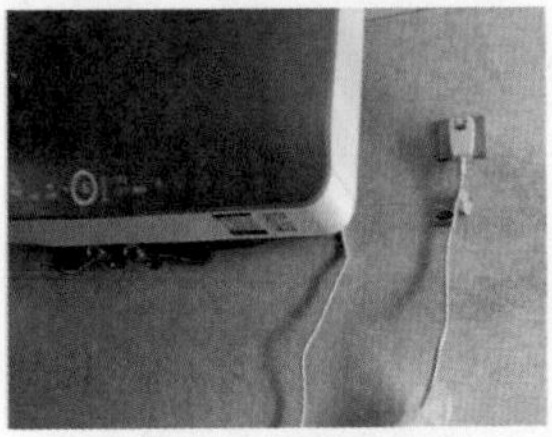
安装完成，通电测试

步骤1 测量尺寸

测量热水器的长宽尺寸以及热水器安装挂件的间距；测量待安装墙面上给水管端口距离顶面的距离，确定热水器安装位置。

步骤2 铅笔做记号

卷尺在墙面中测量出开孔的位置和彼此间距，用铅笔做记号。

步骤3 冲击钻打眼

冲击钻打眼，将膨胀螺栓固定到墙面中，将热水器挂钩嵌入到膨胀螺栓中，保持挂钩位置向上。

步骤4 安装热水器

将热水器挂到挂钩上，调整热水器的水平度。

步骤5 缠上生料带

热水器的出水端口缠上生料带，在冷水进水口位置安装安全阀。生料带起到的作用是防止安全阀与连接处漏水。

步骤6 安装角阀，连接软管

给水管端口上先安装角阀，然后连接软管。角阀出水端口需对准软管的连接方向。

步骤7 安装完成，通电测试

热水器安装完成后，插上电源，测试水温，检查是否有漏水现象。

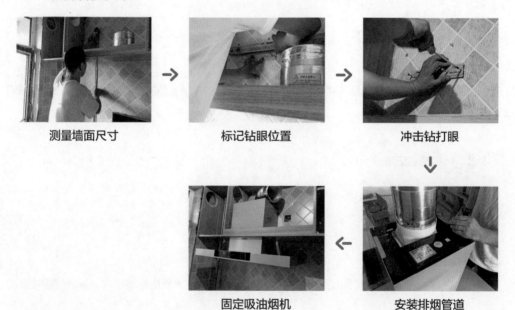

4.吸油烟机安装

测量墙面尺寸

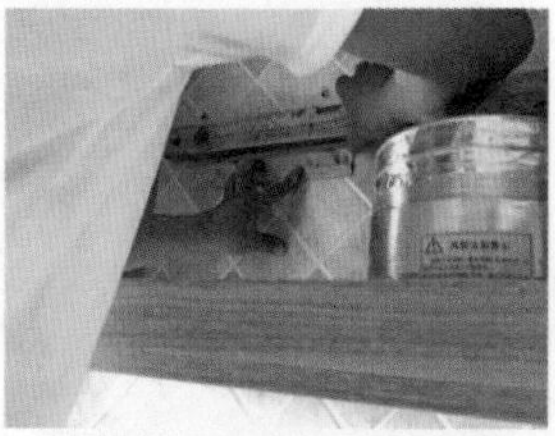

标记钻眼位置

冲击钻打眼

安装排烟管道

固定吸油烟机

步骤1 测量墙面尺寸

测量待安装墙面尺寸，确定吸油烟机的安装高度。在一般情况下，吸油烟机的底部距离橱柜台面650~750mm。

步骤2 标记钻眼位置

将吸油烟机挂件放在墙面中，找好水平，用铅笔标记出需要钻眼的位置。

步骤3 冲击钻打眼

用冲击钻打眼，安装膨胀螺栓，将吸油烟机挂件固定好后，用螺丝钉拧紧。

步骤4 安装排烟管道

安装排烟管道，将排烟管道固定到吸油烟机中，用吸油烟机专用胶带密封。

步骤5 固定吸油烟机

将吸油烟机悬挂到墙面中，与挂件连接牢固，安装完成。

5.电热水器安装

检查

→

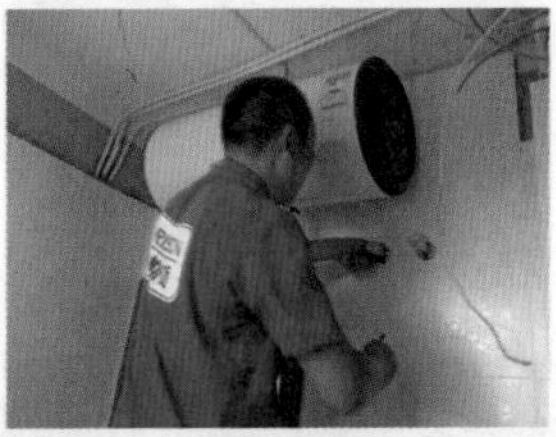

安装箱体

→

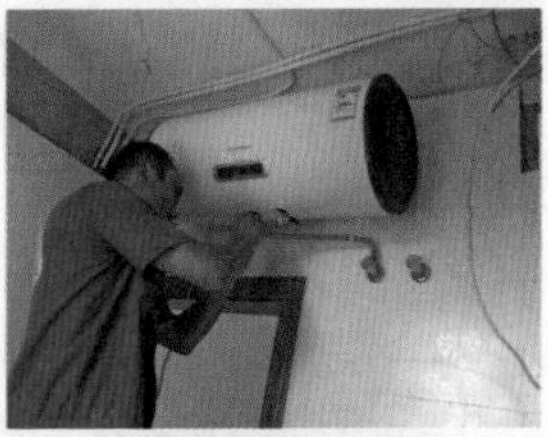

安装进水管

步骤1 检查

用卷尺测量电热水器与安装位置的尺寸，计算安装空间预留得是否充足。

步骤2 安装箱体

①用卷尺测量电钻打孔位置，用记号笔在墙面上做标记。打孔完成后用锤子把膨胀螺栓敲进去，注意要整个敲进去，这样才能使膨胀螺栓更加牢固。

②使用钳子或者扳手把膨胀螺栓拧紧，使膨胀螺栓头朝上，这样才能将电热水器挂上面。

③将热水器抬起来。筒式的热水器比较重，搬运时要注意。

④将热水器后面的挂钩对准膨胀螺栓，将热水器挂在上面并固定好。

步骤3 安装进水管

在墙面冷、热水管上安装角阀，然后将进水软管分别连接电热水器和角阀的两端，并拧紧。

五、照明安装

照明安装是指家装中不同灯具的安装，根据不同形式的灯具，其安装方式也不同，主要包含吊灯、吸顶灯、射灯、筒灯等不同功能的灯具。

1.吊灯、吸顶灯安装

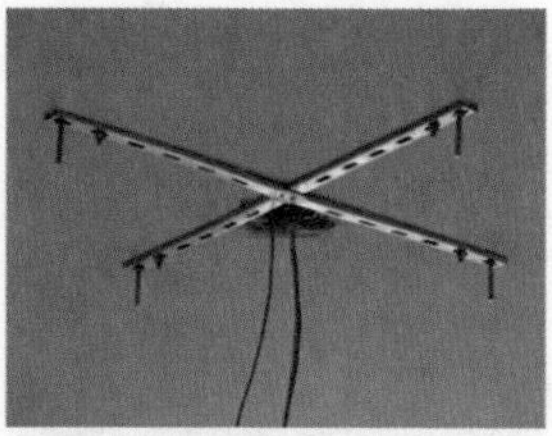

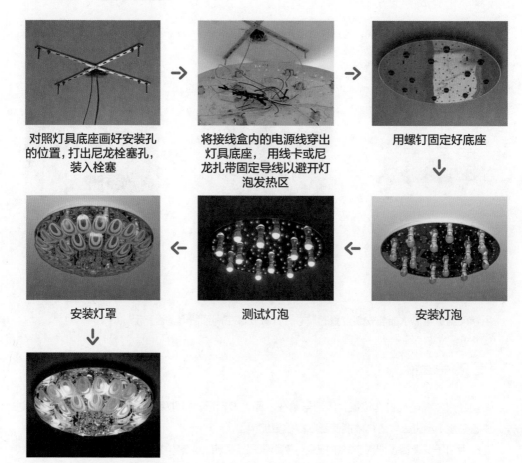

对照灯具底座画好安装孔的位置，打出尼龙栓塞孔，装入栓塞

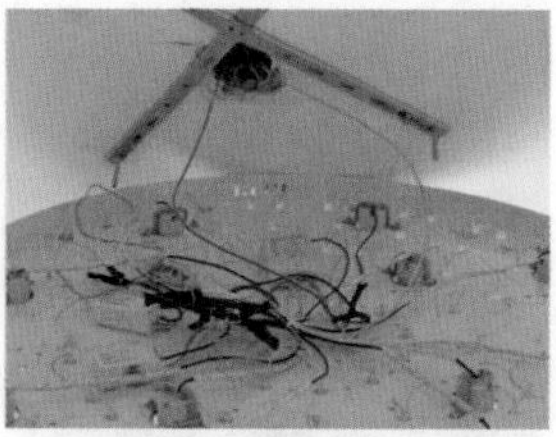

将接线盒内的电源线穿出灯具底座，用线卡或尼龙扎带固定导线以避开灯泡发热区

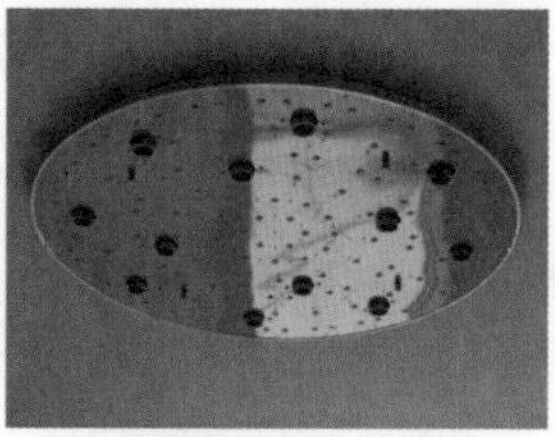

用螺钉固定好底座

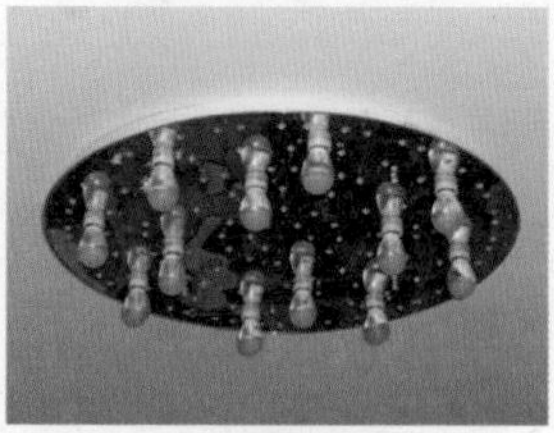

安装灯泡

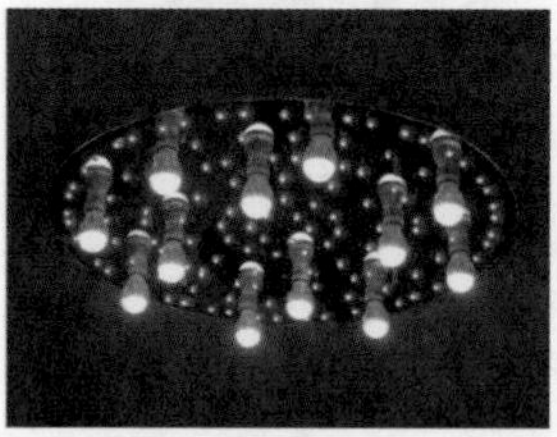

测试灯泡

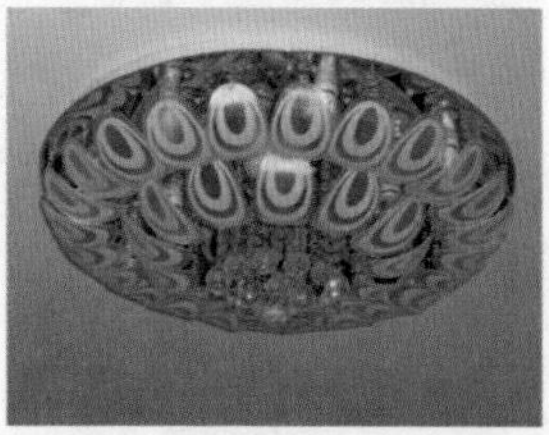

安装灯罩

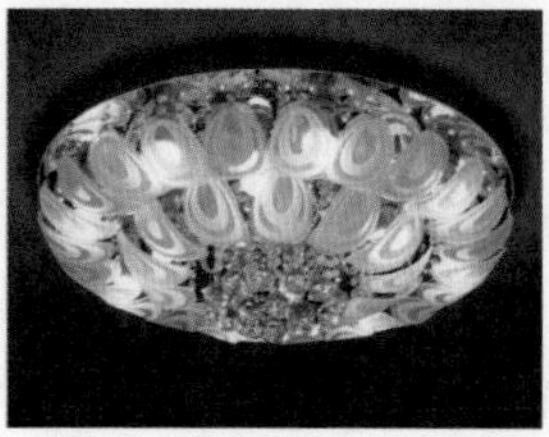

完成图

2.射灯、筒灯安装

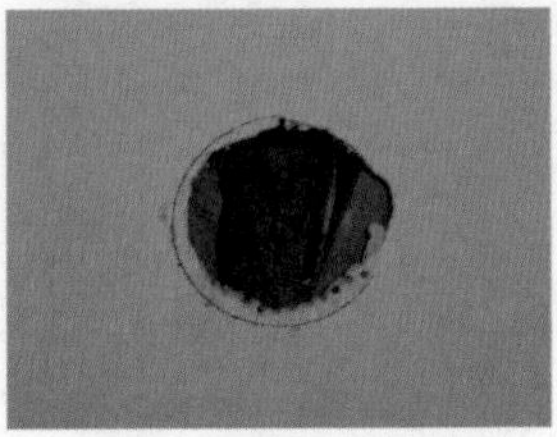
开孔

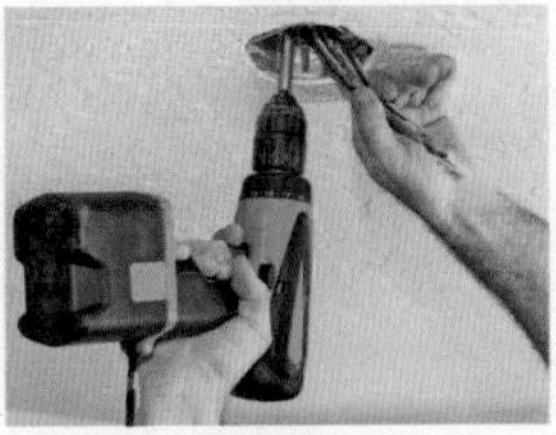
接线

安装测试

步骤1 开孔

根据设计图纸在吊顶画线，并准确开孔。孔径不可过大，以避免后期遮挡困难的情况。

扩展知识 开孔尺寸

灯具直径 /mm	开孔尺寸 /mm
ϕ 125	ϕ 100
ϕ 150	ϕ 125
ϕ 175	ϕ 150

步骤2 接线

将导线上的绝缘胶布撕开，并与筒灯相连接。

步骤3 安装测试

根据说明书安装灯具，安装完成后，开关筒灯，测试其是否正常工作。

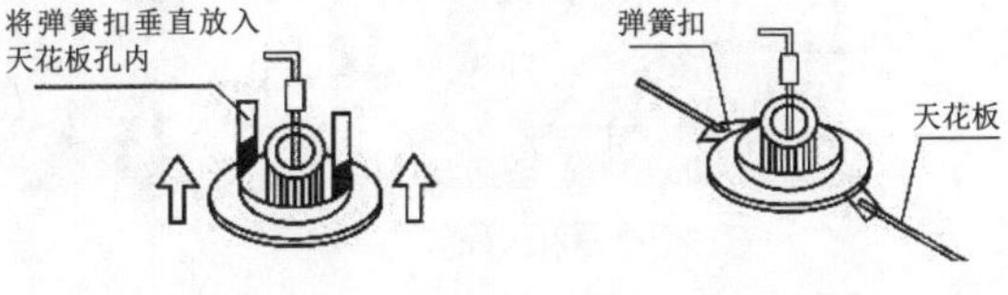

△ 筒灯安装细节示意

3.灯带安装

将吊顶内引出的电源线与灯具电源线的接线端子可靠连接

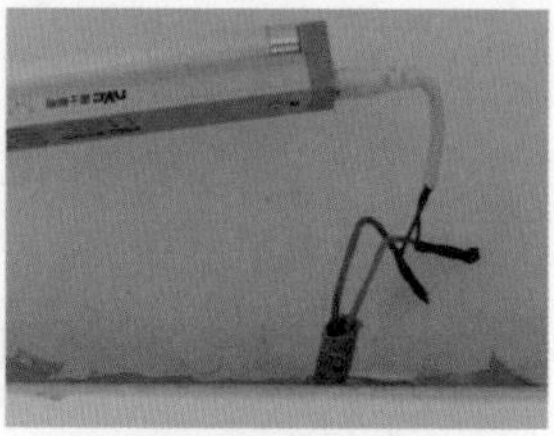

将灯具电源线插入灯具接口

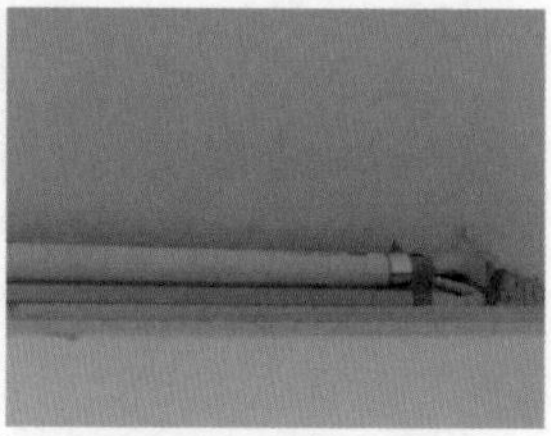

将灯具推入安装孔或者用固定带固定

调整灯具边框

完成图

4.浴霸安装

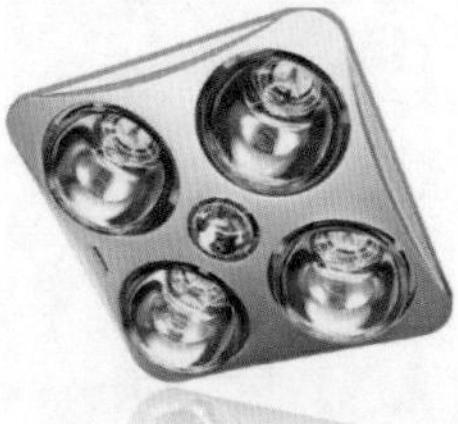

前期准备

取下浴霸面罩

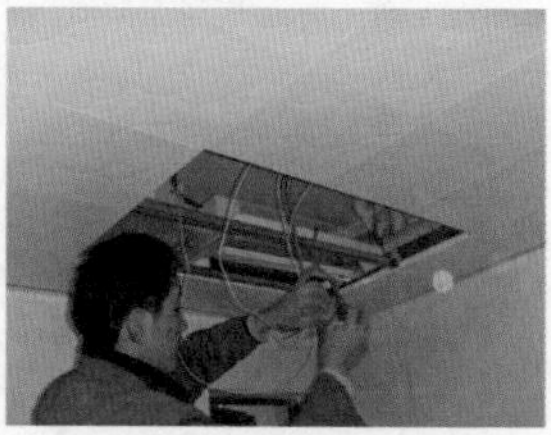

接线

连接通风管

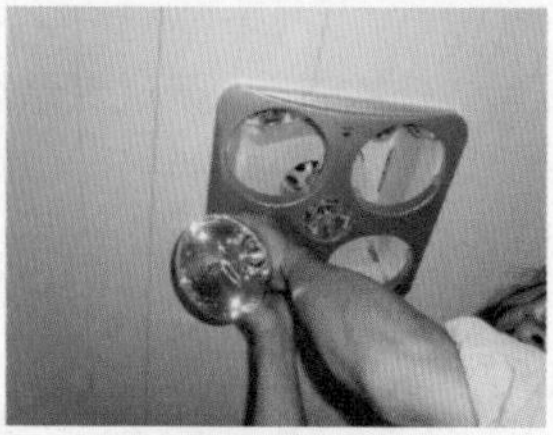

安装面罩和灯泡

步骤1 前期准备

前期准备时需要确定浴霸类型、确定浴霸安装位置、开通风孔（应在吊顶上方150mm处）、安装通风窗、准备吊顶（吊顶与房屋顶部形成的夹层空间高度不得小于220mm）。

步骤2 取下浴霸面罩

把所有灯泡拧下并取下面罩。

步骤3 接线

将线的一端与开关面板接好，另一端与电源线一起从天花板开孔内拉出。打开箱体上的接线柱罩，按接线图及接线柱标志所示接好线，并且盖上接线柱罩。使用螺栓将接线柱罩固定后，再将多余的电线塞进吊顶内，以便箱体能顺利塞进孔内。

步骤4 连接通风管

把通风管伸进室内的一端拉出之后，再将其套在离心通风机罩壳的出风口上。

步骤5 安装面罩和灯泡

①将面罩定位脚与箱体定位槽对准后插入，再把弹簧挂在面罩对应的挂环上。

②细心地旋上所有灯泡，使之与灯座保持良好的接触，然后将灯泡与面罩擦拭干净。

六、安装修缮

安装修缮指安装工程中所安装的洁具、电器、照明等物品在安装后的修复等相关问题，并提供在不同情况下其故障的解决办法。

1.如何更换灯泡、灯管

普通日光灯有镇流器式的和电子式的，功率在20~40W之间，但换法基本一样，不需要剪断电线，主要有以下两种。

①灯座有一边（可看出比另一边稍大）带弹性，一手拿住该灯座，另一只手握住灯管，把灯管

往灯座里一压，灯管的另一头就出来了。取下灯管，按相反方法换上新灯管即可，注意把两头接触孔插好。

②灯座两边一样大，但每个灯座下方有一个缝隙，将灯管旋转90°，灯管就从两边缝隙中出来了。按相反方法换上新灯管即可。

2.白炽灯常见故障的检修

白炽灯受电源波动及周围环境的影响较小，安装方便，价格较低，所以在家庭中广泛应用。白炽灯常见故障及检修方法如下表所示。

<table>
<tr><th>故障现象</th><th colspan="2">可能原因</th><th>检修方法</th></tr>
<tr><td rowspan="11">灯不亮</td><td colspan="2">灯丝已断</td><td>更换灯泡</td></tr>
<tr><td rowspan="5">电源熔丝烧断</td><td>① 灯座内桩头两导线短路</td><td>① 拆开灯座处理</td></tr>
<tr><td>② 螺口灯座中心弹舌片与螺口部分碰连</td><td>② 把中心弹舌片与螺口部分分开</td></tr>
<tr><td>③ 插销、开关及其他用电设备有断路现象</td><td>③ 检查后修复</td></tr>
<tr><td>④ 线路混线或接地</td><td>④ 消除线路短路点</td></tr>
<tr><td>⑤ 用电负载超过熔丝容量</td><td>⑤ 减轻负载或更换成合适的保险丝</td></tr>
<tr><td rowspan="5">电源熔丝未断</td><td>① 电源无电</td><td>① 检查电压</td></tr>
<tr><td>② 灯座内引入导线断路</td><td>② 拆开开关并连接好断线</td></tr>
<tr><td>③ 灯头与灯座内的触头接触不良</td><td>③ 拆下灯泡仔细检查</td></tr>
<tr><td>④ 开关毛病</td><td>④ 检修或更换开关</td></tr>
<tr><td>⑤ 熔断器接线桩头或插片接触不良</td><td>⑤ 处理接线桩头和插片</td></tr>
<tr><td rowspan="5">灯忽亮忽暗</td><td colspan="2">① 灯座与灯头接触不良</td><td>① 拆下灯泡仔细检查</td></tr>
<tr><td colspan="2">② 灯座或开关的接线松动</td><td>② 处理松动的接线</td></tr>
<tr><td colspan="2">③ 熔断器接线桩头或插片接触不良</td><td>③ 处理接线桩头和插片</td></tr>
<tr><td colspan="2">④ 熔丝接触不良</td><td>④ 拧紧螺钉，但不可拧得过紧</td></tr>
<tr><td colspan="2">⑤ 电源电压不正常或冰箱、电炉、电动机等大负载启用</td><td>⑤ 不必修理</td></tr>
</table>

续表

故障现象	可能原因	检修方法
灯过亮或烧毁	① 灯丝局部短路	① 更换灯泡
	② 电源电压与灯泡电压不符	② 换上与电源电压相同的灯泡
	③ 电源电压过高	③ 有可能外线路有故障，马上停用所有家用电器
灯光暗淡	① 灯泡长时间使用，寿命已到	① 正常现象
	② 灯泡或灯具太脏	② 清洁灯泡和灯具
	③ 线路受潮或绝缘损坏而有漏电现象	③ 检修线路，恢复绝缘
	④ 线路过长或导线截面积过小，线路上负载过重，压强太大	④ 更换导线或减轻负荷
	⑤ 电源电压过低	⑤ 检查电压

3.荧光灯常见故障的检修

荧光灯是一种放电灯，受电源波动及周围环境的影响较大，但荧光灯发光效率高，相比白炽灯发热量很小。荧光灯较白炽灯所出现的问题多，检修也比较麻烦。其常见故障及检修方法如下表所示。

故障现象	可能原因		检修方法
灯不亮	荧光灯、启辉器均不工作	① 断电或电源电压太低	① 检查电压
		② 灯脚未与灯座插口接触到	② 使灯脚与插头接触好
		③ 接线不亮，接头松动	③ 检查接线并处理好
		④ 启辉器质量差或损坏	④ 更换启辉器
		⑤ 灯丝断裂或漏气	⑤ 用万用表检查，更换新灯管
		⑥ 接线错误	⑥ 改正接线
		⑦ 镇流器不配套	⑦ 更换成配套的镇流器
	启辉器不能工作，灯管不亮	① 启辉器损坏	① 更换启辉器
		② 启辉器与插座接触不良	② 处理好插座
		③ 室温太低	③ 不必修理
		④ 灯管质量不好或寿命已到	④ 更换灯管

续表

故障现象	可能原因		检修方法
灯能亮，但不正常	灯光滚动	① 新灯管常有此现象	① 开、关数次后即能消除
		② 电压过高或镇流器和灯管不佳	② 换新的试验
		③ 火线与零线接触问题	③ 调整火线与零线
	灯管启动时间过长	① 电源电压低	① 检查电压
		② 室温太低	② 不必修理
		③ 启辉器质量差或寿命已到	③ 更换启辉器
		④ 灯管质量差	④ 更换灯管
	镇流器发出“嗡嗡”声	① 镇流器内铁丝松动	① 插入垫片或更换镇流器
		② 安装不良，与构筑物产生共振	② 采取防振措施
	灯管寿命太短	① 灯管质量差	① 选购优质产品
		② 镇流器性能差或灯管不匹配	② 更换镇流器
		③ 电源电压长期偏高	③ 无法检修

4.LED 灯常见故障的检修

LED灯因其发光效率高、节能、寿命长、光色丰富、受电源波动及周围环境的影响小，所以在家庭中被广泛应用。LED灯常见故障及检修方法如下表所示。

故障现象	可能原因	检修方法
灯不亮	① 无电源	① 检查电源及灯开关是否良好
	② 灯电源引线折断	② 用万用表检查
	③ 接线螺栓压在灯引出线的塑料外皮上	③ 用螺钉旋具旋出接线螺栓查看
	④ 两列 LED 灯粒之间的引接线或镇流器的引接线插脚未接触好	④ 拔出插脚，重新插接好
	⑤ 镇流器烧坏	⑤ 更换镇流器
	⑥ 雷击损坏 LED 灯	⑥ 观察 LED 灯粒，若每粒中间都有一个黑点，说明 LED 灯曾遭雷击，已经损坏

续表

故障现象	可能原因	检修方法
灯时亮时灭	① 电源时通时断	① 检查电源回路，如开关接线是否有松动
	② 接线接触不良	② 检查接线
	③ 灯插脚接触不良	③ 插紧插脚
LED 灯寿命明显减短	LED 灯的使用寿命一般大于 20 000h，若寿命明显减短，说明不正常	LED 灯安装处周围环境过热，灯具通风散热不良，应改善环境条件，正确安装
LED 灯关灯后，用手触摸灯粒固定片，灯微亮	这是由于 LED 灯很敏感，人体感应电容引起 LED 灯微亮	正常现象，不必检修

5.如何更换洗手台进水管

到五金卖场购买洗手台进水管时，要确认尺寸及所需配件。更换时先将进水口控制阀关闭，再将控制阀上的固定螺帽卸下，把旧水管拔起。利用万用钳将水管连接到洗脸台一端的固定螺帽卸下，然后将旧水管拆除。

新式高压软管本身都已附加上固定螺帽，所以直接将其固定在进水口控制阀上即可。对应冷、热水的龙头位置，将高压软管的另一端安装在水龙头的下方。在完成冷、热进水口的高压软管安装后，将进水口的控制阀开启。

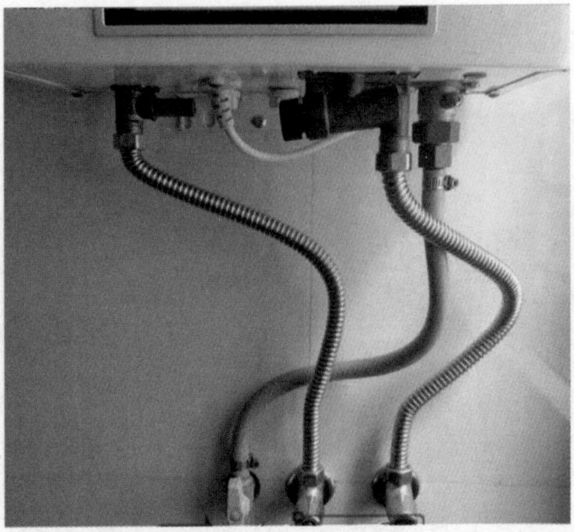

△ 更换不锈钢进水管

6.水龙头一直漏水怎么办

多数人认为龙头漏水就是阀芯出了问题，实际上，只要使用得当，阀芯是不容易出问题的。因此，如果龙头出现漏水现象，应从其本质来进行分析。

漏水现象	原因分析	解决办法
水龙头出水口漏水	当水龙头内的轴心垫片磨损会出现这种情况	根据水龙头的大小，选择对应的钳子将水龙头压盖旋开，用夹子取出磨损的轴心垫片，换上新的垫片即可解决该问题
水龙头接管的接合处出现漏水	检查下接管处的螺帽是否松掉	将螺帽拧紧或者换上新的“U”形密封垫
水龙头拴下部缝隙漏水	压盖内的三角密封垫磨损	可以先将螺丝转松取下拴头，接着将压盖弄松取下，然后将压盖内侧三角密封垫取出，换上新的即可

7.更换水龙头

①换装水龙头之前，要先将洗脸盆下方的水龙头总开关关闭。如果洗脸盆下方还有陶瓷材质的盖子或陶瓷立柱盖住，要小心将盖子拆开，因为这类材质的器具很容易摔坏。

②关闭水源开关之后，需循着水管往上找到水龙头与水管的接口处，捏住水管上方的金属接头，用力旋转几下，将它拆下来。

③水管拆下来先摆在一边，可以仔细看一下这些水管的接头和管壁，如果特别脏，建议可以考虑买新的换掉。

④将水管拆掉之后，用手握住整个水龙头再往左、右轻轻旋转两下，把水龙头拧松拆卸下来。

⑤在换上的水龙头螺纹处缠绕生料带，缠绕的圈数越多越好。

△拆下水龙头

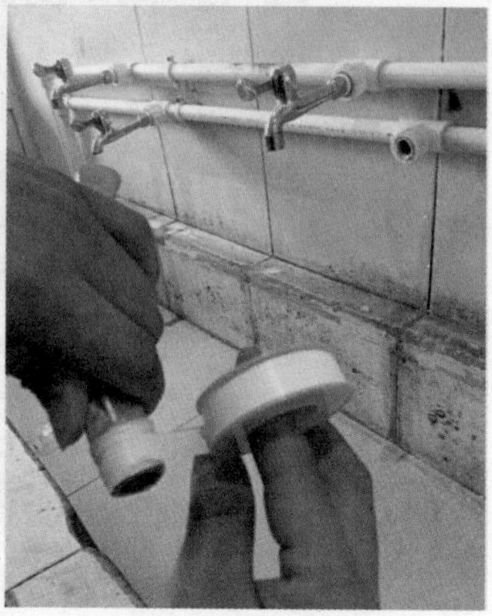

△缠绕生料带

⑥安装换上的水龙头，并拧紧。

⑦调整水龙头的朝向，垂直朝下，然后拧开开关，检测水流是否正常。

△ 拧紧水龙头

△ 安装完成

8.水龙头起泡器怎么安装

在厨房、浴室中装置水龙头起泡器，可阻止水花四溅，并减少资源浪费。安装前应先关闭水龙头，将水龙头上的旧滤水头卸下。拆卸时请注意，接头内有一片黑色橡胶圈，应一并更换，防止漏水。然后将起泡器的旋牙对准水龙头口出水端的旋牙，拧紧即可。

安装起泡器后，水龙头给水时会产生大量气泡，防止溅出水花，并且可以任意调整水流方向。

9.怎样调整坐便器水箱浮球柄

马桶水箱出水量与浮球高低有关，只要调整浮球高度，就可改变马桶水箱储水量。因此调整马桶水箱浮球的位置，就可以省水。

如果水箱出水量太大，可将进水器上的定位螺丝顺时针转动，使浮球定位下降。浮球位置下降后，自然就可以让水箱的储水量降低，进而减少用水。

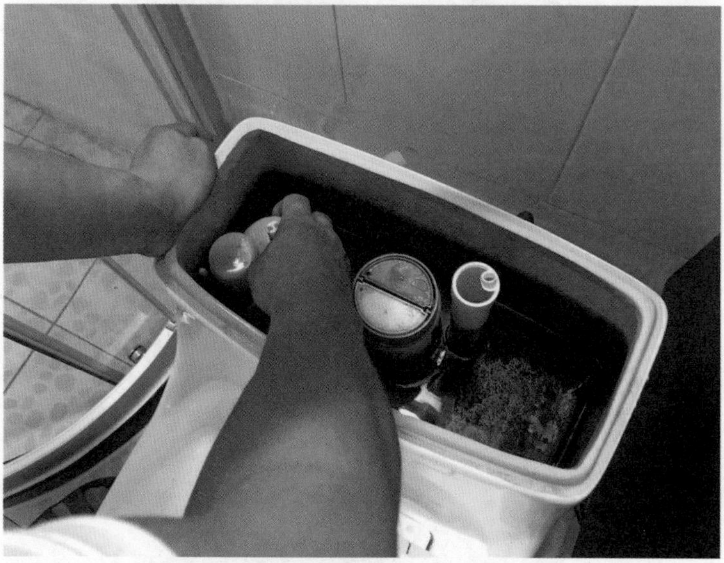

△ 调整浮球柄